RED MEAT REPUBLIC

A Hoof-to-Table History of How Beef Changed America

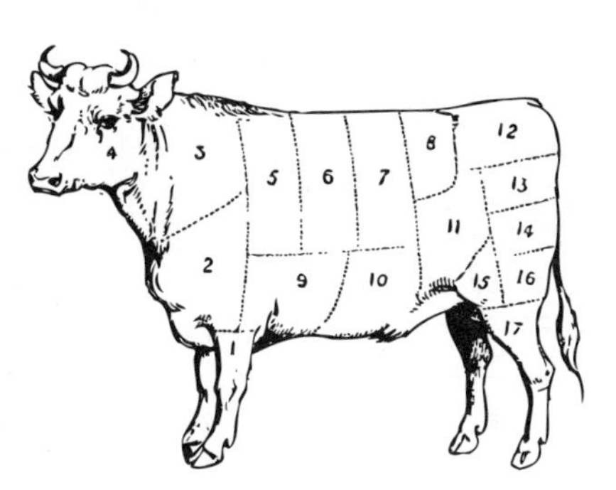

红肉共和国

美国经济一体化的形成

[美] 约书亚·施佩希特（Joshua Specht）——著　柴晚锁　赵冉——译

中国原子能出版社　中国科学技术出版社

·北　京·

图书在版编目（CIP）数据

红肉共和国：美国经济一体化的形成 /（美）约书亚・施佩希特（Joshua Specht）著；柴晚锁，赵冉译. — 北京：中国原子能出版社：中国科学技术出版社，2023.10

书名原文：Red Meat Republic: A Hoof-to-Table History of How Beef Changed America

ISBN 978-7-5221-2789-7

Ⅰ. ①红… Ⅱ. ①约… ②柴… ③赵… Ⅲ. ①肉制品—食品加工—工业史—美国 Ⅳ. ① TS251.5

中国国家版本馆 CIP 数据核字（2023）第 117978 号

策划编辑	刘　畅　刘颖洁	**责任编辑**	付　凯
特约编辑	刘颖洁	**文字编辑**	刘颖洁
封面设计	今亮新声	**版式设计**	蚂蚁设计
责任校对	冯凤莲　邓雪梅	**责任印制**	赵　明　李晓霖

出　　版	中国原子能出版社　中国科学技术出版社
发　　行	中国原子能出版社　中国科学技术出版社有限公司发行部
地　　址	北京市海淀区中关村南大街 16 号
邮　　编	100081
发行电话	010-62173865
传　　真	010-62173081
网　　址	http://www.cspbooks.com.cn

开　　本	710mm × 1000mm　1/16
字　　数	325 千字
印　　张	22.75
版　　次	2023 年 10 月第 1 版
印　　次	2023 年 10 月第 1 次印刷
印　　刷	北京华联印刷有限公司
书　　号	ISBN 978-7-5221-2789-7
定　　价	89.00 元

献给我的父母

致谢

与学界很多同行一样，拿到一本书时我总是喜欢先从致谢部分读起。这一部分让你有机会大致了解作者的精神世界，了解塑造了其学术观点及理念的学界人脉。不只如此，致谢还有助于人们大致了解一本书的成书渊源及参与创作的群体。对于本书而言，以下人物在学术和专业上赋予了它无尽的支持；对于我本人而言，以下人物则给予了我不竭的精神力量，支撑我走完了这一项目的整个过程。

假如没有来自美国、加拿大各地档案馆工作人员的鼎力帮助，这一项目恐怕无缘顺利完成。首先，我必须隆重感谢得克萨斯州拉伯克市（Lubbock）得克萨斯理工大学图书馆西南地区馆藏部（Southwest Collection）以及得克萨斯州峡谷城（Canyon）“锅把地带”（Texax Panhandle，即大草原地区）及大平原历史博物馆（PPHM）所有工作人员，尤其要感谢西南地区馆藏部的兰迪·旺斯（Randy Vance）以及锅把地带及大平原历史博物馆的沃伦·史翠克（Warren Stricker）。假如没有这些档案馆工作人员所提供的有关牧场经营行业的翔实史料，我也就不可能对项目所涉及的宏观背景进行完整勾勒。不过话说回来，如果这些档案馆当初不曾制订一套组织有序的计划，并不辞劳苦地从苏格兰收集到了有关公司化牧场经营的翔实资料，或许我还能有机会获得一笔经费亲自造访苏格兰。关于项目中涉及芝加哥的部分，纽伯瑞图书馆（Newberry Library）、芝加哥历史博物馆（Chicago History Museum）分别提供了慷慨、无私的帮助。为撰写加拿大大干线铁路公司一节，我曾亲自走访了渥太华市加拿大图书档案馆（Library and Archives Canada），其间获取的丰富资料大大充实了相关章节的内容。在提供研究建议、帮助我了解 19 世纪时商务名片的概况方面，哈佛大学商学院贝克图书馆（Baker Library）发挥了价值难以估量的作用。最后，虽然未曾亲自到访堪萨斯历史学会（Kansas Historical Society），但丽莎·姬斯（Lisa Keys）、特雷莎·科布尔（Teresa Coble）两位员工对我这位远道而来的研究人员表现出了无比的宽容和大度，在资料扫描、复印方面总是有求必应，从不怠慢。

同时也要衷心感谢每次研讨会的组织者以及与会嘉宾，让我有机会展示和介绍相关资料，具体包括：美国司法史学会会议；悉尼大学“规模经济工作坊”；悉尼美国研究中心“美国文化工作坊”；美国环境史学会会议；商务史会议；牧场经营管理协会年会；马萨诸塞历史学会；环境、农业、技术与科学史工作坊。最后，感谢加利福尼亚大学伯克利分校“希瑞西－万特鲁普博士后奖学金”（Ciriacy-Wantrup Postdoctoral Fellow）项目的资助，让我在那里顺利完成了本书稿大部分审校工作。感谢我在该校自然资源学院环境政策、科学与管理系遇到的每一位同学、同事，尤其感谢凯瑟琳·德·马斯特尔（Kathryn De Master），是她帮助我很快熟悉并融入了这所学校，感谢琳·亨辛格（Lynn Huntsinger），是她介绍我参加了牧场经营管理协会年会。

感谢普林斯顿大学出版社每一位员工。第一次与普林斯顿大学出版社接触时，我所呈上的只是几个非常有意思（却非常粗略）的章节和一份非常糟糕的项目简介。所幸阿曼达·佩利（Amanda Peery）慧眼识珠，敏锐地意识到了该项目的价值所在，帮助我将那份项目简介写成了一篇像模像样的文章，并因此赢得了人们的关注（或者说是我希望赢得了关注）。在整部书稿完成之后，她再次帮助进行了梳理润色。常听人感慨，如今能遇上这样的编辑着实不易，因此我自认实在是难得的幸运。感谢布莱姬塔·凡·莱恩博格（Brigitta van Rheinberg）的宝贵建议及在墨尔本期间的贴心陪伴。

玛伊娅·凡斯瓦尼（Maia Vaswani）是位一丝不苟、善解人意的版面编辑，感谢她一再包容我在大小写字母使用方面的愚钝以及整体上的粗心与拖沓。在图书的生产制作环节，埃里克·格拉罕（Eric Crahan）、珍妮·沃克维基（Jenny Wolkowicki）两位也都给予了莫大的帮助。

本项目始自哈佛大学。当时，我的导师沃尔特·约翰逊（Walter Johnson）先生在我的博士论文接收单上签下了名字，并画上了一个大大的惊叹号，这对我而言无疑是个莫大的鼓励，增添了我将它扩展成为一部专著的信心。他总是能够条分缕析，将错综如麻的观点整理、萃取为精炼的核心要点。这一能力始终都让我惊叹不已，能够在这一方面得到他的一点真传于我而言确乃幸事一桩。此外也要感谢艾玛·罗斯柴尔德（Emma Rothschild）从一开始便对本项目寄予了信心，并每每在关键时刻施以援手，给予我莫大的支持。吉尔·乐泊尔（Jill Lepore）帮我组织了评审委员会，并教会了我从读者的角度进行思考，让我深深意识到，这世界上没有任何事情比写好一篇文章更难，同时却也更令人感觉成就满满。

感谢我在哈佛大学的各位朋友，是你们帮助我将观点不断打磨提炼，并最终成为本书的素材。尤其要感谢菲利帕·希瑟林顿（Philipp Hetherington）、洛斯·马尔凯尔（Ross Mulcare）、本·西格尔（Ben Siegel）以及杰瑞米·扎伦（Jeremy Zallen），你们既是我的朋友，同时也是我最重要的启思人。还要感谢格雷格·安费诺季诺夫（Greg Afinogenov）、茅·班内吉（Mou Banerjee）、杰西卡·巴纳德（Jessica Barnard）、蕾·琳·巴恩斯（Rhae Lynn Barnes）、卢迪·巴泽尔（Rudi Batzell）、伊娃·比川（Eva Bitran）、莎因·博布瑞吉（Shane Bobrycki）、丽贝卡·张（Rebecca Chang）、艾力·库克（Eli Cook）、罗万·多林（Rowan Dorin）、乔什·厄里奇（Josh Ehrlich）、艾米丽·高希尔（Emily Gauthier）、蒂娜·格罗格（Tina Groeger）、卡尔菈·西岚

（Carla Heelan）、菲利普·雷曼（Philipp Lehmann）、阿林–弗洛伦斯·玛奈特（Aline-Florence Manent）、贾米·马丁（Jamie Martin）、贾米·麦克斯帕登（Jamie McSpadden）、雅儿·默金（Yael Merkin）、厄琳·奎恩（Erin Quinn）、默西亚·雷亚努（Mircea Raianu）、戴维·辛格曼（David Singerman）、利亚特·司丕罗（Liat Spiro）、詹妮·扎伦（Jenny Zallen）等。

本书成稿于墨尔本莫纳什大学（Monash University）。在我撰写本书期间，夏洛蒂·格林哈尔（Charlotte Greenhalgh）也正在修订她自己的书稿，正是她无私的支持帮助以及睿智的见解，使我一次次忍住了从办公室窗口一跃而下的冲动。克莱尔·考博尔德（Clare Corbould）不仅向我贡献了她的学术见解以及专业建议，同时她和家人也让我在墨尔本感受到了家一般的温暖。此外，亚当·柯璐罗（Adam Clulow）堪称宽容、友善的同事的典范，总是适时予我以鼓励及修订建议。感谢贝因·阿特伍德（Bain Attwood）帮我用心审读了全部书稿，还要感谢安德鲁·康诺尔（Andrew Connor）、伊恩·考普兰（Ian Copland）、达尼亚拉·多伦（Daniella Doron）、简·德拉卡德（Jane Drakard）、戴维·加里奥齐（David Garrioch）、希瑟尔·格雷贝尔（Heather Graybehl）、迈克尔·豪（Michael Hau）、皮特·霍华德（Peter Howard）、卡洛琳·詹姆斯（Carolyn James）、朱莉·卡尔曼（Julie Kalman）、恩内斯特·考（Ernest Koh）、宝拉·迈克尔斯（Paula Michaels）、鲁斯·摩根（Ruth Morgan）、凯特·墨菲（Kate Murphy）、卡斯莉恩·尼尔（Kathleen Neal）、希莫斯·欧汉龙（Seamus O' Hanlon）、苏西·普罗斯基（Susie Protschky）、诺雅·沈克尔（Noah Shenker）、阿格尼兹卡·索波辛斯卡（Agnieszka Sobocinska）、泰勒·斯本司（Taylor Spence）、阿利斯泰尔·托姆森（Alistair Thomson）、克里斯蒂娜·托密（Christina Twomey）以及蒂姆·弗霍玟（Tim Verhoeven）等。

感谢一路走来结识的所有朋友，不管是职场上的相识，还是生活中的至交。詹姆斯·谢罗（James Sherow）因读过我的一篇文章而与我相识，随即便成为一位良师益友。他仔细阅读了我的完整书稿并提出了详尽的建议。我也要感谢丹·博尔肯（Dan Birken）、丹尼·波兹曼（Dani Botsman）、卡特林·卡特（Katlyn Carter）、布莱恩·德莱（Brian Delay）、菲力·德洛里亚（Phil Deloria）、克里斯托尔·菲姆斯特（Crystal Feimster）、考利·加里鲍弟（Korey Garibaldi）、史蒂夫·霍华德（Steve Howard）、乔纳森·肯尼（Jonathan Kenny）、尼克希尔·曼农（Nikhil Menon）、斯科特·尼尔森（Scott Nelson）、艾米丽·雷玛斯（Emily Remus）、特里夫·西瑞特（Trevor Seret）、戴维·希尔弗斯（David Sievers）、艾利欧特·韦斯特（Elliott West）、鲍勃·威尔考克斯（Bob Wilcox）以及丽贝卡·伍兹（Rebecca Woods）。

假如没有来自家人的关爱和支持，这本书恐怕也同样无缘问世。阿曼达·诺里斯（Amanda Norris）、瑞秋·施佩希特（Rachel Specht）两位妹妹是我最忠实的粉丝，也是我最坚实的后盾。无论在这部作品中，还是在外面的现实世界里，我都秉持着鼎力支持劳工、坚决反对资本的态度，因此也要特别感谢我的父亲拉里·施佩希特（Larry Specht）。朱迪斯·波戴尔（Judith Podell）教我认识到了写作与编辑的不容易。她与父亲一道通读了我的书稿，并提出了中肯的意见。继父吉姆·墨菲（Jim Murphy）教我认识到，做学问绝不仅仅局限于在大学里谋一份差事。与他的每一次交谈都让我深刻地意识到观点与见解之纯美。母亲姬妮·墨菲（Genie Murphy）则自始至终都是我获取人生建议、情感支持以及智慧启迪的源泉。早在本项目还只是一个模糊不清的想法之时，她和吉姆就手拿画板、纸张、三福签字笔，帮助我整理出了一份周翔完备的项目计划书，并陪伴我一路走到了终点。亲爱的妈妈，不久之后我会再去找您，征求您对我下一个项目的建议。此外也要感谢我的外祖母，虽然我对她几乎不了解，但我知道她做出了很大牺牲，只为让我的妈妈能过上一种美好的生活，推而广之，也让我过上美好的日子。

最后我要感谢莎拉·肖特福（Sarah Shortall）。本项目启动之初，莎拉曾是我最好的朋友；本项目结束之时，她已成了我的爱妻。在本项目整个过程中，莎拉始终是我情感上的依托、学术上的挚友，其间，我们曾经历了遥远的异地恋情煎熬，先是分别在澳大利亚与英国远隔重洋，如今又是分别在澳大利亚与美国遥相思念。虽然在太多的时间里我们都只能遥寄相思，但我对她的爱始终都埋藏在内心深处。

目录

导论

乔纳森·奥格登·阿默（Jonathan Ogden Armour）实在无法忍受批评者的挑唆。那是在 1906 年，厄普顿·辛克莱（Upton Sinclair）刚刚出版了他的《屠场》（*Jungle*），一部反映美国肉类加工厂状况的产生轰动的小说。这部力作基于辛克莱长达两年的深入研究及为期六周的卧底采访报道撰写而成，以扣人心弦的方式讲述了一个移民家庭在芝加哥屠宰场艰难谋生的故事[1]。不幸的是，对于乔纳森·奥格登·阿默来说,《屠场》还不是唯一令他头疼的事。一年前，深度调查记者查尔斯·爱德华·罗素（Charles Edward Russell）发表了一篇题为《世界最大的托拉斯》（*The Greatest Trust in the World*）的报道，对“一日三餐向美国人餐桌输送肉食……并强行索取回报”[2]的肉食加工产业进行了犀利的抨击。作为对这些抨击的回应，阿默肉类加工公司（Armour & Company，后文简称为阿默公司）这家行业巨鳄的老板乔纳森·奥格登·阿默则诉诸《周六晚间邮报》（*Saturday Evening Post*），专门撰文为自己及所在的行业进行辩护。不同于批评者眼中所看到的肮脏不堪、腐败横行、剥削深重的行业状况，乔纳森·奥格登·阿默眼里所看见的却是干净整洁、公平正直、运行高效的业态环境。倘若没有“这个国家中某些专业挑唆者”的搅局，全美人民都将有充分机会享用上供应充沛、味道鲜美、价格低廉的肉品。[3]

乔纳森·奥格登·阿默及其批评者唯一能够达成共识的一点是：他们生活在一个 50 年前不敢想象的世界之中。1860 年时，绝大多数肉牛生活、死亡以及被食用的范围都不会超出方圆几百英里①。截

① 1 英里≈ 1.6093 千米。——编者注

至 1906 年，一头牲畜的出生地可能在得克萨斯，屠宰地在芝加哥，消费地则在纽约。美国人无论贫富，晚餐时有牛肉可食都已是理所当然的事情。现代牛肉生产行业中所有重要特征——生产高度集中、以加工厂为主导、价格低廉等，基本都成型于这一阶段。

美国创造了现代化牛肉生产行业的同时，牛肉也打造了现代化的美国。19 世纪末期冉冉升起的这个国家，的确堪称是一个“红肉共和国”；牛肉的生产和分销与联邦国家的发展以及美国在密西西比河西岸势力的增强之间有着密不可分的关联。19 世纪 70 年代，小规模肉牛牧场主游说、煽动并挑起了针对平原地区印第安人（Plains Indians）的战争，同时也构成这一系列战争背后的主要支持力量。在怀俄明、蒙大拿等州，富裕牧场主构成了各州及地区政府中的主导力量，同时也塑造了这些州和地方的早期历史。与此同时，规制型国家的诞生也与牛肉生产行业之间有着密切的渊源。联邦政府中的某些重要部门，如农业局、畜牧产业局、企业管理局等，在很大程度上都是国家为了加强对牛肉生产和分销环节的监管而衍生出来的机构。在芝加哥，肉类加工厂中的“四大”均位列全美首批成立的大型集约化公司之中，都率先采用了流水线生产、全球分销体系管理、复合式供应链等创新体系，并都相继发展成为那个时代里规模最庞大的私营雇主。

在乔纳森·奥格登·阿默看来，价格低廉的牛肉及蓬勃兴起的集中式肉类加工产业既是铁路、冷冻技术等新兴科技发展的必然结果，同时也是像他父亲菲利普·丹佛斯·阿默（Philip Danforth Armour）那样一大批勤劳、诚实的商人精明敏锐的生意头脑所构想出来的产物。然而在批评者看来，这个行业的诞生就是资本家小集团滥用技术、勾结腐败政府官员的一场阴谋，意在打垮传统屠户、销售病畜肉品，让广大劳动者陷入贫困。说到底，上述两种观点都各有其合理性。全国性生鲜牛肉市场的形成的确是技术革命达到巅峰的自然产物，但同时也是各利益相关方密谋勾连及掠夺式定价行为的结果。现代化屠宰场既是人类凭借自身的聪明才智获取胜利的标志，也是残酷的劳工剥削的发生地。牛肉产业化生产既带来了令人担忧的问题，也不可否认地为人们带来了福祉，是貌似矛盾重重的客观现实的反映和写照。本书将追溯牛肉生产这一既具革命性又具剥削性的体系的起源，分析和探寻牛肉生产体系至今不衰的韧性与活力的渊源。

为此，本书始终将人与社会的冲突置于中心地位。技术进步和管理手段创新使价格低廉的牛肉生产成为可能，却很少能够决定在这一过程中谁将受益最多（肉类加工商及投资人）、谁将承受最沉重的代价（劳动者、小型牧场主以及美洲印第安人）。这一新型牛肉生产体系的形成是千千万万规模或大或小的抗争与斗争的结果，发生的场地既包括得克萨斯州“锅把地带”，也包括美国西部蓬勃兴起的畜牧围栏，还牵涉全国大大小小的屠户和商铺。因此，现代牛肉生产的故事本质上具有政治属性。

本书详细审视劳动者、产业主、政府官员以及消费者各方之间的利益冲突，重点聚焦于对食品产业化经营业态起到决定性作用的个体及冲突。其中，从关注冲突的视角出发所进行的那部分研究借鉴了他人在农业生产、资本主义转型等方面的研究成果，尤其是威廉·克罗农（William Cronon）所著的《自然的大都市》（*Nature's Metropolis*）[4]。不过，这些作品偶尔忽略了置身于经济大转型中心位置的人及相关斗争，以至于不免让人感觉集中化、商品化等过程仿佛是上天注定的趋势，尽管实际情况根本不是如此。本书通过事实分析证明，牛肉产业中某些貌似属于结构性的特征，比如屠宰场中劳工默默无闻的身份状态以及他们残忍的宰杀行为，其实都是个人主观选择以及经过激烈论战所做出的政治决策共同作用的结果。这一观点使我们有机会思考其他的可能性——倘若当初不曾出现这些现象，那么当下那些正艰难维持的牧场主有可能成为当前由肉类加工商支配的体系中的主导力量吗？在分析由肉类加工商主导、成本低廉的牛肉生产体系何以能够胜出的偶然性原因的过程中，我深入剖析了这一体系至今存在不衰的韧性与活力的根本原因。毕竟，这一体系中的很多关键方面，自《屠场》出版的那个时代开始至今，似乎都仍然并未发生过多大改变。

这一研究思路要求我们从广阔的视角来观察问题，既要能够捕捉到发生在纽约的“肉食暴乱”，也要能够捕捉到在得克萨斯进行的肉牛交易。因此可以说，本书是第一部全面讲述美国牛肉生产产业化历程（从饲养牧场活畜到将牛肉送到餐桌的全过程）的历史著作。这一分析思路涉及范围广阔，必须从广义角度来理解“牛肉生产产业化”这一概念。为此，我提出了“肉牛 - 牛肉联合体”这一名称，以专门指代在确保牛肉能够源源不断送上消费者餐桌的整个过程中所涉及的全部机构、制度以及行业惯例等。[5] 这一联合体的问世既是一个事关土地如何利用的问题，也是一个涉及如何经营一门生意的问题；既是一个事关民众饮食口味的问题，也是一个牵涉劳工雇佣状况的问题。

牛肉何以成了一种时尚？

从 1865 年美国内战结束至 1906 年《联邦肉类检验法》（*Federal Meat Inspection Act*）获得通过，这段时间内发生了一系列巨大变革，影响波及范围从大平原地区直至厨房餐桌，重新塑造了整个牛肉生产行业。[6] 这些重大变化始于肉牛牧场养殖业的兴起。美国内战爆发之前，牧场养殖生意主要局限于某些地区内部。除少数几家从美墨战争中幸存下来的墨西哥控股公司之外，广袤的美国西部地区中从事肉牛养殖业务的企业经营者基本也就是其所有者。而在美国东部地区，彼此孤立且规模相对较小的农场所生产出来的牛肉及其他农产品，基本也以服务区域性市场为主。在随后的 19 世纪七八十年代，美国的交通条件显著改善，美国白人在试图征服平原地区印第安人的血腥战争中取得胜利，美国西部地区逐渐与全球资本市场融为一体，所有这些变化意味着远至苏格兰的投资商都可以将大笔大笔的资金投向诸如经营面积多达 300 万英亩①的 XIT 牧场之类的巨型牛肉生产企业。大大小小的牧场主随即加入肉牛生产及资本运作的全球性网络之中。

与此同时，芝加哥肉类加工厂也率先开始推行食品集中化加工业务。美国内战爆发之前，全美各地城市中的小型屠户都主要从事季节性经营。19 世纪早期时，规模最大的一家肉类加工厂的业务主要集中在当时被人称为“猪肉之都”（Porkopolis）的辛辛那提市周围，所雇用员工的人数不过占日后兴起的大型屠宰场雇员规模的几分之一。大约从美国内战爆发之时起，一批芝加哥的公司凭借一系列与政府签订的数额巨大的合同开始主导美国的牛肉和猪肉产业。这些公司借助冷冻车厢、分销中心等创新体系，开始在全美各地销售生鲜牛肉。于是不久之后，每年通过芝加哥大型屠宰场宰杀和销售的肉牛数量便超过了数百万头。[7] 这些公司虽然并无意取代当地零售商，却往往采用非常激进且极具胁迫性的手段，来谋求与后者结成合作伙伴关系，进而达到挤垮当地批发供应商的目的。截至 1890 年，四大肉品加工公司，即阿默公司、斯威夫特公司（Swift & Company）、莫利斯公司（Morris & Company）以及哈蒙德公司（Hammond & Company），已直接或间接地掌控了全美牛肉和猪肉市场的绝大部分份额。

生产领域的这些巨大变化随后加速了牛肉消费领域影响深远的

---

① 1 英亩≈ 4046 平方米。——编者注

民主化进程。[8] 尽管改革者付出了巨大的努力，围绕产业变革及资本日益集中等问题的辩论离普通消费者的距离却非常遥远，因为对消费者而言，真正需要他们关心的问题只是能否以相对低廉的价格买到一块更大点儿的牛排。反映 19 世纪时期美国人饮食结构状况的数据非常有限，但有证据表明，肉类消费数量那时出现了显著上涨。[9] 移民普遍赞扬美国牛肉供应的充足程度。屠户们则感叹，即便是“普通劳工”，往往也都会期望买到一些质量上乘的肉。一旦出现价格上扬情况，有时甚至会发生暴乱，顾客为了能得到几块肉，甚至不惜破窗入户争抢。[10] 美国人已经将价格低廉、干净卫生的牛肉视作了一种生活必需品。

产业化牛肉的出现是机遇与政策契合的产物。充裕的土地、将遥远的地方相互连接起来的潜力，以及日益膨胀的城市为人们提供了机遇，而政治人物以及政府官员也逐步接受了新的观点，将通过批量生产降低牛肉价格和保障食品安全卫生视作制定政策的第一要义。如此说法并不意味着食品的产业化生产现象是因为某种宏观计划而产生的。牧场主、肉类加工商、政治人物以及官员，各方都希望通过政策决策来推进己方利益，或者来挫败对手的图谋。

上述各方都努力将己方利益以一种易于为公众接受的话术来进行表达。最常见的策略便是将食品产业化描绘为一种不可避免的趋势。宣传食品生产行业改变生活的这套话术，让集中型、产业化食品由一种陌生、人为的现象演变成为大家司空见惯并将其视作理所当然的现行状况。透过肉类加工商自己的讲述以及关于该行业的首批历史著述可以发现，这一产业的兴起一直都被业界及肉类加工史学家视为技术进步的必然结果，而且更为巧合的是，研究现代肉类加工业的第一位史学家鲁道夫·克莱曼（Rudolf Clemen）就曾供职于阿默公司。[11] 在对批评者的回应中，乔纳森·奥格登·阿默辩称，私营公司在肉类、蔬菜以及水果等产品的生产和运输过程不受任何制约和限制的控制地位“不仅天经地义，而且还是大势所趋”。[12] 按照这一逻辑，虽然相关举措可能遭到传统屠户和民粹派牧场主的反对，但对于政府监管者而言，与其试图螳臂当车、阻碍经济进步的洪流，不如去积极拥抱和接纳集中化的肉类加工业，只有这样才是明智的做法。

与此同时，牧场主一方也形成了自己的论证逻辑。改良、进步等呼声为他们征用美洲印第安人土地提供了合理的借口。随后，随着时间进入 19 世纪 90 年代，牧场主开始将自己所在的这个行业当成一个由家庭主导、非产业化、正宗美国式的领域来予以捍卫，而且在当今民众对这一行业的理解中，这一观点依然非常流行。如果说肉类加工商一方的代言人是鲁道夫·克莱曼，那么，牧场主一方的意见领袖就是约瑟夫·麦考伊（Joseph McCoy）。麦考伊是一位商人，同时也是堪萨斯市阿比林镇（Abilene）发展史上最活跃的一位社会发展推动者。他推动打造了当时最具标志意义的肉牛镇，是牧场运动中一位伟大的史学家和见证者。他的代表作《西部及西南部肉牛贸易历史概况》(*Historic Sketches of the Cattle Trade of the West and Southwest*) 普遍被视作该行业产业史中影响力最为深远的一部巨著，尽管他对牧场运动的描绘显然过于浪漫化，而且对其劲敌——铁路公司——的抨击也过于苛刻无情。[13] 麦考伊等人塑造了牧场主、牛仔等群体的浪漫形象，将肉牛养殖人推到了西部神话中的核心位置。对于那些对产业化屠宰心存芥蒂的消费者来说，这类经典形象让他们感觉这一新型食品生产机制相对容易接受，甚至赋予了相关从业者几分英雄主义色彩。即使在当今牛肉生产已然成为一个高度集中化、高度资本化并享受着高额补贴的产业的背景下，牛肉生产商在其广告中依然会选择将面目冷峻、形象沧桑的牛仔和荒凉孤寂的大草原作为主打风格。

牛肉如何使美国面貌焕然一新?

“肉牛 – 牛肉联合体”的规模是全国性的，影响是革命性的。对于美国广袤的西部地区而言，它的兴起既具有重要的生态变革意义，同时也具有重大的政治意义。短短几十年间，以牧场主与肉牛之间的关系为基础的一种全新生态系统便全面取代了原先以游牧人口和野牛为主体的旧生态系统。肉牛养殖牧场的兴起不仅为征用和占有美洲印第安人土地提供了正当理由，同时也构成了这一过程中的一个有机环节；牧场主、牛仔为美国军队提供物资给养，偶尔也跟随军队参与突击或侦察任务，有时甚至还自己独立组织战斗行动。此外，利润丰厚的牧场经营活动还极大地促进了美国西部地区的快速开发和人口定居。尽管荒野牧歌式的生活方式不久之后终将让位于系统化农业生活方式，美国在其广袤的西部地区的力量却已深深根植于美国的肉牛养殖行业之中。

然而，巨大的改变不仅仅局限于生态领域。牛肉生产同时也促进了人工建筑环境的标准化进程，影响范围波及整个美洲大地。随着牧场、畜牧围栏、屠宰店在日益庞大的商品和资本网络中的参与度持续加深，生产者们也开始不断进行自我调整，以增强自身对远道而来的顾客的吸引力。渴望得到来自遥远地区的投资客资助的牧场主，与对新来访客翘首期盼的肉牛镇相互吸引，纷纷彼此效仿，推出各方都早已再熟悉不过的景观和物件，比如规格制式标准统一的牛栏、火车车厢等。[14] 空间运输上的标准化意味着从事这一产业的人口将可以快速地从一地去往另一地。就在打造了一个繁荣兴旺的全国性市场的同时，这一过程也使某些地方遭遇了市场起伏莫测的变数。某一肉牛镇固然可以借助熟悉的便利设施——如牲畜交易中心、整洁干净的围栏等——赢得牧场主的青睐，进而在与对手的角逐中脱颖而出，但一旦每一个雄心勃勃的肉牛镇都开始采用同样的思路，便很快出现“百镇一面”的同质化问题。随着生意、资本来来去去，诸如堪萨斯阿比林、得克萨斯锅把地带等地区都曾相继陷入 19 世纪的逆产业化危机之中。

土地和空间上的这一重塑过程同时也促进了美国体制的重塑。在努力应对新型牛肉生产行业所带来的种种冲击的过程中，美国也逐渐向规制型国家演进发展。具有标志性意义的《谢尔曼反托拉斯法》（*Sherman Antitrust Act*）针对的核心问题就是产业集中化趋势，其最初首要针对的目标就是权力过于集中的铁路公司。然而，冷冻牛肉的运输与这一问题也具有密不可分的关系。铁路公司管理运输流量的努力往往聚焦于运送肉牛活畜与冷冻牛肉两者之间的相对费率。芝加哥肉类加工商在长达十多年的时间里一直反对铁路公司意在操控运输费用的做法。双方的斗争以肉类加工商的获胜而告终。最终，势力强大的铁路公司只得向监管机构提出保护申请，以阻止芝加哥“四大”提出的毁灭性要求。早期旨在保护和鼓励消费者的努力也将牛肉行业置于扩大联邦权力尝试中的核心位置。根据众议院出台的一项法案要求，企业管理局（也就是联邦贸易委员会的前身）最早开展的一项调查就是要查清“肉牛价格与鲜牛肉销售价格之间大得非同寻常的差额，查清前述问题是否完全或部分由某些旨在限制商务自由流通的契约、串通行为或阴谋所致，无论这一串通行为表现为托拉斯或其他任何形式”。[15] 1906 年，西奥多·罗斯福总统（Theodore Roosevelt）在签署《纯净食品和药品法》（*Pure Food and Drug Act*）的当天，还签署了《联邦肉类检验法》，授权农业部官员对全美的肉类供应予以监督检查。

而芝加哥肉类加工商在美国农业的本质特征方面推动实现了意义深远的重大变革。鲜果分销肇始于肉类加工商冷冻车厢的出现，因为后者可以向水果、蔬菜种植商提供冷冻车租赁业务。小麦或许可以说是美国最重要的粮食作物，其种植和生产过程中也深深打上了肉类加工商的烙印。为了加强对牲畜饲料成本的管控，阿默公司、斯威夫特公司均在小麦期货方面投入了巨额资金，并掌控了全美规模最大的几家粮食仓库。[16] 20世纪初期，阿默公司制作的一份推广地图宣称，“美国的伟大之处，就建立在农业这个基础之上”，并标注出了美国各州的农产品，其中很多都需要通过阿默公司所拥有的设施来实现运输和流通。[17]

牛肉行业堪称现代产业化农业（通称为“农产业”）兴起的示范性产业。[18] 如果说现代农业的故事是一个牵涉科学与技术的故事，那么同样也可以说，它是自然的不可预测性与资本理智性两者之间相互妥协的产物。这一妥协对于“肉牛－牛肉联合体”的发展历程至关重要，但其过程同时也是踉踉跄跄、动荡剧烈的，因为肉类加工商将暴风雪、干旱、疫病、产能过剩等风险统统都转嫁给了肉牛牧场主。当今的农业体系的运作原理也大体与此相似。以家禽产业为例，普渡（Purdue）、泰森（Tyson）等加工商通过由合同协议、专用特殊设备以及饲料采购等手段构成的一套周密、成熟的体系确保了自身利益的最大化，却将风险转移给了与之签约的农户。[19] 粮食作物生产行业的情况也同样如是。与19世纪时的肉类加工商类似，势力相对较为薄弱的参与人从事着真正的种植和生产业务，而孟山都（Monsanto）、嘉吉（Cargill）等大公司却掌控着农业投入、市场准入等重点环节。

“肉牛－牛肉联合体”具有极强的韧性与活力。这一受肉类加工商掌控的低价冷冻牛肉体系经历了牧场主抗议、劳工暴动、铁路公司抵制以及监管改革等一系列风暴，并成功延续至今。其韧性与活力深深根植于两方面的因素：其一是生产领域，其二是消费领域。就生产领域而言，政策制定者将保持灵活稳定的食品体系看得重于其他一切问题。标准化是处理这一方面问题的关键。由于不同地域之间的联通条件日益改善，而且从功能上来看又基本相同，所以基本上不必担心供应中断的问题。比方说，假如伊利诺伊发生了供应中断，完全可以通过调整科罗拉多的供给来缓解这一供应中断所带来的冲击。这就使肉类生产打破了得克萨斯、大平原乃至芝加哥等任何一个具体地理区域的制约。此外，由于农产业模式将经济及环境风险都转移给了牧场主和小生产者，这也就意味着肉类加工产业永远有利可图，即使在最为艰难的关头，这一行业整体也依然可以繁荣兴盛。“肉牛 – 牛肉联合体”的韧性与活力也有赖于牛肉在消费者日常生活中“至高无上”的地位。由于产业化生产有利于保障低价牛肉的持续供应，因此，与当今时代一样，19 世纪 90 年代那些对这一体系持批评态度的人士，往往也都被诟病是其精英主义思想作祟，而且这一指责在多数情况下还不无道理。当屠户提出请求，希望通过政策法规手段来制衡芝加哥肉类加工商的权力时，他们也不得不向立法机构坦陈，产业去中心化可能导致价格上涨。立法者最终选择了站在产业化生产一方的阵营。相反，指控牛肉不够安全卫生的声音——比方说 1898 年曝出的美国陆军牛肉丑闻——反而很快有效调动了消费者的情绪，并促使国家采取了相应行动。然而，一旦芝加哥肉类加工商解决了安全卫生问题，它们对整个体系的控制程度反而更进一步加强了。尽管消费者对价格及安全卫生问题的关注看似不言而喻，但我们同时也必须清楚了解消费者的逻辑，因为他们对牛肉的需求远胜过其他任何食品，有时会宁愿为得到价格低廉的牛肉而奋起抗争，也不愿屈尊用鱼或鸡肉来代替牛肉。

超越美国疆界

虽然产业化牛肉生产行业的兴起是美国国内的事，却也极具全球性影响力，并带来了显著的影响后果。肉牛乃是一种全球性有机生物体，其 DNA 反映了分别源自南亚及中东地区的两次相距遥远的驯化期所形成的两个亚种之间的杂交。[20] 此外，来自美洲大陆的肉牛表现出了一定的适应性，这有利于它们在哥伦布发现美洲大陆之后所形成的新环境中幸存下来[21]。在逐渐适应干旱、养分贫瘠的气候类型的过程中，这些动物渐渐进化形成了相对更快、更短的生殖周期。这一特征也便解释了它们的数量为什么如此众多，以及它们又为什么如此深受牧场主欢迎。然而，并不是所有这些进化和改变都有利。适应进化固然提高了它们的生存能力，但同时也意味着这一品种体形相对偏瘦，不易增重，借用某些人的说法，它的肉吃起来非常柴，简直"味同水煮钢琴架"[22]。美国肉牛的最后一次适应进化——同时也是最受消费者青睐的一次进化——直到 19 世纪末期才随着赫里福德（Hereford）、安格斯（Angus）等北欧品种的引入得以完成，同时也标志着肉牛全球化进程中一个全新阶段的到来。

同肉牛这种动物一样，美国肉牛养殖行业的发展轨迹也反映了一个从不同地区引进的牧养方式相互交融的过程。西班牙式放牧传统强调牧马和索套的使用，构成了美国西部以及西南部地区的主导牧养方式，而北欧式放牧传统更重视肉牛养膘及精心养护，构成了美国玉米主产带以及中西部地区的核心牧养方式。[23] 与此类似，近期一些研究显示，非洲式放牧传统对美国牧养习惯的形成和发展也具有重要作用。[24] 如果说美国肉牛养殖传统中有什么鲜明特色的话，那也是来自不同途径的多重影响力长期缓慢融合的结果。

与此同时，将放牧发展成为高度资本化的一种经营模式，其根源也可以追溯到资本和人员的跨国流动，这一流动于 19 世纪 80 年代到达美国放牧行业。美国广袤充沛的土地被英国资本家看重，后者随即很快带来了苏格兰和英格兰的肉牛养殖传统。遍布美国西部地区的"土地与肉牛公司"纷纷购进大量肉牛，活畜围栏容载量往往高达十万余头。外国资本的大量涌入，加之随踪而至的欧洲流动式牧场经营者带来了先进的放牧经验，西部牧场经营很快发展成为一门庞大的生意。这些经营者开始为芝加哥的肉类加工市场以及玉米主产带的肉牛催肥企业供应肉牛，由此形成了一个集约化的肉牛养殖体系。最终，曾经繁荣一时的土地与肉牛生意沦为一场土地与肉牛泡沫。不过，在这一过程中，欧洲的资本帮助冉冉兴起的芝加哥肉类加工厂开创了完美的经营条件：充裕的肉牛供应以及迫切需要资金的牧场主。

同时，美国牧场经营以及肉类加工产业兴起对全球的影响也极其巨大。在美国从事牧场经营的部分苏格兰先驱继续南下，并在南美洲建立了牧场。受法国投资商派遣，美国斗牛士牧场（Matador Ranch）的苏格兰裔经理莫尔多·麦肯兹（Murdo Mackenzie）前往南美洲帮助筹建了巴西土地－肉牛－加工公司（Brazil Land, Cattle and Packing Company）。20 世纪初期，芝加哥肉类加工企业收购了许多拉美牛肉加工厂，并在巴西、阿根廷等地开设了工厂。斯威夫特公司于 1907 年收购了阿根廷一家食品分销公司，并与芝加哥其他几家大厂展开激烈竞争，以争夺对该国牛肉贸易的主导权。[25] 当地竞争对手学习借鉴甚至提升改进了芝加哥的经营模式；2007 年巴西 JBS 公司收购了斯威夫特公司，从而将自己打造成了世界上最大的一家肉类加工公司。

“肉牛－牛肉联合体”还塑造了全球人口的饮食习惯和方式。跨大西洋肉品贸易促进了英国肉食消费的民主化进程。从美国向英国出口活体肉牛（后来是冷冻牛肉）曾是兴盛一时，同时也争议众多的一项贸易。自 19 世纪 70 年代以来，这一贸易迅猛扩张，仅 1901 年一年，便有超过 3 亿磅①的白条牛横穿大西洋输往了英国。之后的几年里，来自南美洲的牛肉将成为英国市场的主角，但芝加哥肉类

① 1 磅≈0.4535 千克。——编者注

加工大厂依然直接或间接地控制着这些交易之中的绝大多数。[26]

品质相对较低的罐头装牛肉在帝国主义时代曾是供给部队的一款重要产品。19 世纪期间，很少有人会主动心甘情愿吃罐装牛肉，但士兵们别无选择。德国、法国以及英国都曾采购过数百万磅的芝加哥产罐头装肉品，将其作为部队的给养。而在热带地区，这种食品尤其重要，因为其他食品很快就会腐烂。

全球农业领域最突出的矛盾之一，在于虽然农耕及牲畜饲养作业至今都难以摆脱本土化经营的方式——一块土地、一群肉牛——却往往受到由资本、商品以及相隔万里的人们共同构成的网络的制约。这也就意味着，有关它们起源的任何讲述和分析都必须高度关注这些过程所涉及的具体情况，同时也高度关注其全球性要素。就“肉牛－牛肉联合体”而言，这也就意味着我们要探索和讲述的是一个具有鲜明美国特色的故事，但其起源和结果具有全球性。

“牛”眼看美国资本主义发展史

为讲好美国产业化牛肉生产兴起的历史，我参考了来自多种不同渠道的新鲜资料，同时也对传统档案中的资料提出全新的思考视角。从事产业化肉类生产研究的学者长期以来都面临一项特殊的挑战，即涉及肉类加工业发展史上最关键的一个阶段（19 世纪后期）的商务记录严重匮乏。这类记录要么零散残缺，要么因其他原因根本无法接触到。为弥补资料缺失的遗憾，我借鉴了多种不同来源的素材，从而使得自己对“肉牛－牛肉联合体”的全貌有了一个相对更深入的了解。

有关 19 世纪后期牧场经营企业的记录，传统上主要被用于针对得克萨斯及美国西部牧场狭义上的历史进行研究，但如果将之应用于分析产业化肉品的兴起和发展历史，其意义则更加广泛和深远。这些资料将有助于我们重新思考食品发展史以及美国资本主义。斗牛士、思旺（Swan）、XIT 等著名牧场与欧洲投资人、美国西部地区牧场经理、芝加哥买主及代理人等各方携手合作，付出了巨大努力。牧场经理与堪萨斯市、芝加哥以及其他各地的代理之间的通信往来信息提供了一个窗口，既有助于了解他们在全美牛肉分销体系中的参与情况，也有助于了解他们各自对 19 世纪后期蓬勃兴起的行业巨擘（即芝加哥肉类加工商）的态度。这些素材讲述了相关各方重塑美国西部地区环境的意图和努力过程，也讲述了投资资本的诉求与千百年以来生生不息的农业传统之间的冲突与摩擦。此外，我也参考了牛仔歌曲、商务名片、烹饪图书等资料，以探讨牧场经营以及牛肉生产等现象背后所包含的文化意蕴，了解这些文化意蕴是如何塑造了 19 世纪的经济格局。

基于上述素材继续向外延伸，本书进一步得出了一系列有关牛肉产业的广泛结论，同时也提出了关于美国商务活动发展本质的几点思考。书中表明了为什么说自然和资本之间不断演变的关系对美国广义经济史具有至关重要的意义。铁路等新技术以及期货协议等金融创新机制一直以来都被置于美国资本主义发展史中的核心位置，如此安排也确有其道理。然而，美国西部地区的铁路运营之所以利润丰厚，是因为它有利于帮助丰饶的农产品流通起来，而期货协议之所以管用，就是因为它有效管控了生态风险，至少一开始时曾经做到了这一点。畜牧业和农业激励了机构及规章制度的变革发展，而这些乃是 19 世纪经济发展的核心。美国的产业化有其自然根基。[27]

此外，本书观点认为，尽管说市场与政治之间有着深厚的渊源，但消费文化史与市场为什么需要监管、又该如何监管之间也同样有着密不可分的关系。消费者的口味和喜好对牛肉产业具有重大影响；消费者长期青睐鲜牛肉而不喜欢腌牛肉这一偏好，至少在一定程度上决定了牛肉生产必须是一个高度资本化、高度集中化的产业。在电气化实现之前，让肉类产品在从芝加哥到纽约的整个运输和流通过程中都保持冷冻状态曾是一项不小的挑战。还有另外一点也非常有必要了解，那就是为什么这一产业在安全卫生问题上会受到如此严格的监管。比方说，对其卫生方面的监管严格程度远高于对其劳工权益保障方面的监管严格程度。而了解这一点的重要性甚至超过争论该产业的从业者是否的确有效抓住了《纯净食品和药品法》等规章的要点。

美国牛肉产业发展历史表明，流动性对于全国性市场的形成至关重要。[28] 正是由于让商品实现远距离流通的强烈愿望，才促成了前文所提到过的标准化。牲畜围栏的形制之所以在全美范围内都基本大同小异、屠宰店切肉的方式之所以千篇一律，就是因为商家需要让商品便于在全美流通，乃至到了后来还要便于在全球流通。联邦政府努力建立规制型国家，就是为了加强对这一过程的管理。比如，一旦要在全国范围内，乃至跨越大西洋运输活体肉牛，原先各州各自为政的生牛运输法规自然便不再奏效。因此，无论是消费者还是商家，都发出了要求联邦监管机构出手对此进行规范和仲裁的呼声。尽管如此，全国性市场的兴起主体而言仍是冲突与竞争的产物；标准化、监管规章等，都不过是在各方试图通过牛肉贸易获取利润的过程中衍生出来的程序而已。

上述分析将有助于解释清楚当今农产业的本质及其实力的根源。虽然实际情况未必总是如此，但灵活机动的空间布局、中央集权制的规制型国家与大公司之间密切的关联互动关系均预示，高度集中化的食品生产体系还将继续存在下去。在提出“土食优先”（locavorism）、分散生产等主张之前，对该行业持批评意见的人士也必须考虑到这一现实。同理，“肉牛 - 牛肉联合体”的发展史也揭示了“消费者政治”的局限性以及低价串联由来已久的历史。思考如何改革食品生产行业这一问题——甚至是改革是否确有必要这一问题——之前，我们首先必须思考政治经济问题，而不是一味讨巧和迎合消费者的选择。[29]

探讨牛肉产业在产业化、政策监管、商务惯例等方面能够带给我们些什么样的启示之时，我们也切不可忘记，这个事情中最核心的问题就是肉牛与人的关系问题，主要是经济关系，但偶尔也是感情关系。肉牛驯化的历史可以追溯到上万年以前，考古学家、科学家依然就其起源及发展时间线问题争论不休。[30] 动物牧养在人类社会中占据中心位置的时间甚至可以追溯到更早。人类已知最早的某些艺术作品——比如法国的拉斯科洞窟（Lascaux caves）壁画——中早有原牛（肉牛的先祖）、马以及其他动物的形象。自最初驯化以来，从高度独立于人类到需要人类精心牧养的各品种肉牛就一直伴随着非洲和欧亚大陆的各个不同社会而存在，或是产生了重要的社会、经济价值，抑或是被当作了民族精神的重要皈依和寄托。[31]

肉牛不同于一袋袋的面粉。它们彼此间会打斗和争抢，甚至与其主人之间也存在争斗。它们会迷途、会走丢。假如长途迁移过程中有幼犊不幸夭亡，它们会久久滞留在牛群后面不忍离去，并且会一次次折返回顾。只要有一方草场，它们就能够自食其力、喂饱自己，而这在很大程度上正是其价值的根本来源，换句话说，它们自身甚至也在从事着一种辛勤的劳作。虽然无法了解“肉牛－牛肉联合体”对它们而言究竟意味着什么，但有一点我们必须认识到，那就是：这一体系之所以有存在的可能，恰恰离不开这种牲畜能够自我移动、能够负重劳作、在某种意义上还能够奋起反抗这一事实。

全书概览

本书追踪讨论牛肉贸易从活畜牧养到将牛肉送到餐桌的整个

流程。无论在一片牧场上、在某一家屠宰场里，抑或是在厨房的灶台之上，将某一种动物或一块肉品由具体事物提升到抽象层面（如“牛肉”），都是一个不断推进的过程。洁食法律规章、牛仔传奇等多种多样的文化体系及价值在上述过程中的每一个阶段都会发挥作用，引领或启示我们下一步该如何继续行事。对于某种特定的商品而言，某一些具体的时间节点很可能关乎其整个流通环节的安危存亡，比方说，一次意外的食品污染事件可能致使牛排由一种美味瞬间沦落为一剂毒药，一道骇人的闪电可能让一群肉牛刹那之间由一笔宝贵的资产演变为惊恐奔突，进而危及人身安全的畜兽。商品是一个抽象的概念，只有通过某一具体的事物，我们才可能对其深入了解。

第一章“战争”探讨印第安人土地征用运动中美国西部肉牛牧场的起源。在美国西部地区建立牧场的目的就在于将肉牛牧养推广至辽阔广袤的边远地区，而这也就意味着不得不对大平原地区进行生态系统意义上、政治疆域意义上的重塑和再构。我基于对1874—1875年红河谷战争等一系列冲突以及对苏珊·纽康姆（Susan Newcomb）等一批拓荒牧场主的故事的分析，认为“肉牛－牛肉联合体”的形成和发展有赖于土地征用运动，这其中既有政府刻意施策的功劳，也得益于独立自强的牧场主自身的努力。这场征地运动只是范围更为广泛、过程更为惨痛的其他一系列运动中的一个缩影，正是通过这一系列运动，大平原生态系统完成了由草原－野牛－游牧体系向草原－肉牛－牧场体系的质性演化过程。惨烈暴虐的印第安人战争——经过作家及后人的浪漫想象和加工，这一系列战争逐渐演变成了一段颂扬早期牧场主克服重重阻力、全力以赴抗争奋斗的壮阔历史——为“肉牛－牛肉联合体”神话般的发展历程奠定了基石。

第二章“牧场”寻踪探源，追踪回顾了大型牧场的起源和发展历程。在早期的一场投机泡沫中，美国东部乃至遥远的苏格兰的大笔投机资本源源不绝被输往美国西部。投资商斥资成立了大量规模庞大、资本高度集中的企业化牧场，使肉牛养殖成为一项巨大的生意的同时，却也滋生了投机之风盛行、产能过剩、管理不善等诸多弊端。在恶劣的暴风雪天气和管理失误双重夹击之下，这些大型牧场中的多数相继宣布破产或遭受重创，最终导致这一体系彻底崩盘。其后，牧场经营进入一种小规模、低利润的模式。大型企业化牧场其兴也激、其衰也疾的发展历程堪称“另类可能性”的典型例证——倘若这些牧场在芝加哥肉类加工公司势力日渐加强的同时未曾遭遇塌方式倒闭，那么今天的食品生产行业极有可能呈现出一幅截然不同的图景。本章结论认为，当今牧场的经营模式——规模相对较小、以私营为主——绝非是一种必然的趋势，而是机遇、政策、逐利狂潮以及生态制约等多重因素综合作用的结果。

第三章“市场”则从鸟瞰视角总览美国肉牛养殖产业的图景。究其核心而言，“肉牛 – 牛肉联合体”的本质在于流动性，即让商品以更快速度向更远地区不断流通的能力。实现这一点有赖于生产过程中表现出来的某种灵活性，这一灵活性既是政府刻意施策的结果，在一定程度上也是历史偶然性的表征。基于针对得克萨斯牛瘟这种肉牛传染病的一项研究以及对堪萨斯州埃尔斯沃思肉牛镇发展历程的回顾可以发现，这一联合体通常都起源于某一具体地域，但不久后，随着畜栏、运输火车以及饲养场等标准化空间的出现，经营范围便迅速扩展至发源地以外的其他区域。流动性同样有赖于相关各方之间的彼此信任，而这一点是州府动物疾病管理规章以及行业实践惯例等因素共同作用的结果。在致力将肉牛养殖打造成一个有利可图的产业的过程中，牧场主、肉类加工厂，与地方、州以及联邦政治人物等各方携手合作，共同塑造了这一体系的具体形态。

尽管“肉牛 – 牛肉联合体”是一个全国性乃至全球性的系统，但本书前三章依然重点聚焦于美国西部。当时，密西西比河以东地区的肉牛存栏数量远超西部地区的，因此这一侧重看上去似乎不合情理。但深入了解西部牧场必不可少，因为它有助于我们了解牧场文化，同时也有助于引导我们关注其他的可能性。消费者、商人、牧场主以及立法者对牧场经营方式的理解帮助他们为推行和捍卫这一体系找到了合理的依据。此外，在东部地区生产行业仍以小规模、家庭私营为主导性经营模式的背景下，大规模企业化牧场就已经在西部地区进行了最初的试水。虽然企业化牧场经营的尝试最后以失败告终，但人们对其兴衰的高度关注表明，芝加哥肉类加工厂主宰这一体系的局面并非不可避免的历史必然选择。肉牛牧场养殖的经典形象属于西部，正是在这个地区，牧场经营文化深深植入了美国的国家基因之中。

第四章“屠宰场”探讨总部位于芝加哥的少数几家公司何以主导了“肉牛 - 牛肉联合体”。为确保集中宰杀的白条牛能够顺利输送进入市场流通，芝加哥肉类加工公司与铁路公司、劳工以及传统屠户进行了持续的斗争，并借此过程发展成为全美规模最大、利润最为可观的几家公司。在对这些新兴巨无霸公司实行监管的过程中，政府及立法机构采纳了一种消费者至上的理念和立场，将提供价格相对低廉的牛肉视为重中之重，而对价格串联、劳工剥削、失地屠户等问题的关注反而位居其次。由于这批芝加哥公司将消费者利益与自身利益密切关联，因此便逐步主宰了牛肉生产体系。

第五章“餐桌”详细剖析牛肉在美国餐饮文化中的重要地位，以便更深入地了解消费者在政治议题，尤其是事关价格、卫生等因素的问题上为什么会发挥作用，又是如何发挥作用的。针对牛肉价格高涨局面而爆发的一场消费者抗议活动——纽约市各大报纸称之为“食肉暴乱”——清楚地表明，价格相对低廉的牛肉对饥饿的消费者而言究竟意味着什么。本章还对食品生产中消费者视角里的一个核心矛盾进行了分析研究：尽管对大规模量产的必然性心存一种抽象的隐忧，消费者却又何以能够对之心甘情愿地接受？最重要的是，本章提出了一种将食品视作商品的理论，以更好地理解消费者与所消费食品之间的关系可能会如何影响食品生产环节。

“肉牛－牛肉联合体”的形成是千万次小规模辩论、抗争乃至冲突对峙的产物，它事关各方在如何保住工作岗位、如何养家糊口，或者如何赚取一美元的盈利等问题上错综交织而又往往彼此矛盾的诉求。归根结底，所有这些都是围绕我们的食品体系究竟该呈现何种样态、我们的社会应被如何组织起来这两个宏观问题而展开的一系列角逐。最终，主张价格低廉、安全卫生问题的重要性胜过其他一切考量的一方在这场角力中位居上风。毋庸置疑，这一体系的建立是以涉及土地流失、薪酬微薄、动物虐待、牧场主致贫、环境退化等严重问题为代价的，但它同时也促进了牛肉供应的民主化进程，使饥饿的消费者能够享用到自己心仪且美味的食品。由于铁路、冷冻技术的问世以及资本的介入共同作用，这一体系的形成成为可能，而最终决定其具体业态样貌的却是政治以及权力斗争。食品生产及消费状况并非我们当前经济发展水平的直观反映，而是一场持续演进，有时还很可能诱发剧烈动荡的角逐。我们赖以为生的食品该如何生产，不该如何生产？答案均取决于这场角逐和较量的结果。

第一章

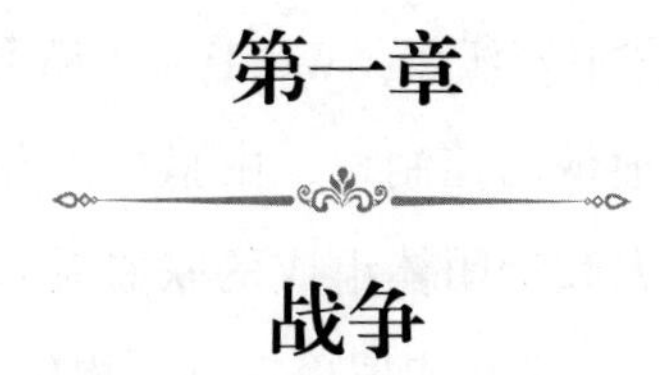

战争

在长达200年的时间里，围绕马和野牛而组织起来的社会统治着大平原地区。然而到1876年时，这一体系开始瓦解。对于这件事，恐怕没有人比基奥瓦艺术家沃豪（Wo–Haw）感受得更为痛切。为了争夺对得克萨斯锅把地带的控制权，由猎牛人和美国军队组成的一方，与由数个印第安人政治团体组成的联盟展开了战争。沃豪在战争中被美国军队俘获并关押在佛罗里达马利恩堡（Fort Marion）监狱中。在此期间，他创作了《两个世界之间》（*Between Two Worlds*）。画面中的人物被夹在中间，两侧分别是一头各自代表着不同世界的野牛和公牛。[1] 野牛的旁边是帐篷和营地，公牛则高高耸立在农舍和田野的上方。画中的人物警惕地看着公牛，手中的烟斗长长地向外伸了出去。[2]

本章意在将沃豪的作品通过文字予以描述。故事主要讲述那个时代“肉牛王国”的起源、平原地区野牛种群的毁灭，以及依赖狩猎为生的社会的分裂。在美国军方的支持下，肉牛牧场主和猎牛人从根本上重塑了大平原的样貌，将美洲印第安人从美国西部广袤的土地上驱离，并征占了他们的土地，以供白人定居者和牧场主使用。[3] 倘若没有这一进程，牛肉一跃成为美国餐饮结构中的主角这件事便不可能成为现实。

美国内战期间，大平原地区以及美国西南部的部分地区陷入一片混乱。然而，随着仇视和敌意的终结，定居地扩张、铁路延伸、商业性野牛猎杀兴起等问题却接踵而至，进而将拓荒者与平原地区印第安部族之间一触即发的冲突升级成为正式战争。凭借美国内战期间首创的补给运输战略及战术手段，威廉·特库姆赛·谢尔曼

《两个世界之间》

由基奥瓦艺术家沃豪于1877年创作。图片主题与艺术家的名字之间存在关联，在平原地区印第安人的语言中“沃豪”一词意为“肉牛”。此图经位于圣路易斯市的密苏里历史博物馆授权复制。

（William Tecumseh Sherman）、菲利普·谢里登（Philip Sheridan）诸位将军把大平原地区印第安人赶进了印第安保留地，并将后者牢牢困在其中。[4] 及至这一过程结束，大片大片掠夺而来的放牧地将被划定为永久性“开阔牧场”。牧场主将会让数以百万计的肉牛在这片貌似无边无际的草场上扩散开来。这些辽阔的牧场往往被人为浪漫化，描绘成未经人类或工业染指的乐园，但事实上，这一乐园诞生过程的背后，却是对印第安人以及野牛群落的残暴驱逐。

牧场主不仅仅是这一过程中的受益方，往往还是这一征服过程的代理人。牛仔及小牧场主们与美洲印第安人摩擦不断，为夺回被盗肉牛，或者纯粹只是为了报复，他们时不时就会组织并发起偷袭行动。在很多地方，商业性猎牛以及土地掠夺几乎使印第安人处于饥饿的边缘，由此导致偷盗牲畜事件时有发生，而白人定居者则以此为借口，频频发起残酷且程度远超合理范围的暴力回击。在加利福尼亚州，这一过程在巅峰时曾引发史学家本杰明·曼德利（Benjamin Madley）所谓的针对于基印第安人（Yuki people）种族灭绝惨剧。据传言，只要于基印第安人每杀死或偷走一头牲畜，白人定居者就会杀死多达 15 名于基印第安人，以此来进行报复。[5] 与此同时，肉牛牧养活动也持续向更远、更广泛的地域扩张，将野牛栖息地日益挤进印第安人领地之中。

牧场的兴起同时还助长了另一种形式相对隐蔽的征服和占领。美国人曾一度将密西西比河以西的广大地区视作美国大荒漠，根本不具备从事农业经营的可能性。[6] 然而，早期肉牛牧养实践的成功极大地刺激了那些企图占领平原地区的美国人。牧场主完全可以将美国大荒漠予以利用。在他们看来，相比原先居住在这里的印第安部族落后的生产经营方式，这一新型土地利用方式的生产优势再明显不过，这也为他们诉诸暴力掠夺手段、组建“肉牛 – 牛肉联合体”提供了一个很好的借口。牧场主及猎牛人频频讲给自己同时也讲给他人听的故事，俨然成了他们的征服工具，其作用几乎不亚于手中的来复枪。

肉牛牧养是美国西部重塑过程中的一个核心部分，同时也构成了美国在这一地区实力的基础。1885 年，财政部官员约瑟夫·尼莫（Joseph Nimmo）曾评论认为，“肉牛养殖牧场可能也还是解决印第安人问题最有效的手段……依靠这一手段，仅仅几年之前看上去还是一片荒凉的大片土地，如今已变得一派繁荣，成了人们勤劳致富、节俭持家的热土”。[7] 从得克萨斯到蒙大拿，“肉牛 – 牛肉联合体”与美国这个国家携手并进，日益繁盛。

牧场经营及印第安人战争并未随着第一波征服及土地征用浪潮而结束；美国政府对所谓持续存在的印第安人问题的解决方案——也就是印第安人保留地制度——将被证明对牧场主来说是一个莫大

的福祉。美国政府安抚印第安人的办法就是将后者控制在保留地范围之内，同时还有意地针对后者赖以为生的野牛下手，由此滋生出了一个高度依赖政府定额配给的人口群体。牧场主们发现，承包提供这些定额配给的业务利润丰厚，有时甚至还能借此机会牟利，以之作为处理掉原本根本无法卖出去的肉品的机会。

对于政府官员及普通民众而言，美洲印第安人接受政府配给的肉牛并进行宰杀的情形（据当时一份报纸所言，这一情形俨然就是“残暴虐杀动物的大型虐心现场”），进一步证实了他们先入为主的观点，即印第安人社会和政治制度的崩塌正是其腐败落后文化的后果。[8]针对当时所谓“印第安人问题”，从文化角度最常见的解释就是给美洲印第安人贴上“要么就是罪犯、要么就是儿童”这一标签。有关牛肉分发现场情形的描写，大多都将重点放在凸显印第安人野蛮和落魄的一面，更是坐实了上述两种观点。

除为美国推脱在印第安人贫困问题上的责任之外，这些描写还有意为铁腕式的“家长制作风”进行辩护。[9]因此，解决“印第安人问题”的方案往往表现为用强制性手段代替印第安人政治组织管理其土地，或者表现为美国政府根本无视相关协议条款，而原因却仅仅是官员们自认为这些协议不符合印第安人的最大利益。所有这些措施往往明显偏袒肉牛牧场主，这点绝非巧合。约瑟夫·尼莫这位政客甚至主张进一步压缩保留地范围，不仅是为了“引导居民向文明的方向走”，还为了“因此而释放出来供白人定居的地区中，几乎全都是优良的放牧地”。[10]宣称类似措施有利于带来双赢结果的说法，则更进一步加剧了对印第安人的剥削。

印第安人的社会和政治制度腐朽落后这一文化叙事为施行“家长制作风”提供了合理化的借口。同理，肉牛牧场主在19世纪70年代印第安人战争中所扮演的角色，也为新兴的牧场制度提供了合法化的借口，因为它将“肉牛王国”与边疆神话牢牢地捆绑在了一起。

这一神话将边疆地区打造和刻画为弘扬独立个性的圣地，在这里，为了促进文明而诉诸暴力情有可原，虽然如此行为有时也不免令人遗憾。这一被神话的思路构成了贯穿美国历史的一股强大力量。[11] 正如电影、音乐以及文学作品中有关“牛仔与印第安人”的常规桥段所一再证明，牧场主驯服西部蛮荒的传说与这一宏观叙事结构完美地契合。时至今日，在牛肉产业的广告等推广宣传资料之中，无论是一望无际的西部平原景象，还是对牛仔及古老西部程式化的描绘，依然是这一传统意象的现代化翻版。

有关 19 世纪后半期美国西部状况的记录，大部分都特别强调正规军事力量在平定和驱逐大平原印第安人过程中所发挥的作用。如此安排固然自有其道理，但围绕肉牛迁移路线或猎牛行动问题而发生的小规模冲突也同样重要。[12] 对牧场主或肉牛的威胁往往为军事干预提供了借口。在美国北部平原地区，第一次苏族印第安战争（Sioux War）的爆发就是因为一次失败的军事抓捕行动。当时，一名拉科塔（Lakota）族人因猎杀了一头迷失的公牛而受到追捕。[13] 牧场主和猎牛人往往就是同一批人，他们为军方行动给予物资支持，或提供给养，或提供有关印第安人补给路线的相关情报。由于牧场主和猎牛人组织紧密、武器精良，有些地方的牧场主甚至充当着准军事力量的角色。问题的关键还不仅仅在于军队在美国内战结束之后的几十年里荡平了大平原的印第安人，或者说在于牧场主的兴起地恰恰就是原先的猎牛地；而也在于，肉牛牧场主及猎牛人刻意激化了他们与美洲印第安人之间的矛盾冲突，并煽动政府采取了军事干预行动。[14] 此外，他们还与军方协同行动，以达到双方共同的目的，即征占印第安人的土地。

这一故事主要在美国北部、中部以及南部平原地区展开。得克萨斯往往成为其焦点，部分是因为无论从现实还是从理念角度来看，该州都是建立“肉牛王国”的关键地区。不过，本章所要讨论的这一过程将涉及整个美国西部地区。如果说南部平原地区经历了残酷的红河谷战争，那么北部平原地区则有 1876—1877 年的苏族印第安战争与之遥相呼应。无论是在堪萨斯还是在蒙大拿，定额配给制协议的实施过程都一样充斥着腐败。

本章以马与肉牛在北美的扩张为起点，前者开启了平原地区印第安游牧文化的黄金时代，后者则标志着对这一游牧文化的毁灭和破坏。对 1874—1875 年红河谷战争之前得克萨斯边境生活的简略论述表明，猎牛活动、土地流失、肉牛牧养以及战争之间具有极其密切的关联。随后是对印第安人保留地制度的分析，揭示了这一制度是如何为牧场主提供了补贴，并为持续不断的土地占领提供了合理的理由。在贯穿其整个过程的每一个时间节点上，我们都可以看到牧场主的影子。他们一边觊觎着碧绿丰茂的草原牧场，一边又垂涎于更加肥得流油的政府定额配给制合同。

平原地区游牧业黄金时代：遍地野牛、原驰骏马

密西西比河与落基山脉之间，一片干旱、平坦且基本没有树木的土地自得克萨斯向北延伸，绵延直至加拿大境内。[15] 在美国内战爆发之前，约翰·波普（John Pope）将军曾称之为一片“贫瘠之地，根本不适合开垦或定居”。[16] 这片“贫瘠之地”包含了当今俄克拉何马、堪萨斯、内布拉斯加、怀俄明、蒙大拿等州全部领土，南、北达科他两州大部，还包括得克萨斯州部分地区。所有这些州都拥有繁荣兴盛的农业产业。那么，为什么今天物产最为富饶的土地，当初波普会那样认为呢？答案既关乎这一地区的居民，也关乎其气候条件。

要想看到它背后所蕴含的财富，就需要拥有一双智慧的眼睛，能够看到这片看似无边无际的土地能够为流动人口以及畜牧业发展带来的巨大潜在价值。而这点恰恰正是科曼奇人、夏延人、苏族人

以及基奥瓦人对大平原最看重的地方。不过事情并非一直如此。曾几何时，这些印第安人也曾主要生活在大平原的周边，靠从事小规模狩猎及轮流农垦为生。[17] 但所有这一切都随着马匹被引入北美洲而发生了改变。猎人们只要跨上马背，那些曾经狡猾无比、行踪难觅的平原野牛便统统成了可以手到擒来的猎杀对象。所谓的美国大荒漠，其实是一片丰饶富庶的沃土。[18]

想要了解马匹是如何给这个世界带来了翻天巨变，就不能不对大平原地区的生态系统有所了解。大平原地区极为干旱，全区年均降水不足16英寸①。[19] 东部平原的年均降水接近40英寸，为植株高大的蒿草生长提供了相对有利的条件，而在落基山脉阴影笼罩下的高地平原，只有相对矮小的牧草才能存活。在介于上述两个地区之间的区域，高草和矮草则可以交互杂生，具体情况视局地生长条件及长期天气变化趋势而各不相同。

然而，上述降水总量只是平均数值而已。不同年份间的降水量差别可能相当大。连续几十年的丰沛降水之前或之后，往往是同样延续几十年的极度干旱。因此，在降水相对充沛的年头里，野牛种群数量可能急剧膨胀，而在相对干旱的年份中，数量却会相应锐减。对于平原游牧部落而言极为严苛的现实，对经营肉牛养殖的牧场主来说同样是个大问题，因为他们的财富多寡同样有赖于气候条件。但在19世纪中叶，这一点却很少有人关心和在意。1750—1850年，异常丰沛的降水导致野牛种群数量剧增，平原印第安人的财富和实力也随之显著增加。[20]

马匹到来之前，野牛曾是平原地区的王者。在哥伦布发现美洲大陆之前，野牛种群数量究竟有多少？这一问题虽然依然存在争议，但当前多数研究认为，截至1700年，其数量大约在3000万头。[21] 野

---

① 1英寸≈2.539厘米。——编者注

牛体形比多数肉牛高出约一英尺①，体重也相对更大（雄性体重可能高达1600磅）。因此，发怒或受惊的野牛很容易就可以将徒步站立的猎人踩踏致死。马匹到来之前，捕猎野牛主要靠众多猎人、猎犬协同合作，将野牛驱赶至绝境，逼迫它跳下去摔死或严重摔伤。但这一烦琐复杂的方法只适用于夏季野牛聚集交配的时候。而在一年中的其他季节，野牛通常分布得非常分散，捕猎效率因此极为低下。[22]

马匹引入北美之后，情况很快便发生了改变。西班牙人首先抵达北美后，曾小心翼翼地对马群的数量予以严格控制，因为马就是他们保持自身优势和实力的砝码。尽管如此，马匹种群数量还是激剧增加。在1680年普韦布洛人反抗西班牙人统治的暴乱中，普韦布洛人抢夺到了几群马。[23]虽然西班牙统治者不久之后重新恢复了对普韦布洛人的控制，马匹却自此进入了横跨洲际的美洲印第安人贸易网络，并迅速向北扩散蔓延。

几乎所有族群都围绕野牛捕猎活动重新组织了其社会结构，使整个大平原地区陷入动荡。野牛肉、牛骨、牛皮提供了维持生活所需要的几乎所有物品，至于狩猎活动所不能提供的其他必需品，比方说马匹，则可以通过掠夺或交易获得。[24]曾经主要生活在大平原边缘地带的族群开始终年迁移，开启了彻彻底底的游牧生活方式。这一变迁导致了部族间的恶性纷争，为了争夺最有利的狩猎场地，部族间冲突不断。印第安武士们很快便发现了欧亚战争中一条不言而喻的真理：马背上的人远远强大于徒步站立的人。科曼奇人最终脱颖而出，形成一个庞大的帝国，实力远超其他沿袭定居生活方式的美洲印第安人部落，也远超那些来自欧洲的敌人。[25]

随之而至的并非一个稳定且能够与自然和谐共处的社会和政治

---

① 1英尺≈0.3047米。——编者注

秩序。[26] 以狩猎、偷袭和交易为主要特征的制度充满变数，这一点其实有利于使野牛种群数量保持在一个健康的水平。[27] 对人类而言算是坏事的频繁战事，对野牛种群而言反倒更为有利。没有任何一个群体可以成为地区主宰，也就意味着没有任何一个人能够稳定、规律地进行狩猎活动。正是在这样的地方，野牛种群得以繁衍兴旺。[28]

然而，19 世纪期间，动荡的政治局势逐渐走向终结。拉科塔人、夏延人、基奥瓦人和科曼奇人就领土和狩猎地达成了协议。他们的猎人现在完全可以满足美国东部地区对野牛皮毛（俗称既保暖又时尚的“野牛袍”）井喷式的需求。虽然野牛种群总数量塌方式的锐减真正开始出现是在美国猎人到来以后才出现的现象，但其数量在这一时期已经走上了逐渐滑坡的趋势。[29]

很多美国白人开始并未意识到大平原所孕育的机会和可能性，他们却不会对漫天遍野的野牛视而不见。一些有眼光（或者说贪婪）的人士意识到，这片貌似荒漠的土地其实蕴含着巨大的潜力。虽然人类和马匹依然是这里的王者，最终支撑其实力的生态和经济基础却将是肉牛，而不是野牛。正如明尼苏达州圣保罗市的 E. V. 斯莫利（E. V. Smalley）所分析的，这一梦想的基石是“一套理论，即平原及深谷中原先曾养育了数量庞大的野牛的天然牧草，将同样有望养育数量庞大的肉牛……既然野生的牛群能够挨过草枯叶衰季的严峻冬季，那么，驯养的家畜也理应能够学会同样的自我生存法则”。[30] 正是建立“肉牛王国”的这一梦想，让大平原地区华丽转身，从欧洲人原本只想借道穿越的中转站，变成了他们渴望永久占领的一块风水宝地。[31]

虽然激发美国白人纷纷涌向大平原、进而引发追逐致富梦热潮的根源在于人们想象中肉牛与野牛两者间的共性，但实际上，导致野牛蒙受灭顶之灾的根本原因却是人们关于两者差异的执念。一方面，早期牧场主人为肉牛披上了一层颇富浪漫色彩的外衣；另一方面却将野牛描绘为可怕的庞然怪兽。[32] 在得克萨斯乡间进行勘测时，一位早期拓荒的定居者曾有如下描述：“体形庞大、相貌丑陋的野牛黑压压一片，俨然遮挡了峡谷和山坡的全部视线。”[33] 至少，在得克萨斯的戴维斯堡（Fort Davis）地区，残酷虐杀野牛的现象就非常普遍，比如说，将它们捆绑起来活剐，或者眼睁睁看着一群猎犬将它们围着猎杀并吞噬等。[34] 当一群定居者捕获到一头“庞然怪兽”时，他们首先将它捆绑起来并割掉了尾巴，随后又驱赶着它一阵狂奔，直到“男孩子们认为已经看得厌倦，不愿意再欣赏野牛带来的运动乐趣时，才最终将它射杀”。[35] 肉牛代表文明的第一丝征兆和迹象，而野牛被视作狂野的兽类。历史发展至此，距离“以狩猎为生的人未能将土地的最大价值予以充分利用”这一观点的出现已经只是一步之遥。要想建立“肉牛王国”，就必须首先对付那些所谓“染指了”大平原的人和野牛。

“荒凉狂野之地的得力帮手”：得克萨斯边境生活与红河谷战争

6 年前，苏珊·纽康姆与丈夫塞缪尔·纽康姆（Samuel Newcomb）一道来到这里。她在得克萨斯西部平原上迎来了自己的 18 岁生日。这是一个令她深恶痛绝的地方。“假如我有一双翅膀，一定会远走高飞，再也不回到这个地方”，她曾如此发誓。但尽管如此，她还是留了下来。[36] 塞缪尔·纽康姆坚持要留在这里；获得免费土地和廉价肉牛的希望，远远胜过那些“频繁滋扰人们生活并屠杀、偷盗和赶走我们的肉牛”的敌人所带来的担忧和恐惧。[37] 在重塑西部的这场血腥、残酷的战争中，纽康姆夫妇曾以步兵身份参与其中。

纽康姆夫妇于 19 世纪 60 年代迁居来到得克萨斯州西部，并在戴维斯堡附近的一块土地上安顿下来。当时，这一地区局势混乱，迫使他们养成了一种酷似军旅生活的生活方式。1865 年 7 月 30 日，塞缪尔·纽康姆曾写下如下一段文字：“这里简直无法无天，没有任何人可能给你提供保护，现在，边地人民必须自己行动起来。”[38] 一年前的一次围猎行动中，或者用塞缪尔·纽康姆自己的话说，一次猎牛行动中，他们一行人追赶着 7 名印第安人以及后者的大约 90 匹马一路狂奔。最终，印第安人溃不成队，纷纷四散逃走。于是，他们将马匹留了下来，同时收获的还有一套马鞍和其他一些物什。据塞缪尔·纽康姆声称，他们骑着马赶回附近一个定居点并找到了马匹的主人，不过，却并没有提及马匹最终的命运。[39] 据苏珊·纽康姆的日记讲述，定居者通常会将奇袭行动中追回（或偷盗所获）的无主牲畜转卖。[40] 在另一则日记里，她曾提及一群人正在谋划发起一场“猎捕印第安人”行动。[41] 纽康姆一家甚至在语言使用方面也呈现出了鲜明的军旅风格。提到每次猎牛行动参加人员的花名册时，塞缪尔·纽康姆会将它称之为“军帖”。[42]

平时不用待在堡垒里躲避危险之时，牧场主们会四处分散开去，而且彼此相去甚远，这也就使他们的牧场成了西部扩张运动中的终极前哨。一次，丈夫外出追赶肉牛时，孤独寂寞的苏珊·纽康姆在其日记中写道：“他不在的日子里，时间过得好慢、好孤单，原因之一就是我们住得离任何一家人都很远，方圆 18 英里内不见人烟。有时，一想到自己正置身于印第安人环伺的地方，四近之处没有任何一个人，就不免感到非常孤独。”[43] 这些定居者很少有客人来访，纽康姆一家最担心的就是不速之客印第安人，他们“一逮着机会就会向我们开枪射击，一看到我们的马匹就会把它们全部掳走，甚至就连张‘军需官紧急征用收据’都不会给我们留下”。[44] 就是在这样一种人身安全都随时可能面临巨大危险的境况之下，苏珊·纽康姆开始了她建立“肉牛王国”的努力。[45]

苏珊·纽康姆和塞缪尔·纽康姆恰恰都是那种不达目的决不放弃的人，决心将“肉牛王国”从梦想转变为现实。面对暴力、孤独、贫困等恶劣境况，他们始终不曾放弃。在她 18 岁生日那天，苏珊·纽康姆曾躬身思忖，“是圣明天主的慈恩，使我有幸存活了下来，希望天主能伸出一双得力的援手，助我在这片荒凉狂野之地起家发达”。[46] 日后，这一双得力的援手化身为美国军队，果然朝她伸了过来，但纽康姆夫妇在这一过程中的作用却不容忽视，其功劳之甚，或许连他们本人都不曾意识到。

纽康姆一家来到得克萨斯的时间是在 19 世纪 60 年代初期，这一安排可谓恰逢其时，因为对这一地区而言，这段时间刚巧是一个巨大的转折点。在得克萨斯（或者更广泛地说，在美国整个西南部地区），经营肉牛牧场的起源可以追溯到美墨战争爆发之前很久。当时，这一地区还隶属于墨西哥的北部边陲。在长达一个世纪的时间里，墨西哥北部边陲地区的拓荒者们在一边从事农业耕作，一边与平原地区的印第安人进行奴隶和商品贸易。19 世纪初期，这一相安无事的格局开始被打破，部分是因为野牛数量不断下降，平原印第安人在墨西哥北部地区日益频繁地挑起战事，致使这一地区陷入了动荡混乱的局面。[47] 可以说，南部平原地区生态基础的改变正在重塑当时的政治基础。墨西哥开始走向衰落，而来自欧洲的英裔美国人则日益坚信，通过占领土地、平定印第安人叛乱等措施，完全可以将得克萨斯全部据为己有。

19 世纪上半叶，英裔美国人口数量急剧膨胀。[48] 数以万计的英裔美国人惴惴不安地与当地墨西哥人、印第安人共同生活在一起。这些英裔美国人对墨西哥政府毫无尊敬可言，不久便宣布独立，并于 1836 年组建了得克萨斯共和国。由此引发了一场内战，这一地区陷入了长达十年的乱战危局。[49]

暴力事件不断升级，最终引发战争，通常称之为美墨战争。近期有学者的研究结果强调，印第安人政治团体在这场纷争中充当了核心角色，尽管将之称作“美墨战争”，或者说称之为相对更准确的“美利坚合众国－墨西哥战争”都相对便利，但究其实质，这场战争其实是一场三股势力之间的混战：墨西哥、美国，以及由科曼奇人、基奥瓦人和其他游牧部族共同组成的联合力量。[50] 虽然从纸面上来看，最终获胜的一方是美国，根据1848年签订的《瓜达卢佩伊达尔戈条约》（*Treaty of Guadalupe Hidalgo*），美国将墨西哥几近三分之一的领土兼并为己有。但实际情况远比这复杂，因为根据该条约第11条规定，美国有义务控制并平定居住在这一地区的“野蛮部落”。[51] 在具体操作层面来看，这也就意味着该条约其实不过是一纸空头承诺，假如能够平定印第安人，那么这片土地就归美国所有。19世纪三四十年代，科曼奇人仍然还牢牢地控制着这一地区的大片土地，不过，这一条约还是在美国人心目中树立了一份信念，让他们坚信自己对这片土地拥有合法所有权。

继《瓜达卢佩伊达尔戈条约》签订之后不久，美国就在平定这一地区方面取得了重大进步。据盖瑞·安德森（Gary Anderson）论称，其内涵实质上不过就是抢夺印第安人土地，并通过某种种族清洗式的手段强行建立起一个由英裔美国人主宰的政治实体。[52] 然而，在美国内战期间，这一进程也曾遭遇重大回潮，美国在整个西部地区的势力也遭遇了同样的挫折。美国内战中，美国白人政府（既包括北部联邦政府也包括南部盟军政府）力量日渐衰落，因为这一地区传统牛肉市场的坍塌，也就意味着肉牛数量同步呈现出了蓬勃增长的态势。

战争结束之后，牧场主与军方联手合作，重新恢复了对南部平原地区的控制。牧场主负责提供情报，有时也提供给养，军方则反过来帮助他们追回被偷走的牲畜。骑兵部队的一位中尉在一次搜索被盗肉牛的行动时，还随队带上了牛的主人。牧场主与军方的配合非常默契，因此，当牧场主的两匹马都已累得筋疲力尽之时，骑兵连甚至还给牧场主提供了新坐骑，以便他们能够接力将消息送往总部。其他牧场主则继续跟随部队前进，将骑兵连带往牛主人们所发现的印第安人放牧路线或牲畜饮水点。[53]

1871 年，得克萨斯康乔堡（Fort Concho）司令官派人去调查那片地区发生的盗牛案件时，受命前往的人就是当地一位名叫理查德·弗兰克林·坦克斯利（Richard Francklyn Tankersley）的牧场主和另外两位牧场主，之所以派这几位前去，估计主要是为了让他们帮助提供情报。[54] 坦克斯利是当地财富实力最雄厚的人之一，他勤勤恳恳的努力深受同行军方官员的赏识。据后者所述，坦克斯利之所以加入调查组，"只是因为他希望能够协助惩罚印第安人"，因为他们偷了另一位牧场主的肉牛。[55] 除来自牧场主的援助之外，肉牛本身也构成了驻扎在大平原地区的军事小分队的重要给养来源。肉牛活畜集给养、给养运载工具两项功能于一身，因为它们可以跟随部队一起移动。部队一旦收到开拔命令，往往意味着新鲜的牛肉可以跟部队一样被"驱赶着"自由移动。[56]

军方之所以愿意付出努力来支持牧场主，关键的一个因素就是他们认同牧场主对有关财产以及偷盗等概念的理解。在牧场主的眼中，只需要在牲口的身上打上一个简简单单的烙印（墨西哥肉牛的标记则是一种非常复杂的烙印），也就意味着这些牲口就成了自己的财产，无论它走得离牧场房子有多远，都不会改变这一事实。[57] 将打了烙印的肉牛视作一种行走的财产这一理念，加之当时放任肉牛在没有围栏的草地上自由吃草的通行做法，两方因素相互叠加，致使冲突成了几乎不可避免的现象。牧场主们对自己的肉牛是否跑进了南部平原印第安人占有或使用的土地上毫不在意，但一旦这些肉牛被偷走或猎杀，牧场主立马就会大做文章。在牧场主向军方投诉的"掳掠事件"（借用当时通常使用的措辞）之中，有牧场主看守、放牧的牛群突然遭遇抢掠的情况相对较少，反倒是牛自己走出了主人视野、随后遭遇偷盗的现象相对更加频发。

在美国内战之后长达10年的时光里，围绕散养肉牛与牲口偷盗事件而引发的纷争始终在得克萨斯大地上氤氲集聚。定居者对长期在大平原地区生活下去的决心越来越坚定，但同时对与印第安人之间接连不断的摩擦和纷争也日益愤怒。定居者深信自己有权利占有南部平原，军方也有义务支持他们。尽管军方领导人对这一立场持谨慎态度，但也对定居者予以了更多的同情。依仗着军方的同情，相对少数的肉牛所有者占据了大片的土地。由于这些牛无论跑多远都始终是属于定居者的财产，因此也就变相成了一批流动的“殖民者”，这就将有争议的土地变成了珍贵的牛肉，而可能威胁到它们吃草自由的各种因素（无论是实实在在的威胁，还是红口白牙凭空捏造宣称的威胁），自然也名正言顺成了他们实施军事干预的极佳借口。[58]

当美国军方一开始零零星星执行的、旨在解决围绕土地和肉牛所引发的纠纷的各种措施屡屡以失败告终之后，军方领导人于是得出结论：与美洲印第安人和平共处基本没有实现的可能性。相反，军方认为，实行彻底的军事征服，将是确保印第安人保留地制度成功的必要措施。在南部平原地区，最重大的一次冲突就是红河谷战争，美军凭此一战打败了由基奥瓦人、科曼奇人以及夏延人共同组成的联盟。长期以来，这支联盟一直以暴力方式，对在这一地区从事猎牛活动的白人进行着坚决的反对和抵抗。

与19世纪后半叶的大多数印第安人战争相似，红河谷战争也是由个人贪欲、联邦政府无能、文化误解等多种因素共同作用引发的。战争的起源可以追溯到上文所提到的那种规模不大，却持续不断的冲突纷争，为了彻底终结这诸多纷争，相关各方于1867年签订了一系列协议，统称为《药房协议》（*Medicine Lodge Treaty*）[59]。基奥瓦人、科曼奇人、平原阿帕奇人、夏延人以及阿拉帕霍人同意迁往保留地，条件是政府必须保证这些土地“须绝对划归他们使用和占领，且不受任何打扰”。[60] 联邦政府同时允诺，将在保留地内建设各种公用设施用房，并按照年度提供衣服、农具以及其他用品。[61] 作为交换条件，这些群体必须放弃对保留地之外的土地（其中有一大片例外，将留待日后另行协商解决）的申索权，并承诺“在将来根据美利坚合众国法律或许可兴建铁路、公路、邮政驿站或其他公共或必要设施时，他们将不会予以阻挠和反对”[62]。这一保证也包含在保留地内兴建基础设施的计划，不过，政府同时也承诺，将对因实施这些改进措施而占用的土地予以赔偿。从联邦一方的角度来看，有关兴建基础设施的这一点至关重要，正如“协议委员会”核心成员之一威廉·特库姆赛·谢尔曼（William Tecumseh Sherman）某次对其下属菲利普·谢里丹（Philip Sheridan）所说，铁路“将有望让印第安人的问题得到彻底的解决”。[63] 谢尔曼的观点日后终将被证明是完全正确的。

然而,《药房协议》中包括的某一条款日后注定将引发重大麻烦。该协议第 11 条规定，基奥瓦人及科曼奇人将撤回到保留地内，但“保留在阿堪萨斯河（Arkansas River）南岸任何一块土地上进行狩猎的权利，只要生活在那里的野牛数量足以支撑这一围猎行为。”[64] 尽管基奥瓦人和科曼奇人认为这片土地是受保护的狩猎地，美国谈判人员却认定它只会是一个临时狩猎区，不久之后，随着野牛种群数量不可避免地持续下降，那里的狩猎活动也将注定难以为继，土地也便自然可以收归美国政府所有。不管是因为当事人蓄意心存恶念，还是纯粹因为一时愚钝而料事不周，总之，该协议第 11 条注定将成为日后暴力事件的导火索。

尽管南部平原的野牛种群数量当时在一定程度上得到了保护，中部平原却沦为了一个屠宰场。猎人们纷纷将野牛杀死，然后剥下牛皮做成华美的皮草，借此大发横财。[65] 19 世纪 70 年代初期兴起的鞣皮工艺，使原本就因其良好保暖性而深受追捧的野牛皮更容易轻松被制成皮革制品，由此在美国及国外其他地区催生了一系列的产业用途。[66] 然而好景不长。继数百万件皮袍、数以千万磅计的野牛骨及其他衍生品相继从西部铁路公司的货栈运走之后，中部平原的野牛种群几乎遭遇了灭顶之灾。1874 年狩猎季开始之后，狩猎人环视阿堪萨斯河北岸，发现视野之内鲜有猎物可供捕杀；再遥望南岸，发现那里却是猎物充盈、随处可见。[67]

一群猎人及一名商人决定铤而走险，于是不顾危险渡过了阿堪萨斯河，并在南岸建立起了土坯墙定居点（Adobe Walls）。科曼奇人（及其盟友）认为这批人是大批入侵者的先头部队。印第安人、美国士兵以及猎人心里都清楚，野牛就是平原印第安人政治及军事力量的基石。此外，猎人进入这一地区就是侵略行为的明显征兆。猎捕野牛的白人武器装备精良，对于胆敢阻挠其行为者不惜施以严厉的惩罚。看到美国军方并未阻止这些猎人的行为之后，基奥瓦人和科曼奇人得出结论，认为《药房协议》第 11 条缺乏诚意。于是，在科曼奇人头领夸纳·帕克（Quanah Parker）的带领下，在药师伊萨泰（Isa-tai）的神谕引导下，科曼奇人、基奥瓦人、夏延人及其他部落的印第安人很快便团结起来，发起了一场反抗猎牛人、反抗不守协议的美国人的正义战争。一支大约 5000 人的印第安人盟军迅速集结，决心将猎牛人从南部平原驱赶出去。[68]

帕克和伊萨泰的盟军选择将土坯墙定居点的贸易站作为发起攻击的第一目标。商人构成了土坯墙定居点的核心成员，负责为猎牛人提供补给，同时也购买后者猎获的牛皮。狩猎的间隙，猎牛人也会将这些地方当作类似大本营的场所。虽然土坯墙定居点的商人和猎牛人在发起攻击的前一周就发现了印第安人盟军的计划，并预先安排了撤离行动，一部分特别勇敢（或者说尤其贪婪）的猎人和商人却冒险留了下来。[69]

1874 年 6 月 27 日清晨，印第安人盟军发起了进攻。印第安武士们信心十足，因为在出征前的壮行仪式上，伊萨泰已郑重宣布，天意注定他们必将获胜，而且他还给每一位武士都配备了防弹药。猎人和商人匆忙之间撤退到了三座建筑内，用 G. 德雷克·韦斯特（G. Derek West）的话说："这三座分布于开阔地势上的建筑就好比三座小型'堡垒'，既可提供良好的射击视野，又能彼此照应。"[70] 他们用一袋袋的面粉和小麦筑起了简易防御工事，躲在后面等待战斗。在接下来漫长的几个小时里，双方交火异常猛烈，但武器装备精良的猎人最终赢得了胜利。最为关键的是，猎人比利·迪克森（Billy Dixon）击中并严重打伤了对方的领军人夸纳·帕克，致使盟军士气严重受挫，一些人开始对伊萨泰的预言心生怀疑。

土坯墙定居点一战更加坚定了猎人们的决心。当地一位猎人在这次战斗几周后发出的一封信中写道，"印第安人所遭受的惩罚，远比以前 1867—1869 年那几年间军方在任何一次行动中给他们的打击还要更加严厉……这里的每一个人都充满希望，这将带来一场全面的印第安人战争。"[71] 果然，全面战争不久之后便应声爆发。

对土坯墙定居点的攻击为美国军方提供了一个极为便利的借口，由此引发了针对南部平原地区印第安人的大决战。先前时候，印第安人奇袭小分队运用游击战术，曾多次成功地躲开了行动迟缓的美国军队。这一次，五个纵队的美军骑兵和步兵在得克萨斯锅把地带集结，将印第安人盟军死死包围并最终全面消灭。这一场胜利为随后的长期战略铺平了道路，即通过彻底剿灭野牛来达到破坏印第安人生计的目的。谢尔曼、谢里丹等军事将领在美国内战中早已学会，制胜的关键就是破坏对方的补给线、毁灭敌方赖以为生的途径。正如当初南方盟军拥有铁路和种植园一样，平原游牧人拥有的是野牛。在寄给谢尔曼的一封信中，谢里丹写道："政府现在最好的办法就是将他们赖以为生的牲口彻底毁灭，让他们陷入贫困，然后再将他们安置到划定的土地上去。"[72] 于是，原先对这一紧张局势假装视而不见的政策，随即演变成了蓄意的偏袒和支持：军队必须出面干预，以保护猎人的利益。

经过多次小规模的冲突和摩擦之后，夸纳·帕克的盟军被包围并赶到了帕罗杜洛峡谷（Palo Duro Canyon），即1874年9月28日大决战的爆发地。[73] 这次决战伤亡倒是不算太大，但美国军方缴获了印第安人盟军的马匹。美国军方的战况简报中写得非常敷衍——当事司令官只简单写道："俘获的马匹统统被射杀。"但这一事件对科曼奇人、基奥瓦人以及夏延人的未来具有重大里程碑意义。[74] 失去了马匹，也便失去了捕猎野牛的能力，也就意味着失去了在大平原上生存下去的基本条件。被打散的印第安人盟军残部熬过了接下来的冬春两季，但到了1875年6月，已经是衣不蔽体的最后几股力量终于彻底投降。他们同意撤回到印第安人之乡（今俄克拉何马州所在地）的保留地上，并放弃将锅把地带视作己方狩猎场地的主张。印第安人盟军诸位领袖人物被送进了佛罗里达马利恩堡军事监狱中，与沃豪等人关押在一起。

放弃抵抗并彻底在保留地上定居下来的基奥瓦人和科曼奇人非常清楚，野牛种群数量的锐减对他们的社会而言究竟意味着什么。他们本来还希望，凭借政府的配给以及有限的狩猎活动应该可以维持生计，但到了1878年1月，狩猎活动基本已经无以为继，负责保留地事务的美国政府官员（一般称作"印第安人代理"或"代理人"）向上司提出了增加配给额度的申请。同年2月，基奥瓦人头领要求召开会议，以便代理人可以"把他们将要进行的谈话内容写下来并寄给华盛顿老爹"。据该代理人介绍，在他担任这一职位的五年里，"从来没见过或听过他们说话的口气像在这个问题上所表现的那般焦灼和卑微，那种口气和态度，丝毫没有挑衅或威胁的意味，反倒更像是种祈求，一种向可怕的命运之神表示屈服的祈求"。[75]

在阐述其观点的过程中，印第安人头领们解释说："我们认为自己已经过气，就好比野牛已经过气一般。”尽管这段话不可全信，在一定程度上存在夸张的成分，但头领们接着解释了野牛在他们心目中的重要精神性象征意义，他们自认为是野牛的“血亲”。在一段特别凄惨哀怨的文章中，基奥瓦人头领科洛·兰斯（Crow Lance）曾无限感叹地说，“基奥瓦人的暗夜就要到来”，并请求将他的话转告关在佛罗里达州监狱中的同胞，好让他们“知道他们的日子也基本走到了尽头”。印第安人头领们说完自己的意思之后，代理人也表达了他本人的想法，但无论他如何解释，似乎也都难以抚平这些人的担忧。继他们说完之后，代理人“向他们做了一个简短的发言，鼓励他们以白人为榜样，依靠自己的辛勤劳动和努力付出来度过生活中的艰难时刻”。至于基奥瓦人接下来又做了什么样的反应，代理人并未予以记录。[76]

尽管这类抗议活动频频发生，但没有任何力量可以阻止商业性野牛猎杀行为。继基奥瓦人和科曼奇人被征服之后，在南部平原开展大规模野牛猎杀的道路已经铺就。对于夸纳·帕克及其人民的遭遇，约翰·R. 库克（John R. Cook）等猎人也只是有过那么一丝丝转瞬即逝的同情和怜悯。在他有关自己从事商业性猎牛活动那段经历的一篇回忆中，库克解释道：“这只不过是适者生存的一个典型例证而已。如今再停下来进行道德反思已经为时过晚。从这一刻开始，我们必须将感情用事的想法从思想中彻底抹除。在三个月时间里，我们必须从主营地周围半径 8 英里范围内这片区域弄到 3361 张牛皮，而且最后我们也的确弄到了。于是，我们按照这一目标展开了相应行动。”[77] 他们在很短一段时间内便完成了这一任务。截至 1877 年，约 5000 名猎人已横扫了整个南部平原。[78] 短短几年期间，南部平原的野牛种群便已基本被消灭殆尽。

继这场暴力掳掠之后，大型牧场相继开张。1876 年，号称“得克萨斯锅把地带之父”的查尔斯·古德奈特（Charles Goodnight）在帕罗杜洛峡谷成立了牧场，也就是日后著名的JA牧场。红河谷战争中那场决胜性战斗所发生的地方不仅拥有绝美的风光——正如乔治亚·奥基菲（Georgia O'Keeffe）日后所描绘，“大峡谷俨如一口炙热沸腾的巨鼎，充满着炫目的色彩和光影”[79]——同时也是理想的肉牛之乡。在他有关牧场建立情况的记录里，对于仅仅在不到两年之前这里曾发生的那场血腥战争，古德奈特几乎只字未提。从我们的角度来看，这里所描绘的场景不免存在明显的粉饰痕迹：古德奈特驱赶着他的肉牛，来到一片基本没有人烟的广袤平原，而对暴力清除印第安人的一系列战争中肉牛牧场主们所干过的勾当，却统统矢口否认。然而，古德奈特之所以遗漏了帕罗杜洛峡谷战役的相关细节，未提及他本人在土地占用过程中所担当的角色，很可能并不是因为说出来不够光彩，而是因为这些事对他而言根本无足挂齿。在一位一心要将土地价值和用途最大化的牧场主眼中，任何人如果威胁到其肉牛自由徜徉吃草，那纯粹就是对他作为财产主人这一身份的漠视和冒犯。

南部平原地区所上演的暴力现象，在北部平原也同样存在。虽然具体细节有所不同，比方说最显著的不同在于这里的冲突中又多了采矿这个额外因素，而很多核心主线上的共性却再明显不过。举例而言，虽然苏族战争中首要的冲突与对黑山（Black Hills）所有权的争议有关，但穿越北部平原仅存的最后一片野牛狩猎地而过的北太平洋铁路也是其中一个重要因素，这些因素日益加剧了美国与拉科塔人、夏延人之间紧张对峙的关系。此外，军方很多将领在遍布整个大平原的各场冲突中均有广泛参与，这一点也有助于理解为什么他们所用的战略也都大体相似。在帕罗杜洛峡谷战役中担任司令的拉纳达·麦肯兹（Ranald Mackenzie），也曾率兵参加怀俄明地区爆发的钝刀战役（Dull Knife Fight），并获得了决定性胜利，为彻底终结苏族大战做出了重大贡献。[80]

同南部平原的情况类似，小打小闹的暴力冲突事件加速了正式军事斗争。大多数冲突都因偷窃肉牛、威胁牧场主安全等原因而爆发。富裕的大牧场主通常在怀俄明、科罗拉多等地都具有很大政治影响力，并怂恿和发起了军事干预行动。1879 年，苏族战争和尤特战争（Ute War）相继爆发，后面这一战争期间，科罗拉多西南部的尤特人杀死了当地的印第安人代理，由此引发了美国政府的军事干预，最终导致尤特人被迁往犹他州，他们所拥有的数百万英亩土地也随之被开发为牧场和农田。这两场战争之后不久，怀俄明大牧场主托马斯·司徒吉斯（Thomas Sturgis）撰写了两份宣传册子，极力宣扬和鼓吹实行铁腕军事干预政策。[81] 司徒吉斯对保留地制度及格兰特总统的渐进“和平政策”严词批评，宣称印第安人绝非温良驯顺的被监护人，而是“……一群疯子，行为难测，极端危险，因此必须予以约束”。[82] 他希望在平原地区加大军事干预力度，并援引定居者和印第安人之间连续不断的冲突作为证据（大多数情况下都把定居者描写为受害一方，饱受“印第安罪犯”的困扰），将之视作西部生活中定居者所面临的核心问题。虽然无法清楚知道有多少人收到并阅读了司徒吉斯的宣传册子，但其中所传递的根本立场，即印第安人对私有财产构成重大隐患，必须采取严厉的军事手段来保护白人定居者，无疑与南部平原地区普遍流行的观点如出一辙。

约翰·R. 库克所著的《边境与野牛》（*The Border and the Buffalo*）是关于商业性野牛猎杀活动最著名的一手记录，其中所包含的一则故事虽然很可能只是道听途说，却也基本反映了白人对猎杀野牛、征服印第安人以及西部开发三者之间关系的总体态度。据库克所讲，19 世纪 80 年代中期，就在肉牛热潮达到巅峰，而且南部平原印第安人早已被局限在保留地之内 10 多年之后，得克萨斯立法机构曾考虑出台法案，以保护所剩无几的野牛。在面向立法者的一篇讲话中，西部地区征服印第安人行动的总设计师之一菲利普·谢里丹曾对猎牛人大加赞扬，夸奖他们是促使白人在与印第安人的战斗中取得最终胜利的核心力量。据他介绍：

> 猎人们在过去两年间取得了更大的成就，并且在接下来的一年里还将会更加努力，以解决令人头疼的印第安人问题，其功劳甚至盖过整个常规军在过去30年间的功劳。他们摧毁了印第安人的军粮供应店，众所周知，一支失去了补给大本营的军队将处于严重劣势。假如您愿意，尽管可以为他们送去武器和弹药；但为了长期和永久的和平，务必让他们继续猎杀、继续扒皮、继续售卖，直到野牛彻底灭绝。到那时，您的大草原上便将遍布斑斑点点的花牛，随处都是欢天喜地的牛仔，他们将成为继猎人之后的二传手，为那里带来更加先进的文明。[83]

尽管这段令人感觉悲惨的话非常准确地描写了当时的情况，但在一点上，这一评价存在严重错误：与其说牛仔是文明的二传手，不如说更像是猎牛人的帮凶。某位定居者或许既经营牧场又从事狩猎，另一位则可能将猎杀野牛当成是一种融资手段，目的是最终拥有属于自己的肉牛群。在1879年写给母亲的一封信中，著名猎人约翰·威斯利·莫尔（John Wesley Mooar）曾哀叹猎牛业的衰落，却又不无贪婪地提到了他那“一小群肉牛”。[84] 通过正规军事行动支持以及数以千计的牧场主和猎牛人个人决策的共同作用，美国白人以暴力的方式重塑了平原地区的生态基础，使其由一个以游牧和野牛为主的体系过渡成为一个受牧场主和肉牛主宰的体系。

牛肉分发现场与保留地制度

1889年10月29日，一两百名美国白人齐聚南达科他州贝纳特堡（Fort Bennett）外，等待着观看“山姆大叔”分发“印第安人免费午餐”。几头牛相继被称重、宰杀，然后分发给数百名夏延人。其中有一位年轻的女士，当看见“一位老男人张开嘴巴，吧唧吧唧吃着他‘美味’的食物”时，她便感觉倒了胃口。而负责报道此事的《阿伯丁日报》（*Aberdeen Daily News*）记者则相对勇敢些，兴高采烈地讲述着他是如何“亲眼看到印第安人大口吃着肉，而被宰杀的牛身上流淌的血液依然还保持着温热，随着他们一刀一刀将肉割下，牛也止不住一阵阵抽搐”。记者向他远方的读者解释说，“当你看见印第安人迫不及待地吞下平时你会扔给狗吃的肉时，当你看到他津津有味、大口啃啃着还在滴血的生肉时……想必脑子中曾涌起过的所有关于这些大草原上高贵的红色人种的诗意，顷刻间都会烟消云散，统统被抛往九霄云外。”[85]

以上只是当时报纸上有关这一情景的无数报道中的一例。在当时关于这事的各种段子之中，比上面那个饥饿的“老男人”更广为流传的则是一幅“狼吞虎咽的女人”的形象。赶牛人 C. C. 弗棱奇（C. C. French）声称，“这样的情形并不罕见，血淋淋的动物内脏两端，一头是狗，另一头是印第安女人，双方都在狼吞虎咽地撕咬着。”[86] 关于印第安人的样貌，当时的人还发现了另外一个象征性标志。据《俾斯麦每日论坛》（*Bismarck Daily Tribune*）一则报道讲述，某苏族人部落有着一个令人恐怖的喜好：“他们的头上往往都插着老鹰羽毛之类的装饰，而身上穿的‘正装’却基本都是被‘文明人’所遗弃的衣物。而且，无论在任何时候，他们的身上都会披着一条政府派发的脏兮兮的毯子。”或许尤为重要的是，记者的这则报道影射道：“苏族人外在的样貌反映了他们内心的卑劣，因为每当可怜的公牛遭到一次虽疼痛难忍却并不致命的刀刺时，上千条印第安人的喉管中便会齐声发出满足和欣悦的呼声，牲畜的伤痛增添了他们的乐趣。”[87] 而对于他们煞费苦心所描绘的场景所带给自己（以及读者）

的无比兴奋之情，记者们却似乎熟视无睹。这一点是何其讽刺！

松岭保留地（Pine Ridge Reservation）政府分发牛肉的现场照片

本照片拍摄于1891年，美国国会图书馆收藏。

对于美国白人而言，这些场景不仅是种娱乐，更是一种实锤证据，不仅证明北美印第安人没能力养活自己，而且还证明后者的土地流失乃是广袤的西部地区大阔步前进过程中不可缺失的一个环节。19世纪70年代一系列印第安人战争结束之后，牛肉配给分发现场的情形逐渐成为广大读者以及西部地区游客了解白人与美洲印第安人互动关系的一个主要途径。所有这些报道均以笔者观察到的所谓文化差异开篇——比方说苏族人喜食生肉——随后断章取义地援引一些或无中生有，或夸大其词的事件，以此来强化印第安人野蛮无比的这一观点。这一现象进一步催生并巩固了有关印第安人文化缺陷的叙事体系，宣扬导致其社会、经济结构坍塌的根本原因在于其文化缺陷，而不在于暴力和土地流失。[88] 这种叙事方式洗白了美国在当初所谓“印第安人问题”（或“印第安人麻烦”）上的责任，同时也为进一步变本加厉地实施盘剥性、“家长制作风”的措施提供了理由。

政策文件中也同样参照了这些道听途说的段子。在其《印第安人问题》(*Indian Question*)一文中，美国前印第安事务专员弗朗西斯·阿玛萨·沃克尔（Francis Amasa Walker）重点强调，印第安人曾经是一个“让初来乍到的殖民地定居者闻之色变”的群体，转眼间却走向断崖式衰落。如今，“美国年金或帮扶清单上的印第安人不过是区区几十名疾病缠身的可怜虫，他们游荡在定居点附近，一逮着机会就凑上去乞讨或偷窃；为了得到给他们宰杀的肉牛的下水杂碎，他们频频陷入狗咬狗一般的纷争。”[89]

所谓“印第安人问题”，赖以立足的根基不过是事关美洲印第安人社会地位的几条想当然的假定理论，而支撑这些假定理论的，不过是一系列彼此自相矛盾的观点和思路。无论是怀柔改良政策的拥趸（由格兰特总统及其印第安人事务专员制订的“和平策略”），还是诸如托马斯·司徒吉斯之流的强硬派，两方都共同持有的一个假定就是：印第安人的经济之所以迟迟不能取得进步，根源就在于其文化落后。[90]政策辩论过程中，在生存线上艰难挣扎的印第安农人和牧场主频频被援引作为例证，以证明其人格及文化存在缺陷，但白人全然罔顾了一个基本事实，那就是：19世纪七八十年代这段时间里，即便是大多数的白人农场主，基本上也都很难有赢利可言。[91]

关于是否该鼓励印第安人从事农耕或者放牧的辩论很好地诠释了所有这些假定。在19世纪80年代参议院有关印第安人政策的听证会中，关于土地占有的问题始终居于争论的核心。参议员亨利·达维斯（Henry Dawes）向印第安人代理威廉·斯万（William Swan）征求意见时，后者回答说，“印第安人天生适合放牧。”[92]步兵中尉阿尔弗雷德·梅耶（Alfred Meyer）也表示认同，认为迎合印第安人的“天生”喜好至关重要，然而，这也恰恰是令那些主张鼓励印第安人从事农耕的人士最担心的方面。詹姆斯·麦克劳林（James McLaughlin）是立石印第安事务局（Standing Rock Agency）的代理人，他坚定地认为，恰恰正是因为“牧场生活最贴近于他们的生活”，所以鼓励放牧才不会带来真正的变革。[93] 查尔斯·C. 吉尔伯特（Charles C. Gilbert）上校是立石保留地附近一个堡垒的司令官，他也认为放牧只会鼓励印第安人继续放养小矮马，进而助长他们惹是生非的“本性”。[94] 在军界另一位领导，也就是阿尔弗雷德·H. 特利（Alfred H. Terry）看来，问题的关键与其说与天生本性有关，不如说取决于事关文明进步的整体框架。他认为，主张鼓励印第安人从事农耕的一方“犯了揠苗助长的错误，或者准确地说是犯了意欲揠苗助长的错误，忽略了文明进程中放牧这一天然的环节”。[95] 在特利看来，放牧是迈向文明进程中的第一步。

辩论双方的出发点都建立在一个假定理论基础之上，即问题的关键在于文化，而不在于保留地的质量或数量。此外，也很少有人考虑到印第安人内部各不相同的社会或政治组织模式之间的差异。来自欧洲的美国人也在无休无止地争论，究竟是将他们自己的土地用于农耕，还是用于放牧才更有利可图。假如将他们这场争论的激烈程度之巨考虑在内，那么上述围绕印第安人该如何利用土地这一辩论的荒诞之处便显得尤其明显。双方都认为最终的结论既取决于他们各自的具体处境，也取决于土地质量。在他们这里，文化问题根本不算是个什么重要问题。

然而，有关印第安人该从事放牧还是农耕的讨论并非仅仅是抽象的辩论——它们对实际政策有着实实在在的引导意义。虽然更多阴险、卑鄙的例子还将在下文中逐步呈现，但透过这里这则有关某印第安人代理如何处理科曼奇人奥特尔贝尔特（Otterbelt）19 匹马被盗案件的小例子，便足以说明上述观点所带来的实际影响。根据一项协议规定，针对白人定居者所犯下的偷盗案件，政府有责任对科曼奇人予以赔偿。然而，在一份简述如何处理奥特尔贝尔特一案的建议文件中，事务署总长威廉·尼克森（William Nicholson）却决定，这一案件可以作为“让印第安人长点记性的手段”。尽管奥特尔贝尔特可以得到经济赔偿，或者也许可以得到赔给他的马匹，总长却建议用肉牛的形式来给予赔偿，因为“放牧理应得到最大限度的鼓励。这是帮助他们走向自立的最便捷的途径，另外，相比小矮马而言，肉牛被盗的可能性也小得多。”[96] 奥特尔贝尔特本人的意愿甚至根本没有人予以留意。虽然下文还将详细探讨这一“家长制作风”所产生的恶劣影响，但通过上述有关奥特尔贝尔特一案赔偿决议的这个小例子便足以发现，在当时，处理印第安人事务应以符合印第安人“利益”为主要原则这一思维定式在当时是何其普遍。

此外，所有这些辩论以及假定理论均对“肉牛 – 牛肉联合体”的形成产生了深远的影响。保留地制度对肉牛牧场主的好处主要表现为两方面：第一，为肉牛提供了极为有利的市场；第二，创造了有利的条件，使牧场主可以用低廉的价格先租赁、后购买印第安人的土地用于放牧。这些因素不仅扶持了牧场主，而且还摧毁了保留地生计。据史学家威廉·哈根（William Hagan）分析，美国肉牛牧场主“印第安人土地盘剥者以及部族政治调解人”的身份对保留地制度的瓦解起到了巨大的促进作用。[97] 在（印第安人）贫困化及政府为其政策不断自辩的周期之中，肉牛始终都处于中心地位。

美国肉牛牧场主从政府那里拿到了能带来丰厚利润的合同，为保留地供应牛肉。[98] 这些合同为整个供应期（通常为 6 个月或 1 年）提供了相当优越的价格费率，确保牧场主免受肉牛价格短期波动的不利影响。更有甚者，这些合同的利润往往远高于芝加哥市场直销的利润。举例而言，根据 1883 年签订的一项旨在向南达科他州玫瑰骨朵事务署（Rosebud Agency）供应约 650 万磅牛肉的合同，供应商每供应 100 磅的肉牛（活体毛重）可得到 3.93 美元的报酬，而当时芝加哥市场的价格则根据质量好坏介于 3.50~6.00 美元。正如当时的批评者所指，牧场主们利用这些合同大肆处理其劣质肉牛，基本可以肯定，这类劣质肉牛到了芝加哥市场多数只能卖到 3.50 美元，从而使得配给制合同成为一份份暴利协约。[99]

这些合同某些时候还成为承包商处理病畜、废畜的一个出口。在寄给 XIT 牧场经理 A. G. 博伊斯（A. G. Boyce）的一封信中，该牧场驻芝加哥办事处主任埃博内·泰勒（Abner Taylor）甚至曾警告前者不要再往芝加哥运送“大下巴”公牛。下巴肿大是放线菌病或放线杆菌病（当时人们曾误以为两者同为一种疾病）的症状，也就意味着销售这类牲畜供人类食用为违法行为，会被芝加哥肉类加工厂拒收。这些病牛是牧场主的一个大麻烦，因为它们根本不可能在正规肉牛市场中销售。不过，泰勒从某位朋友那里学到了一个解决办法，后者“建议他明年争取从政府那里拿一个小合同”。“要是我们能做到这一点，”他说，“我们就可以把所有的残次牛、‘大下巴’公牛统统给混进去，从而彻底把牧场清理干净。”[100] 通常，这些合同的内容都是关于向印第安人保留地供应牛肉的。

牧场主利用腐败、无能政府的漏洞确保自己能够以高价销售劣质牛肉，这在当时基本不是什么秘密。当时的报纸及牧场主曾指责所谓的“印第安人圈子”，也就是一个由印第安人事务官员和供应商共同组成的邪恶小圈子，他们通过滋生腐败的合同、贿赂等手段来薅美国政府的羊毛。正如蒙大拿一家牧场的主人格兰维尔·斯图尔特（Granville Stuart）含沙射影地说道：“一切从东部地区拿过来的东西，在这片干旱的地方都会严重缩水。”[101] 某些肉牛养殖人甚至更加无耻，居然对用于在销售前给牲畜称重的磅秤动手脚。[102]

某些心思缜密的印第安人代理对泛滥的腐败现象心知肚明，并努力希望予以阻止（通常都未能成功）。当约翰·M. 泰伊尔（John M. Thayer）怀疑一群运往上密苏里的肉牛可能存在问题时，曾建议安排“专人对这些牛进行检查，派出的人应该刚直廉洁，因为肯定有人会意图收买他们。派去接收肉牛的人必须与承包商互不相识、必须足够威严，不容易接近。”[103] 但最终这群牛结局如何，我们不得而知。

即使没有腐败这个问题，政府代理通常在采购方面也缺乏经验，因而会无意间给牧场主开出非常有利的条件。很多合同允许牧场主在深秋时节供应肉牛，这样，冬季时节照顾这些牛也便沦为了政府的责任——而在这一季节里肉牛体重肯定会下降，肉牛的主人便承担着极高的风险。当苏族人领到自己的配额时——额度以牲口卖出时的体重为准——牛的体重已经大幅下降。[104] 牧场主往往利用这类合同来将自己的风险最小化，而将责任重担转嫁给政府官员。[105]

肉牛配给制合同给公众带来了巨大损失，配给牛肉的数量却远不足以让接受配给的对象吃饱。这对诸如怀特·桑德尔（White Thunder）这样的人而言尤为痛苦不堪。他来自拉克达族，曾听到公众批评印第安人浪费严重，但他坚信，假如华盛顿那些人愿意“亲自到我们的人民中间去走走，去看看我们的房子都是怎么盖起来的，看看人们悲惨的生活境况，想必他们也会落泪的。”[106] 而对于牧场主、肉牛贩子而言，这一悲惨的境地则意味着大好的商机。

在保留地土地上放养肉牛，无论是非法放牧，还是通过来路不明的租赁协议放牧，都是牧场主利用保留地制度渔利的另一种方式。说到租赁这一方式，牧场主既是北美印第安人政治不稳定性的受益者，同时也是它的促进者。在某些地方，牧场主主要通过贿赂获得租赁权；而在另一些地方，却是由于保留地当局不愿意，或者没能力将牧场主阻挡在外，以致相关社区不得不将土地出租，以此作为获得一点微薄利润的手段，因为即便不出租，土地也会以其他方式被非法强行占领。

非法放牧现象在整个西部地区都非常普遍。根据大多数协议中的条款规定，保护保留地居民的财产权是美国政府的责任，而部族自治政府任何企图强行行使这类权力的行为都有招来军事干预的风险。但联邦政府官员对保护保留地居民的财产权往往了无兴趣。当拉克达族头领红云（Red Cloud）向参议院调查人员投诉，状告某些牧场主在他的保留地上非法放牧时，调查委员会主席亨利·达维斯转移了话题。[107] 在另外一个地方，彭加人、波尼人及奥托人事务署的印第安人代理约翰·斯科特（John Scott）发现，在正规的租赁制度推行之前，“满世界都是肉牛。”[108] 在北部平原的玫瑰骨朵保留地，肉牛越界吃草的现象实在过于普遍——多达 2500 起——以致保留地居民不得不用放火燃烧草地的方式来阻止非法放牧。[109] 其中至少有部分肉牛属于当地颇受敬重的商人乔治·爱德华·雷蒙（George Edward Lemmon），以致他和他的合伙人不惜专门成立了一个空壳公司，以掩盖他参与非法放牧的事实。[110] 而当地的印第安人代理瓦伦丁·T. 迈克吉利－卡迪（Valentine T. McGilly-cuddy）却对这一行为假装视而不见，只是把越界吃草的肉牛归还给了其主人。

遇到这类侵权的案件，印第安人代理往往避重就轻，不仅不会加强对保护地的巡护，切实依法捍卫保留地居民的权利，反而敦促后者接受租赁安排。[111] 于是，印第安人代理、肉牛养殖户以及部族政府展开谈判，签订了一份非正式的租赁协议。很多情况下，推动实行这些租赁安排的人士，恰恰就是非法放牧的那些人，情况与苏族保留地上乔治·雷蒙（George Lemmon）的情况基本如出一辙。[112] 协议会明确规定使用牧场的费用，在一定程度上也的确完全可以付诸执行，但也存在一些司法灰色区域，因为对保留地租赁权的实际控制权仍然握在联邦政府手中。内政部长 H. M. 特莱尔（H. M. Teller）对这一制度满心抱怨，却也不愿明确表达其在这一问题上的立场。[113]

切洛基地带（Cherokee Strip）是印第安人保留地上一大片基本没有被占用的优质放牧地，有关这一地带的土地政策就很好地诠释了这一现实。[114] 一开始，切洛基政府曾尝试设立一个税种，向附近使用这一地带的牧场主征缴。虽然部分有良知的牧场主主动交纳了这笔税，但很多人将其肉牛时而赶进、时而赶出这片地，以此逃避征税官员的追讨。这一做法让有良心的牧场主和切洛基人都很不安，进而促使双方都开始拥抱非正式的租赁制度，以之作为遏制这一行为的手段。

相关各方曾直接向内政部长特莱尔咨询。一旦租赁问题成了国会审核的议题，准确地认定允许程度便成了一个极度有争议的话题，不过某种形式的政府制裁还是非常明确的。牧场主 R. D. 亨特（R. D. Hunter）解释道："部长大人认为自己没有权利批准这一租赁安排，不过他觉得，假如印第安人不反对，我们可以从这些印第安人手中租到这些土地，那就没有理由予以阻碍。"[115] 其他肉牛养殖人也报告得到了类似的答复。继切洛基人部族大会上租赁安排一事以微弱优势获得票决通过之后，约 9 个牧场经营主体（个人及公司）租到了 500~600 英亩的土地，租期为 10 年，租金约每英亩 10 美分。

既然即使不出租，土地也会以其他方式被非法占领，那么，两害相权取其轻便成了印第安人代理以及切洛基人头领直言不讳的目标，尽管这或许也只是广泛存在的腐败现象的一个借口。印第安人保留地的租金费率极低，在北边和南边分别与之接壤的堪萨斯、得克萨斯，租金费率几乎是这里的两倍。[116] 如果仔细审视，不难听到反映贿赂存在的模糊的声音，但牧场主和印第安人代理都竭力否认存在不端行为。在就租赁事宜进行的一项调查中，切洛基证人吞吞吐吐不敢指名道姓，但某报社原编辑 A. E. 艾维（A. E. Ivey）讲过一些事情，说肉牛养殖人曾抱怨为了拿到租赁协议付出了很高的代价，他指的不是明码标价写出来的成本，而是"在这 10 万美元租金之外另外付出的一笔代价"。艾维另外声称自己还认识一个人，那个人直到拿了 400 美元的贿赂之后，才转而开始支持这一租赁提案。[117]

切洛基人中，对这一租赁协议持支持态度的人的理由似乎如下：即使运用了某些不太光彩的策略也可以理解，因为这一安排对切洛基整个民族有利。[118] 另外，这一主张背后的逻辑似乎也在于“别去招惹熟睡的恶犬”。切洛基头领丹尼斯·布希海德（Dennis Bushyhead）甚至劝说艾维不要与调查者合作，因为他们的插手恐将伤害部族的利益。[119] 理查德·沃尔夫（Richard Wolfe）是位律师，也是切洛基族人的众议院代表，他对整个调查事件予以谴责，声称这是拿腐败的传言作为幌子，意在掩盖合谋操纵租赁权的企图，想要夺走“我们作为一个部族有权自己做主处理”的某些东西。[120]

尽管如此，这一租赁安排对个人而言还是带来了极为高昂的代价。某租赁协议的签订使某位夏延人妇女建立牧场的努力遭遇挫折，我们只知道这位女士叫贝林娣（Belinti）夫人。当她和丈夫打算在沃希托河（Washita River）沿岸一片土地上建立一个牧场时，夏延人印第安人代理怒气冲冲地将他们驱逐了出去。另两次意欲安身而不得之后，她绝望之中向内政部写了一封信解释道：“一位来自利文沃斯、名叫比克福德（Bickford）的白人跟我们说我们不能待在那里，必须搬走，因为他比克福德对那片保留地拥有（比我们）更高的权利。他在那里养了一大群牛，而且显然是得到了印第安人代理及其女婿的同意。”[121] 比克福德是一位租赁人，经过与牧场主以及印第安人代理更多的抗争之后，贝林娣夫人最终不得不放弃并离开了那个地区。

贝林娣夫人的遭遇表明，很多租赁争端的背后都有腐败的印第安人代理的影子。虽然很难找到确凿的证据——我们不禁同情华盛顿内政部的领导层，他们意欲彻底根除腐败根源，可每次发起指控后得到的却只是彼此相互矛盾的目击证人证词——但这样的例子确有发生，某些负责租赁事务的印第安人代理突然离职，摇身一变开始了其经营利润丰厚的牧场的生涯。此外，据很多印第安人报告称，印第安人代理曾威胁他们在租赁协议上签字。在蒙大拿，据克劳族印第安人（Crow Indians）报告，一位名叫阿姆斯特朗（Armstrong）的少校曾告诉他们，谁要是拒绝在租赁协议上签字，就再也收不到配给他的食品和供应。[122] 阿姆斯特朗对此矢口否认，但最终确确实实辞了职。[123]

这类腐败事件尤其危险，因为印第安人代理能够抢占先机，在向上司汇报保留地冲突时给事件确定基调。1884 年 3 月，夏延人及阿拉帕霍人事务代理约翰·迈尔斯（John Miles）报告称，一批基奥瓦人正在保留地上屠杀和偷盗肉牛。[124] 尽管迈尔斯认为基奥瓦人的行动是种犯罪行为，但很可能他们只是在抗议租赁政策。偷盗事件发生之前大概一个月，一批基奥瓦人曾寄信给华盛顿，投诉有人非法牧养肉牛，并表达了基奥瓦人对租赁安排的反对态度。这些人担心，“白人的肉牛不久后就会在这里变得十分稠密，让印第安人仅有的几头牲口无处栖身。”[125] 基奥瓦人与科曼奇人共享一片保留地，心怀不满的牧场主收买了部分科曼奇人，怂恿后者在未征得所有相关方同意的情况下便将整个保留地的租赁权予以让渡。[126] 当基奥瓦人奋起反抗时，（很可能在当地印第安人代理的帮助下）牧场主便给他们扣上罪犯的标签，诱骗美国军方帮助他们强行将其通过暗箱操作订立的协议付诸实施。

这一事件也反映了当时非常流行的一个策略，即贿赂一切愿意签订协议的人，从而确保拿到租赁协约。由于华盛顿的代理人对当地政治了解甚少，因此无法判断某一群人的声音是否可以代表保留地整体的意愿。当地代理人本可缓解这一问题，但他们往往不能够完全判断在协议上签字意味着什么。协议上常常有伪造的名字，以便给人一种广泛支持或广泛反对某一措施的假象。[127] 这一做法更进一步加剧了印第安人政治制度内部的系统性腐败，继而为白人宣称印第安人没有自治能力的说法提供了口实。

由于各地条件及观点差异巨大，因此租赁协议也往往千差万别。在某些情况下，保留地大多数人支持将租赁作为获取利润的一种合法途径。而在另一些情况下，则是白人牧场主挤垮了印第安人经营的牧场。但即使不能说无一例外，也可以说在绝大多数情况下都是白人牧场主在幕后操纵，以便在这一过程中促进自己的利益，颠覆印第安人的政治体制。此外，白人牧场主还频频向远在华盛顿的官员们散布虚假消息，而后者往往虽是出于好意，在决策时却又总是忽视当地印第安人的政治诉求，转而依照他们自己对于种族进步、印第安人问题最终解决方案等议题的先入为主的理论进行决策。最终的整体结果就是，无论出现了什么样的问题或冲突，最后背锅的都是印第安人。

与利润丰厚的政府合同一样，租赁协议也是白人牧场主从保留地制度中渔利的主要途径。在租赁案例之中，切洛基以及其他部族或许的确收到了一些付款，但可以肯定的是，其额度要远低于相对公平的财产保护制度存在的情况下所能得到的收入。同样，这些协议整合了大片的土地，致使大型牧场经营公司挤垮了印第安人的小牧场，进一步减少了后者可以选择的谋生途径。某些印第安人政体确实拥有一批价值非常高的放牧场地，在美国西部其他土地遭遇过牧危机时，情况尤其如此；然而，由于没有足够的资金来开设属于自己的牧场，因此除将土地出租之外，印第安人并无其他更好的选择。在一个剥削情况异常严重的背景之下，租赁土地是最好的选择，尽管这一做法同时也加剧了保留地制度对他们的控制。

政府之所以同意租赁，背后若隐若现的一个原因就是心中的一个执念，即保留地规模实在过于庞大。这一执念产生的根源在于牧场主、官员以及普通大众。约瑟夫·尼莫显然非常清晰地捕捉到了这一执念，因为他曾说过："既然野牛都已经被赶跑，那么在那一地区继续从事游牧式生活方式显然不再行得通；因此，对于印第安人而言，拥有面积远远超出其实际需要的保留地将绝不是一份福祉，而是一起祸端。"[128] 这一想当然的推论促成了"家长制作风"的政策，进而催生了大量租赁协议及利润丰厚的合同，但出人意料的是，当这一论调甚嚣尘上时，1887 年《道斯土地占有法》（*Dawes Severalty*

Act）得以出台，而该法案却遭到了很多牧场主的强烈反对。

《道斯土地占有法》于 1887 年首次通过，随后又于 1891 年、1898 年、1906 年经过三次修订，致使印第安人控制的土地面积骤减幅度几乎达到 75%。这一法案赖以建立的一个根本依据只是一种观点，即将共有土地分割成为一片片独立的小块地有助于让印第安人摆脱对联邦政府明显的依赖。[129] 抛开这一说法中所蕴含的漏洞百出的假定不谈，其构想本身其实就构成了一种土地掠夺。最昭然若揭的一个例子或许就是俄克拉何马州的最终组建和成立，因为这里以前曾是一片专门划出来的地区，史称印第安人领地。[130]

牧场主与这一法案之间产生了尖锐的冲突。对于俄克拉何马州以及其他地区的牧场主想方设法建立起来、利润肥得流油的大规模租赁制度而言，将土地分归个人独有的做法对牧场主的利益构成了重大威胁。牧场主们对这一独立占有计划的实施进行了激烈的反抗，致使其在某些地方的实施一再延期，直到某些期限很长的租赁协议到期终止以后才得以付诸实施。[131] 无论如何，等到租赁协议不再生效之时，牧场主们早已赚得盆满钵满。此外，牧场主们反对该措施的这一事实丝毫未影响他们在某些局势和观点方面发挥推波助澜的角色，而恰恰正是这些局势和观点促成了《道斯土地占有法》的出台。或许这就是历史的吊诡之处：一套有关印第安人贫困问题及土地利用问题的假定理论，既给牧场主带来了巨大的福利，同时后者在其推广发展过程中也付出了巨大努力，结果却深陷一场广泛争议的泥潭，牧场主自身的利益也受到威胁。

印第安人的行为方式解释了他们贫困的根源，这一信念构成了驱动保留地政策的根本力量。[132] 印第安人要么懒惰无比、要么愚蠢无知，必须教育他们学会自立，否则便将沦为罪犯，必须借助美国军事力量予以暴力严惩。这些想当然的观点使牧场主有机会为满足自己的利益而操纵印第安人政策，无论这些政策具体表现为利润丰厚的租赁协议，还是表现为政府慷慨无比的牛肉供应合同。如果说抛开土地征用以及保留地制度这一大环境便不可能深入了解美国西部牧场经营的历史发展故事。那么，要想真正了解联邦印第安人政策的演进历程，也同样离不开相关各方为争夺控制权而竞相角逐的这一宏观背景，而控制的对象，则是广袤的平原地区最宝贵的商品：肉牛。

由战争到罪行：故事的翻版

1893 年，查尔斯·古德奈特发起了对科曼奇部族的诉讼。[133] 诉讼内容如下：近 30 年前，科曼奇偷袭者盗走了他 10000 头肉牛。偷袭者随后将牛赶到位于基塔奎的墨西哥 – 科曼奇贸易点，并卖给了墨西哥商人，后者转手又将牛卖到了新墨西哥以及科罗拉多。古德奈特后来赢了这场诉讼，从代理科曼奇人处理这一案件的美国财政部获得了一笔赔偿。

自美国立国以来，在白人定居者与印第安人之间所发生的众多司法纠纷之中，古德奈特案只是其中一例。1796 年，联邦政府推出了一套赔偿制度，旨在为白人定居者及北美印第安人提供一套可资借鉴的依据，便于双方针对财产破坏罪向过失方索赔，进而促进两方和平共处。然而在实际过程中，这一腐败透顶的制度几乎将印第安人完全排除于外，在维护和平共处方面基本没有起到任何作用。古德奈特诉讼案是 19 世纪 90 年代井喷式爆发的众多诉案中的一例，因为当时联邦政府为了取缔一套浪费严重却又效果极低的制度，宣布 1894 年春季之后将不再受理同类索赔申诉。[134] 尽管在 19 世纪绝大部分时间里众议院或内政部都直接受理了相关申诉案件，但泛滥成灾的腐败问题促使众议院不得不在 1891 年通过一项法案，将处理这类申诉案件（俗称财损案件）的司法管辖权交给了美国上诉法院。[135]

就形式而言，古德奈特的申诉确有其合理性。多位墨西哥牲口交易人证实曾亲眼看见科曼奇偷袭者售卖打着古德奈特烙印的肉牛。尽管这桩案件的主要评判依据是目击证人在事情过去几近 30 年之后提出来的证词——这不免令人对其可信度略感怀疑，但有大量来自多个不同渠道的证据证实，一群科曼奇人的确赶着他的牛卖给了牲口贩子。[136]

尽管如此，这一申诉制度从本质上已经腐败不堪。诉讼案件判决往往依靠的是基于某些证据、肉牛所有权以及当时得克萨斯政治局势等问题的一系列想当然式的假定，而且证据还往往漏洞百出。所有案件的判决都基于一个预设前提：19 世纪六七十年代是美国对得克萨斯享有无可争议的主权的一个时代，各起印第安人奇袭事件均属于孤立的犯罪行为，而不属于战争行为。这一自说自话的叙事体系对得克萨斯西部地区的历史进行了重构，既是对科曼奇人的一种有罪推定，同时也让牧场主及猎牛人的侵占行径变成了一种合法行为。在这些财损诉讼案件中，用于赔付牧场主的资金往往来自原先专为美洲印第安人自治政府设立的年金账户。这也就相等于说，这类财损诉讼案既是对牧场主的物质补贴，同时，对于那些有意为土地征用行为及联邦政府的铁腕式印第安人政策正名的人士而言，也是一种理念上的武器和弹药。古德奈特案具有重大标志意义：一位人称“得克萨斯锅把地带之父”的人士，一位在距离红河谷战争决战地不远之处建立了一个大型牧场的人士，如今收到了因所谓科曼奇人偷盗事件而获得的一笔赔偿款。究其根本而言，所有这些诉案赖以立足的前提就是：只要在肉牛身上打上了烙印，就标志着你对它拥有了合法的财产所有权，而且这一所有权制度得到了法律的认可。事实上，从直接受控于牧场主的地盘上偷走肉牛的情况其实很少发生，更多情况下都是牲口因远远走离了牧场而被捕获。古德奈特的肉牛当时都“跑到了杰克、帕劳品托、杨以及索罗科莫屯等县境内”。[137] 考金（Goggin）兄弟“在开阔的旷野之上”丢失了近 3900 头肉牛，其他很多类似诉讼案件中索赔的情况也基本与此相似。

将印第安人偷盗事件视作一种罪行予以处理是一个间接衍生的结果，其直接根源则是因为提起诉讼案件首先必须满足一个条件，即发起诉讼时，美国与盗贼所属的部族必须处于和平共处的状态，或者借用当时的话来说，涉事印第安人所在的部族必须“与美国睦邻友好”。[138] 假如存在战争状态，那么赶走牛就属于战争行为；而假如处于整体睦邻状态，则属于犯罪行为。一开始，申诉人曾试图将双方宣告永久和平的各种条约作为提出索赔的依据，但在“马克及沃伦伯格诉派尤特及班诺克印第安人”（*Marks & Wollenberg v. The Piute and Bannock Indians*）一案中，法庭主张，如果仅仅有双方宣告和平的条约，仍不足以构成充分的证据，因为这类条约随时有可能被其中一方单方面撕毁。取而代之的是，法庭试图采用一种加权复合制度，对案件事实、政治背景以及其他多种相关要素予以综合考量。到最后，司法部内部开始流传一份备忘录，里面详细列出了与印第安人部族正式发生冲突的所有日子，并宣布，原告提出的诉讼请求中，凡是涉及这些日子的诉讼，都将统统不予受理。[139]

然而在古德奈特一案中（这只是诸多类似案例中的一例），法庭却假定案发当时存在一种稳定的政治制度，而且，所有科曼奇人都受到这一制度的约束。然而，这一思路纯粹只是想当然地将美国或欧洲式政府治理形式直接投射到了印第安人政治组织形式之中。单就某一印第安人个体而言，他们往往愿意展开谈判，而且联邦政府也愿意倾听，但这并不意味着与美国政府开展谈判的，就一定是某位特别重要的大人物。更何况，仅仅因为少数几个人（或者就算大多数科曼奇人都）已经同意在保留地上居住，并放弃对西南部土地的权利主张，也并不能就由此得出结论，认定和平状态适用于每一位科曼奇人（或者夏延人、基奥瓦人）。根据某些狭义的定义，当时美国与科曼奇人之间或许的确存在某种和平共处的关系，但如苏珊、塞缪尔·纽康姆夫妇的日记所证明，1865 年时的得克萨斯压根称不上是个和平的地方。

某些申诉人清楚地知道，让法庭认定睦邻关系的确存在并不容易，于是，在设定其诉讼策略及方式时便总会想方设法避开这一难题。芝加哥律师伊萨克·希特（Isaac Hitt）曾向某位客户强调，"一定要设法证明部落整体的和平友好状态，不管其中某一位成员做了哪些坏事，或者做了多少坏事"，这一点至关重要。诉讼人会非常谨慎地选择他们的措辞。假如某位粗心的诉讼人不慎使用了"印第安人走在通往战争的路上"之类的表达，那便会彻底把案子搞砸，因为这一说法的言外之意就是部落整体处于交战状态。相反，诉讼人应着力强调是"某一位印第安人，或者某一小股印第安人势力"实施了掳掠行为，"而部落整体处于和平共处状态"。[140] 按照希特的建议，很多诉讼案件在提起诉讼时往往会刻意斟词酌句，努力将掳掠现象描述为一种犯罪行径，而不是某种政治行为。

如果说这些诉案所赖以成立的根本基础是对印第安人政治组织形式漏洞百出的理解，那么，案件中所采信的证据的质量也同样漏洞百出。因为偷盗肉牛事件通常都是在没有人看见的情况下发生的，因此，所有声称这些牛是被印第安人（而非白人）盗走的证词充其量都只能算一种间接推定。在他们于 19 世纪 80 年代提出的诉讼案件中，塞缪尔·考金（Samuel Goggin）与摩西斯·考金（Moses Goggin）兄弟声称，他们知道科曼奇人应该对自己于 1870 年被盗的肉牛负责，因为"某些通常被认为属于科曼奇部落的印第安人当时正在那片地区四处偷袭"。再如，诉讼人弗朗克·柯林森（Frank Collinson）则辩解说，印第安人当时正在偷袭是"一个既定事实，这一点当时众所周知。”[141] 尽管如此，这些诉讼人仍然继续强调，这些都不是战争行为，因为与相关政体之间的睦邻友好关系当时的确存在。

为提供具体证据，牧场主们往往会刻意描述印第安人活动的某些迹象。在古德奈特一案中，他们从未真正亲眼看见过盗贼的身影，而只是在追踪的过程中发现了几匹马，“这些马身上有某些标记和特征，我们知道这些当时都是科曼奇人小矮马身上特有的标记”——具体而言，这些标记包括马背上因裸骑而留下的伤痕、裂耳朵，这些都被当成了科曼奇人所有权的标志。[142] 在考金兄弟一案中，他们的人发现了莫卡辛软皮鞋脚印，还发现了被箭射杀的肉牛。[143]

某些诉讼人援引多年边疆地区生活的经历来证明自己对证据的解释值得采信。为了说明为什么他知道盗贼是印第安人而不是墨西哥人，古德奈特解释道：“我自打 16 岁以来就一直在边境地区生活，我会讲墨西哥语，对他们的言谈举止、行为方式以及生活习俗都非常熟悉。根据我在边境地区生活和在肉牛经营行业 30 年的经验，我可以毫不犹豫地说，一定是印第安人赶走了我的牛。”[144] 与此类似，肉牛经销商曼纽尔·冈萨利兹（Manuel Gonzalez）也是用他 19 世纪 60 年代在得克萨斯边境地区生活的经验知识来为自己的论断辩解，声称偷走古德奈特肉牛的人肯定是印第安人，因为“从那个地方出发，沿着这些牛移动的方向穿越得克萨斯，然后再进入新墨西哥境内，绝对没有任何一个白人敢这么做，而且沿途印第安人居住得非常稠密，走不出 50 英里，就会被印第安人杀死并割了头皮。如果没有强有力的军队陪同，没有人敢穿越那片地区。”[145] 另一起案件中，亨利·西斯科（Henry Sisk）解释说，他之所以知道是科曼奇人盗走了肉牛，是因为“我自 1856 年以来就一直在边境地区生活；我以前曾跟他们打过仗，见过其他印第安人部落，见过落在地上的箭，我知道这些箭属于科曼奇人”。[146] 在这些人看来，在边境生活的经历不仅可以积累人生阅历，还可以增加自己的信誉度。

有关财损案件的法律倒是确实允许被告从己方视角进行辩护，不过，这与其说是一个实质性程序，不如说更像是走过场。这一条款不仅未能使司法过程变得相对公正，反而让这一过程披上了一层虚幻的客观色彩。当收到一纸诉状时，法庭会告知当地印第安人代理，要求他组织一个委员会并宣布相关控状，看“委员会成员中的印第安人是否认识、记得及承认相关掳掠控诉”。[147] 然而，很少有法庭在最终裁决中会提到印第安人的观点。甚至即使印第安人代理努力争取，允许印第安人予以回应，结果也往往只是更进一步彰显了这一过程的荒诞性。1890 年，印第安人代理查尔斯·亚当斯（Charles Adams）在基奥瓦 - 科曼奇 - 威奇托印第安人事务署组织了一次会议，向他们咨询七起时间跨度长达好几十年的财损案件。我们甚至无法确定，这些案件中所涉及的当事人当时有没有坐在会议室里。对于所有的指控，印第安人的回复要么是断然否认，要么“双方部落均声称对这一犯罪行为毫不知情”。[148]

对于财损案件的审理往往披着公道公允的华丽外饰：貌似高质量的证据、对申诉合法性的高度关注，等等。法官们殚精竭虑，仔细甄别什么样的情况可以被视为和睦友好、整个民族是否应该为个别人的行为承担责任、某种诉讼请求是否存在欺诈，等等。此外，司法部也的确驳回了很多存疑的诉讼申请。正如伊萨克·希斯向某客户所讲：“诉讼请求必须有全面、公正的证据支持，然后才能获得法庭裁决，并得到赔偿。”[149] 然而，财损案件重视程序公正这一思路所产生的最终效果，却是给“从根子上坚信美国天然享有权威、印第安人天生有犯罪倾向”这一偏见披上了合法的外衣。

从宏观的层面来看，财损案件重写了当时有关印第安人战争的叙事体系。[150] 法庭确实承认了民族间处于战争状态的某些阶段，并据此认定某些诉讼不成立。但是，由于法庭优先关注这类大规模、正式的暴力冲突——比方说，将土地征用运动视为一系列大规模武装军事冲突——而忽视了构成当时那个时代鲜明特征的、双方更持续不断的小规模冲突，其结果便是将大多数的印第安人抵抗行为统统都认定为犯罪行为。此外，将某些特殊战时阶段单独、笼统地划分出来的做法，其实质效果也就相当于政府宣称，在被宣布为和平时期的那段时间里，美国拥有对相关地区的完全主权，而事实上，与其说美国主宰着这些地区（比如南部平原），毋宁说这些地区更像军事纷争区域。按照如此思路包装印第安人－白人冲突的做法远不只是官方的一套叙事套路，更是某种宏大政治操弄进程中的一个必由环节，意在为内政部在土地租赁、配给制供应、土地分割等问题上所持的“家长制作风”进行辩护和正名。

对于牧场主而言，以现金赔偿的方式解决这些诉讼案件的做法则无异于为他们额外提供了一笔数量虽然不大，却也并非完全无足轻重的补贴。尽管政府也意识到很多诉讼水分很大，并且最终仅仅按照申诉人所索赔额度的几分之一予以了赔付，但这依然还是数量不菲的一笔数额。[151] 在当时肉牛价格已经降至谷底的那个年代里，即 19 世纪 90 年代早期至 20 世纪的头 10 年，肉牛养殖户依然还可以按照以前价格处于高度膨胀状态时的标准获得赔偿。在很多财损案件的处理过程中，还有另外一个现象似乎也不大可能纯属偶然，借用考金兄弟的话来说就是：肉牛“等级往往在一定程度上被人为拔高，所认定的牲口等级多数情况下都比得克萨斯肉牛普遍的等级要高出一级。”[152] 这些财损案件一方面给牧场主们带来了不菲的补贴，另一方面同时也将北美印第安人的抵抗边缘化，因此，这些案件在反映物质要素与理念之间的关系方面（有关财产、美洲印第安文化、牧场经营等），具有强烈的象征意义，决定了“肉牛－牛肉联合体”的根本特征。

小结

乍一看，产业化肉牛兴起的历程似乎主要就是屠宰场、畜牧围栏，或者资本以及公司兴起的历程。但如果没有本章所探讨分析的暴力冲突事件及征地运动等因素，那么，本书随后各章节中所讲述的故事也便无从发生。牛肉之所以得以走上餐桌、成为美国人餐饮结构中的主角，得益于猎牛人、牧场主在美国军事力量的支持下重塑了西部广袤地区的生态结构。[153] 此外，这一过程同时也催生了一套叙事体系，不仅为抢夺北美印第安人土地的行为披上了一层合情合理的外衣，同时也将牧场经营活动摆到了美国西部故事中的核心位置。

与北美印第安人争夺大平原地区控制权的战争也重塑了西部居民与美利坚合众国之间的关系。透过肉牛经营牧场主不断要求政府予以扶持的声音，透过他们对实际收到的帮助的恒久不满情绪，一种美式思维定式的根源便清晰地浮现在我们的眼前：他们一方面对独立自主等品质大加颂扬，另一方面却又在很大程度上对在广袤西部地区无所不在的联邦政府熟视无睹。[154] 苏珊・纽康姆或许的确是承担了极大的个人风险，才在一片“荒凉贫瘠的狂野”上定居了下来，但与此同时，她与丈夫正是在戴维斯堡军营的庇荫之下安了家，这一点恐怕很难说只是偶然或纯属巧合。[155]

在纽康姆夫妇等一众人等的努力下，“肉牛－牛肉联合体”的发展历史与有关边境地区的国家神话相互交织。[156] 这一神话体系将“身为美国人究竟意味着什么”的起源追溯到西进运动、追溯到“昭昭天命”的理念。正如怀俄明的大牧场主托马斯・司徒吉斯言辞之间所流露的那样，西部拓荒者将暴力征服广袤西部的过程视作一项国家工程，因为“不仅每一个州里的每一个县，就连每一个县里的每一个镇子，都有各自的儿女参军入伍”，对于很多西部拓荒者而言，他们从东部地区迁往西部地区生活，往往也只有一代人的时间，甚至还不到。[157]

战争、野牛种群的毁灭、保留地制度东拼西凑的诞生，所有这些过程共同构成了美国牧场经营行业兴起的根本基石。平定南部平原印第安人为大批肉牛走出得克萨斯、走进北方牧场扫平了道路，同时也残暴地彻底清除了那里的原住民和野牛。然而，与这一令人难以置信的征服、占领过程如影随形的，却是一个对历史遗忘的过程，以致最终形成了一种观念，误导人们认为西部地区亘古以来天然便是一片"开阔的牧场"，一片广袤无垠、荒无人烟的土地，等待着人、畜前来安家定居。这一观念将肉牛牧场主在这一暴力征服过程中的所有合谋勾当一笔勾销，忽略了暴力恰恰正是他们巨额暴利所赖以产生的基础这一根本史实。[158]

对这片开阔牧场无尽的颂扬声中，最著名的莫过于日后被抬升到堪萨斯州歌地位的一曲歌谣："牧场上的家园"。这首歌中有大段文字，歌颂（西部）"有着钻石般沙子"的大地上空万里无云，"鹿儿与羚羊在这里徜徉嬉戏"。这首歌谣最初的版本并未提到这片土地上以前居住的人类，就仿佛这片神奇美好的地方自古以来一直都在那里静静等待着与之相契合的居住者。其中一个版本倒是提到了大平原之上曾经的战争，却语焉不详，一带而过。而 1910 年版本则干脆将数十年的暴力抗争压缩成为以下寥寥两句："红皮肤人被赶出了西部的这片土地，从此再也不可能有机会卷土重来。"[159]

所谓开阔的牧场，与其说它是种现实的存在，毋宁说更像是一片想象中的浪漫之地，然而，在这一观念背后所蕴含的强大力量帮助之下，西部地区的暴力冲突与土地占领事件却演变成了不争的现实。这里不仅仅是一片等待着栖居者到来的土地，更是一份必须"万丈高楼平地起"的宏伟理想。这片土地，还有这片土地上原有的居民，都必须首先被平定，画布必须清理就绪，以等待"肉牛王国"款款登场。

第二章

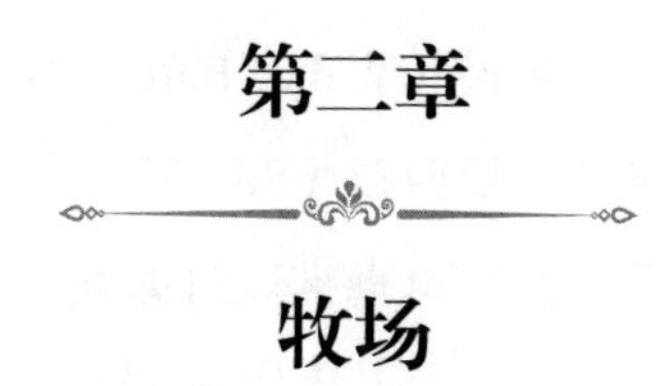

牧场

由于有充裕的土地和高企的肉牛价格加持，在无论心怀乐观的人士还是推销商贩的眼中，19 世纪 80 年代都堪称一段美好的时光。沃尔特 · 冯 · 里希特霍芬男爵（Walter Baron von Richthofen）同时兼具着双重身份。他出身于西里西亚（Silesia）一个贵族家庭，后来迁居丹弗，成为一位民权领袖，负责推广丹弗及整个西部地区的投资。在其 1885 年出版的《北美洲大平原肉牛养殖产业》（*Cattle-Raising on the Plains of North America*）一书中，沃尔特 · 冯 · 里希特霍芬"对在西部地区饲养肉牛这一问题进行了全面、系统的介绍"，尽管其中也不乏一定程度的自吹自擂成分。他认定这一产业将成为"当今时代的黄金国度"。[1]

有关"肉牛黄金国度"的主张源于一种马尔萨斯式的信念，认为人类的需求永远没有止境。据沃尔特 · 冯 · 里希特霍芬解释，"人口数量处于一种永恒上涨的趋势，而在欧洲多数国家中，食品生产能力却眼看就要到达极限"。[2] 同样对此表现出了勃勃兴趣的是《牛肉宝藏》（*The Beef Bonanza*）的作者詹姆斯 · 布里斯宾（James Brisbin）。他认为，"牛肉生意不可能被做滥"很大程度上是因为"人口增长的速度远远超过肉牛增长的速度"。[3] 另外还有一个更好的理由：人们都好牛肉这口。

沃尔特 · 冯 · 里希特霍芬的分析建立在种种活色生香的奇闻逸事传说以及过于乐观的数字计算基础之上。当时盛传一则小故事，说某位爱尔兰女仆收到几头肉牛，来折抵被拖欠的工资，结果没过几年，原来的 150 美元就变成了 25000 美元。另外一个故事则声称，印第安人领地上野狼溪（Wolf Creek）的一位戴先生（Mr. Day）于

1875 年花 15000 美元买了一群得克萨斯肉牛，6 年后转手一卖，立马便赚了 450000 美元。[4] 关键就在于繁衍生殖。沃尔特·冯·里希特霍芬慷慨地估算，“自然增长率”应该在母牛数量的 80% 左右（而且其中大约半数的牛犊也都是母的）。按照这一标准计算，100 头母牛 10 年后就可生产 1428 头小母牛，另外，所产小公牛的数量也基本相等，这也就意味着，肉牛的总数将达到近 3000 头。每年因各种原因致死的比例也就不过 2%~3%。尽管肉牛养殖行业的现实经营状况日后证明这一估算荒唐得有些离谱，却足以让沃尔特·冯·里希特霍芬写出了翔实具体，而且貌似非常精确的一整章内容，以证明一笔投资何以能够在短短 5 年之内轻松翻倍——即使是刚入行的新手也不在话下。

除上述有关养牛业回报率近乎荒诞的估算之外[5]，沃尔特·冯·里希特霍芬还推动了养牛业企业化经营这一愿景的普及。他明确地将肉牛牧场经营与铁路、电报等产业相提并论，阐释说投资人应及早入行，努力成为大资本家，以免被他人抢占了先机。务必及时行动，因为“赚大钱、实现资金高额回报的机会转瞬即逝，养牛、拥有土地等行业很可能成为垄断行业。”[6] 另一位“大忽悠”詹姆斯·布里斯宾也提出了类似的企业化经营的构想，主张“严格按照商业原理经营的大型牧场一定可以实现相当高的利润回报，其回报远超过采矿、锯木、冶铁、制造或土地等领域的投资。”[7] 曾经有那么一段时间，这一预言非常正确。

继 19 世纪 70 年代暴力征用印第安人土地运动、促进牛肉和肉牛快速便捷销往各地的运输网络兴起之后，来自全美各地乃至遥远的苏格兰的投资商纷纷将大笔资本注入得克萨斯锅把地带、怀俄明南部等地方。这些投资人怀揣着在大平原地区发财的梦想，对沃尔特·冯·里希特霍芬、詹姆斯·布里斯宾等人所著的指南性作品中随处可见的乐观估算坚信不疑。在随身携带的启动资金与家乡牢靠的投资人脉双双加持之下，东部地区的年轻富翁们纷纷成群结队地涌入西部。[8] 举例而言，同毕业于哈佛大学的弗雷德里克·德比里尔（Frederic deBillier）与休伯特·特舍马赫（Hubert Teschemacher）于 1879 年一道迁居怀俄明，并用特舍马赫父亲提供的部分资金很快获得了一大群肉牛。[9] 除来自东部地区的大笔财富之外，英国资本也构成了投资的重要源头。据历史学家赫伯特·布雷耶尔（Herbert Brayer）分析，1879—1900 年，英国投资人共投入了超过 3400 万美元的资本，成立了大约 37 家英资肉牛养殖公司。除一家例外之外，其余所有这些公司均成立于投资热潮戛然而止的 1886 年。[10] 短短 10 年间，大型肉牛牧场经营业务便已四处开花，遍布于整个大平原地区。

企业化经营的肉牛养殖业务兴也疾、衰也骤。19 世纪 80 年代末期的暴雪让这一行业几乎遭遇灭顶之灾。广阔的牧野之上，数以万计的肉牛因冻灾致死，少数幸存下来的也变得瘦骨嶙峋，根本无法上市销售。一批实力相对较弱的牧场相继破产。为了安抚投资人及债券持有人，牧场主们纷纷在市场抛售牲畜，几乎不计血本。即使有少数经营状况相对较好的牧场，往往也都深陷漩涡、难以自拔。中西部地区很多大型牧场也感受到了压力，因为他们通常不得不与焦灼的西部牧场主展开激烈的竞争，以争夺有限的肉牛市场。

这场灾难导致了长期的严重后果：各种肉牛交易中，一端是几乎已经陷入绝望境地的牧场主，另一端却是虎视眈眈的芝加哥肉类加工商派出的买主。事实上，四处蔓延的恐慌情绪汹汹来袭之时，恰恰也正是芝加哥大公司市场实力开始崛起之际，大批廉价肉牛入市进一步加速了这一进程。尽管从一开始时的局面来看，大型企业化经营的牧场大有成为牛肉供应链上的主宰力量之势，但截至 19 世纪 90 年代牧场经营行业逐渐走出这一危机之时，肉类加工厂商的势力早已是如日中天。以牧场主为中心的肉类生产体系日后将再也无法形成一股可以与由肉类加工商主导的“肉牛 – 牛肉联合体”抗衡的力量。

据当时的观察家分析指出，导致牧场经营行业繁荣局面骤然坍塌的直接原因在于西部牧场载畜量过多，而真正的根源则是牧场主经营懒散、公司贪得无厌。[11] 据英国《经济学人》(*Economist*) 杂志 1888 年刊登的一篇文章分析，美国牧场经营行业“利润如此微薄”的根本原因在于管理不善、浪费严重。文章评论指出，原本理当辛勤劳作的人，却往往沉醉于打猎、捕鱼，将投资人的资金挥霍用于大批蓄养身着“大红制服”的奴隶。[12] 林务局官员威尔·巴恩斯 (Will Barnes) 指责牧场主“贪慕荣华”，一心巴望赚快钱。在一篇描述这一灾难的文章中，巴恩斯给文章起名《在劫难逃：过牧及灾难》(*The Inevitable Happens—Overgrazing and Disaster*)。[13] 在所有这些记录中，19 世纪 80 年代末期的那几个冬季尤其惨烈，因为贪得无厌的牧场主在大平原上强行增加了太多肉牛，远超过了当地生态系统所能承载的数量。

尽管严酷的冬季的确带来了实实在在的损失，但如此解释仍不免多少有自我开脱之嫌。至于说载畜量过高的问题，其实，当时究竟有多少头肉牛散布在广袤的西部地区，根本就没有人能够提供一个准确的数字，大平原地区能够承载的牲畜量究竟有多大，实际上也并没有一个明确的概念。但出于政治原因，载畜量过高这一因素反复被强调；也正是由于这一原因，日后兴起的、通常以家庭经营或小型合伙经营方式为主的牧场主们往往对企业化牧场经营方式表现得不屑一顾，将后者称为养牛史上一段不幸的篇章。代之而起的新一代牧场经营者通常与大地保持着一份更加亲近的关系，所信奉的经营理念也远远超越了单纯企业化经营的贪婪本性。某些研究资料甚至认为，当时的牧场主有意夸大了过牧这一说法，目的是让潜在的竞争者知难而退。[14]

然而，学界有关 19 世纪末期牧场经营以及西部产业兴起状况的记录对这一论断大多持附和态度。商界以及环境史学家都过度强调商家在合理利用自然方面的能力（或无能）的重要性。从商务角度来看，灾难源自糟糕的经商习惯、非理性的乐观情绪，或者对于技术知识的匮乏。从环境史学家的角度来看，灾难则是过度精心改造自然景观所引发的后果。随着一个地区被认为融进商品市场，环境破坏及灾难也便将不可避免地接踵而至。[15]

企业化牧场经营行业的坍塌不只是载畜量过高的后果。相反，它是自然和经济力量相互交织、共同作用的结果，这一彼此错综交织的关系构成了牧场经营这一 19 世纪式企业形式的核心特征。牧场经营是一种基于生态系统而存在的赢利模式，其风险与回报都离不开这一基本事实。获取利润有赖于对能够创造利润的生态进程（如放牧、繁衍生殖）予以最大化利用，同时清除不利于创造利润的进程（如火灾、天敌及饥荒等）。畜群增量（或称“自然增长量”）是个关键要素，但其作用也仅仅局限于一定程度之内。比方说，彻底让狼群灭绝往往需要付出数万美元的代价，反倒不如只是简单对其种群数量予以限制，并坦然接受牛犊肯定偶尔会有损失这一客观现实，把它当成做生意过程中必须支付的一种成本。

正如上例所示，要想实现赢利归根结底是要找到一种最经济的手段，让肉牛能够自己照顾自己。牧野之上的草是免费的，但其营养成分含量不如玉米之类的饲料，因此要想保证肉牛能够吃得饱，就必须让它们尽可能广泛地分散开来。牧场主必须将自家牲畜分散到辽阔的旷野上去，但与此同时，也就给密切追踪和管护牛群增加了难度。这一矛盾带来了风险，因为很少有牧场主能够真正准确地说出自家究竟拥有多少头牲畜，尽管当地的牧场主提供给远方的投资人的数字看上去都非常精确。

19 世纪牧场经营行业最核心的现实问题，在于不稳定性与营利性两者都扎根于同一片土壤上。牧场所遭遇灾难的根源并不是因为牧场主没有能力驯化自然，而是因为在19世纪时人们认定，牧场要想赢利，那就不能试图完全“驯化自然”。竞争只是更加恶化了这一趋势，因为甘愿冒最大风险的牧场主往往可以报出最低的价格，进而迫使其他相对保守的竞争对手也只能仿而效之，竞相跟进。

在特定时间段内，这一体制或许可以高效运行，但即使再小的波动（或者说对小小波动的担心），也都足以导致它彻底垮塌。牧场上牛群数量众多，精确追踪其移动方向和所处位置所需要付出的成本高得令人望而却步，但这又恰恰正是忧心如焚的投资人和公司经理们强烈要求做到的事。资本一方需要精确的数据，而获取利润的必要条件却是不确定性。[16] 19世纪80年代末期严酷的冬季之所以破坏力如此巨大，正是因为它深刻地揭露了这组矛盾。严冬过后，当忧心忡忡的投资人和公司经理着手盘点各自所拥有的牲畜数量时，账面数字与牧场实际数字之间巨大的差异一下子将利润抹杀得干干净净，由此触发了严重的恐慌情绪。因此可以认为，这个问题的本质也就是经营模式的精准化与规模化之间的矛盾。在微观层面，牧场经营过程中的实际操作惯例是让牛群尽可能广泛地分散、让它们自己照顾自己；而在宏观层面，资本则要求实行精准化经营模式；两者之间因此形成了显著的冲突和分歧。

在自然景观被融入经济体系之中的初期，情况尤其如此。经营牧场需要高度理性，而自然本质上存在巨大的不可预测性，两者之间的脱节构成了利润的一个重要来源。这或许可以解释美国西部发展过程中，尤其是农业发展过程中经济兴盛与经济萧条的本质。要想实现高利润回报，就必须承受高额的风险，这是金融资本领域一条不言而喻的真理。而自然世界的难以预料性只是进一步加剧了这一倾向。不妨借用《经济学人》的观点来解释这一问题：同样数量的降水，假如以雪的形式降临，很可能致使整整一个季度的利润荡然无存，但假如温度稍稍高出几摄氏度，反而可能大大促进牧草生长，进而带来巨额利润。

对于单个牧场主而言，19 世纪牧场经营行业这一显著特征（即营利性和不稳定性同属其核心的特征）乃是一场灾难，但对于整个宏观行业业态而言，则是一种产值极高的有利条件。由于经营牧场始终都是一种风险极高，但同时利润也极其诱人的行业，因此总会有一批人甘愿冒此风险，希望通过饲养肉牛来获取巨额利润。沃尔特·冯·里希特霍芬男爵绝非孤独无朋的特例，与他一样心怀乐观者大有人在。肉牛生产过剩的倾向始终存在，致使肉类加工企业身后时刻都有一批供应商追随和逢迎，迫不及待地希望将自己的肉牛出手。

与此类似，继企业化牧场经营遭遇失败之后，牧场主逐步形成了一种新的自我认识，他们一方面打着批判企业化牧场经营行为的幌子，一方面却鼓励和怂恿众多独立牧场主参与到另一种风险度极高、金融剥削性极强的牧场经营体系之中——小规模生产者在向食品加工商销售产品的过程中承担了绝大部分的风险。“肉牛－牛肉联合体”之所以最终能够获得巨大韧性，这一点成了一个非常关键的因素：牧场主承担了主要风险，而肉类加工商无论局势好坏都可以得到稳定的肉牛供应。这也有助于解释，为什么肉类加工产业的集中化程度和企业化程度会如此之高，而牧场经营更多地以一种地道的家庭所有、非资本化运作的形式而存在。

若想了解全貌，就需要聚焦于西部牧场经营和企业化牧场经营这两个不同主题。某些批评人士认为，这两个概念在美国牛肉史上往往被强调得有些过度。虽然企业化牧场仅控制着美国肉牛整体中15% 左右，[17] 有关它们的故事却构成了牧场经营行业某些经典神话传奇的源头。同样，对大型牧场的运营特征进行审视，也有利于放大并凸显小型牧场运营过程中同样存在的诸多矛盾。[18] 本章之所以更侧重于关注西部牧场经营状况，对中西部及东部牧场经营着墨相对较少，就是因为西部乃是企业化牧场经营这种形式的发源地，表明除了当时由肉类加工企业主导的食品供应体系之外，还存在另外一种可能的选择。当然，西部地区之外的肉牛养殖行业在这一整体体系中的作用也非常重要，具体将在下一章予以深入、详尽的分析。

了解 19 世纪 80 年代的牧场经营行业对了解广义“肉牛 – 牛肉联合体”的兴起具有非常关键的作用，理由包括三方面：第一，建立在“黄粱美梦”之上的繁荣为西部社会带来了巨额投资；第二，随着芝加哥肉类加工巨头势力的兴起，企业化牧场经营行业的崩塌有助于解释以牧场主为主导的产业化农业这一替代形式为什么会突然消踪匿迹；第三，围绕企业化牧场经营失败问题而出现的伦理道德进一步巩固了有关“肉牛 – 牛肉联合体”的神话体系。

归根结底来说，所谓牧场经营，其实质不过就是在优质的土地上牧养肉牛，把它们养肥，然后再转手向外售卖。话虽如此，具体实际情况却比这复杂得多。牛犊必须打上烙印标记，围栏必须得到养护，草原犬鼠必须予以毒杀，还有其他很多任务需要完成。如果说企业化牧场经营的兴衰可以通过分析牧场经营实践与肉牛销售及投资之间的互动关系而找到答案，那么深入了解牧场经营行业的具体运作流程将显得十分重要。在本章，我将围绕牧场的成立，其所拥有的肉牛、土地以及劳动力需求等问题展开详细探讨。在有关牛仔劳动力那节临近结尾部分，我将分析牛仔文化的重要意义，探讨赶牛小路、牧场歌谣等因素又是何以让这一文化成为一种永恒的话题。在本章结尾，我将再次回归到贯穿始终的核心故事：公司化牧场经营行业的崩塌。最终得出的结论是企业化牧场经营行业的崩塌与有关“肉牛 – 牛肉联合体”的宏观故事相互关联，两者之间存在不可分割的联系。

“面积之辽阔，堪比整个约克郡”：购买、清点以及管理肉牛

大型企业化牧场在美国西部地区的兴起大约发生于 19 世纪 70 年代末期。1879 年，盎格鲁 – 美利坚肉牛公司（Anglo-American Cattle Company）成为美国西部地区首家英资企业化牧场，开始从怀俄明、达科达等地区大量买进牛群。[19] 1880 年，也就是距离成立不足两年之后，总部位于爱丁堡的大草原肉牛公司（Prairie Cattle Company）实现了“从抽象的投资宣传手册到具体经营实体”的华丽转身，在科罗拉多及得克萨斯锅把地带拥有了将近 10 万头肉牛。与此同时，从东海岸迁移至此的企业家也充分动用了其老家的商界人脉，确保有资金自纽约、波士顿等地源源不断地注入。[20] 虽然加入这一阵营的时间略晚，但来自波士顿的一批商人和投资者也于 1884 年组建了阿兹泰克土地与肉牛公司（the Aztec Land & Cattle Company），不久便在西南地区拥有了一支数量极为庞大的牛群。

总体而言，这些大型公司要么买下当地牧场主的牧场，要么与后者结成合作伙伴。大草原肉牛公司早期最重要的一个大动作就是完成了对 LIT 牧场的收购，后者曾经属于得克萨斯锅把地带著名的肉牛养殖先驱人物乔治·利托菲尔德（George Littlefield）。同年，总部位于邓迪市的斗牛士土地与肉牛公司（Matador Land & Cattle Company）收购了得克萨斯州商人亨利·坎贝尔（Henry Campbell）在锅把地带拥有的牛群，并委任后者成为牧场的掌门人。XIT 很可能算是 19 世纪 80 年代规模最大的牧场，这里最初曾是一块面积高达 300 万英亩的政府赠地，其主人为一批来自芝加哥的投资商和建筑商，因负责兴建得克萨斯州府大厦而获得了这片赠地。随后，约翰·法维尔（John Farwell）出访英国并从凯富土地与投资公司（Capitol Freehold Land & Investment Company）获得一笔投资支持成立

XIT 公司之后，这里成了一家牧场。同样，传奇一般的 JA 牧场也是集著名牧牛人查尔斯·古德奈特丰富的知识经验与苏格兰-爱尔兰裔商人约翰·阿黛尔（John Adair）雄厚的资本实力组建而成。

除企业化经营的大型牧场之外，还有不少规模相对较小的家庭私有牧场。很多肉牛原先的主人或许仅拥有区区几十头牲口，随意放养在一小片崎岖嶙峋、几乎称不上牧场的土地上。尽管如此，企业化经营的繁荣成为该产业发展史上的一个重要转折点。假如你不是在为某一家企业化经营的牧场打工，或者说你不是属于其麾下的一员，那么也就意味着你将需要与他们在肉牛市场展开竞争，或者为得到一片牧野土地而展开竞争。尽管局势令小规模牧场主焦头烂额，但所幸希望之光尚存：经验丰富的养牛人随时都在待价而沽，一旦有合适的机会，便会将手头上的牛群高价转卖给新入行且经验相对欠缺的风投人。

对于一家新建牧场而言，做生意的第一项任务自然是尽快积累起一群肉牛来。正是在这一过程之中，人们便早已隐约看出些端倪，发现日后导致这一产业倏然坍塌的祸根种子。大公司往往资金实力雄厚却不懂行业门道，容易一头扎进来，大批买下小牧场主的牧场，以便尽快建立起一支庞大的牛群。诈骗现象司空见惯。即便偶有例外，恐怕也没有几个卖主真正知道自己究竟拥有多少头牛，参与交易的所有各方都有强烈的动机，在肉牛的头数及其生殖潜能方面虚报瞒报。卖方虚报是为了抬高利润，而买方也毫不在意，因为牛群数量越大，便越容易吸引来投资人，哪怕这一庞大的数字只是停留在纸面上也无关紧要。

即便有诚实的一方，也会发现将一群牛的准确数量记录下来绝非易事。土地是西部地区取之不竭的资源，只要给予足够的空间，肉牛便可被转化为适销的肉品。然而，这就需要在广阔的地域内放牧，其界限远远超出了牛仔目光所能顾及的范围。这也就意味着，在既定的某片牧野之上，很少有人知道究竟分布着多少头肉牛，至于在辽阔的整个西部地区究竟有多少头牛，更是根本没有任何人能够说得清楚的一个问题。

及至批量买进或卖出肉牛的时候，让牛尽可能远地在草原上散开的散牧方法便会带来严重的问题。[21] 因为逐头彻底清点的成本高得令人望而却步，因此交易通常都采取估测的方法进行，行话中称这种估测法为“账面折算法”。牧场主一般选择以上次逐头彻底清点时所获得的数字为基础（通常都是时隔好几年的老数据），然后在估测损益时留出一定的误差范围。另外还有一种更加模糊的计算法，那就是“将估测出的当季期间给牛犊打烙印标记的数量直接乘以 4，由此便可得出最接近本片牧场上所有肉牛总数的近似值”。[22] 一旦当事各方就头数达成基本共识，所有权也便算完成了简单的交接，不再需要直接清点，这一过程称为“整牧场移交”。自购买那一刻开始，自然增殖的放牧策略——将牛群赶进牧野，然后等一季过去之后再去检查它们的状况——便与投资商希望一目了然了解、精准掌握牧场数据的要求相互冲突。

然而不幸的是，对于牧场主而言，并没有其他更好的解决办法。正如某牧场经理向满心疑虑的投资人解释所言：“以我们的牧场为例，其面积几乎可以与整个约克郡相比拟，如果你把这一点考虑进去，大概也就不难猜出，要想把散布在各处的肉牛都集中到一起进行清点，其难度将是何其巨大。”账面折算法、整牧场移交虽然都各有其弊端，却也是无可奈何的选择，尽管如上面提到的那位牧场经理所言：“在当前公司大力扩张的时代里，大家买的都不是你在牧场上究竟看到了什么，而是各牧场的账面上说了些什么，鉴于这一大背景，毋庸置疑，肯定有一大批骗局都已经设好，就在那里等着蜂拥而至的投资客往里钻。”[23] 虽然在相对温和的时期里这一惯例做法还算可控，但 19 世纪 80 年代早期出现的投资热潮进一步削弱了账面所载肉牛头数与牧场实际头数之间原本就已经非常脆弱的联系。不过，也正是这样一个现实，才成就了当时牧场经营那一派有利可图的繁荣场景；整牧场移交的做法的确带来了风险，但让牲口尽可能广泛地分散的行业惯例才是高额利润赖以存在的基础。

一旦买好了牛群，投资人的需求便进一步彰显了清点数量过程中存在的诸多问题。投资人所需要的是回报，而向他们展示回报的最好做法就是告诉他们，牛群数量已有显著增长，在肉牛价格出现滑坡时情况更是如此。其中的一个伎俩便是将头数增长视同营业收入的增长。牛群规模越大，拥有的牲口头数也就越多，就算价格保持不变，也意味着这群牛的价值出现了升值。但这么做需要采用一个预估价（而且很可能是个过时的预估价）。批评者主张，更稳妥的做法是根据实际销售数量，而不是冒险按照估算量来计算营收额。但这一替代性方案也同样遭到批评，因为销售一般都是按季进行，而投资人则要求提供类似逐日统计那样的数据。按牛群头数增量计算营收额的做法是当时的惯例，却也激起了激烈的争论，批评者们含沙射影地说："这种做法纯粹就是掩盖价格持续下跌、统计数据疑点重重等问题的幌子。"[24]

虽然牛群规模预估额度中的水分具体有多大很难精确量化，但有证据表明，虚报数字的现象极为普遍。牧场经理不得不就估测数量进行澄清，默然承认存在多报问题，或者对数据做出大幅度修正，诸如此类的例子多得不胜枚举。当大草原肉牛公司因管理不善的传言而显露出走向衰落的迹象时，某外部调查人员曾总结认为，牛群的实际头数远远低于账面显示的头数。牧场不仅无意间多计了1000头，而且某位经理还"连续两年'忘记'将死亡肉牛头数予以减除"。[25] 1886年,《经济学人》援引了另一家牧场的例子，报称其肉牛头数存在17000头的缺口，这一数字在该牧场自称所拥有的头数中占了相当高的比例。[26]

即便是经营状况相对较好的牧场，在清点头数方面也是步履维艰。修正账面数量几乎就是每天都要做的常规事务。为了将账面数字和实际数字对上而进行小幅度增加或减除的现象司空见惯。当斗牛士土地与肉牛公司的经理威廉·萨默维尔（William Sommerville）发现牧场账面所载的两至三岁的公牛存在数量虚高问题时，只是采用了粗略估算的方法来进行修正："因此，我觉得需要将账面上剩余的所有三岁牛统统减去，另外再将两岁牛中的一半也予以减除。"[27] 尽管牧场主们努力希望将估算数量与实际数量对上，但这一工作的频繁程度表明，账实不符的情况极有可能是一个长期顽疾。以斗牛士土地与肉牛公司为例，该公司在 19 世纪 90 年代初时曾不得不对其账面所载的肉牛数量做大幅修正。1883—1890 年，斗牛士土地与肉牛公司的肉牛数量由 77200 头攀升至 97781 头。但在 1890 年，公司财报中显示的肉牛数量为"未见申报"；次年，这一数字降至 70200 头，再下一年，这一数字为 58016。1891 年、1892 年两年中，公司售出的肉牛数量均低于前年，表明这一修正并非是因为销售量变化而导致的大幅减除。恰恰相反，这一系列修正揭示了一个努力将估测头数与实际头数拉平的过程，以冲抵高估的自然增值率及低估的死亡率双重因素所导致的误差。

产品目录手册是一家牧场的"官方记录"，构成了远在他方的投资人了解得克萨斯牧区各个牧场实际情况及所拥有的牛群数量的主要途径。[28] 这一手册中所载的数字被用来规划年度销售额、计算利润、追踪了解业绩。尽管投资人和经理们都把它当成真实的数据来对待，但实际上，说好听点儿，这不过是对牧场"早已严重过时的"实际情况的一种反映，说不好听点儿，完全就是一种对事实严重扭曲的反映。

不过，在某些时候，股东及记者们对产品目录手册中所载的数字也的确起过疑心。这点从《经济学人》发起的那场公共大辩论中便可见一斑。由于大笔的英国资本纷纷流向美国西部，该杂志开始对美国牧场经营行业进行密集报道。《经济学人》1883 年刊载的一封来信对大草原肉牛公司先前披露的牛群规模数据与新近公开的数据进行了对比并得出结论，认为其数量增加的幅度高到了几乎不可能的程度。公司主席 J. 格思里 · 史密斯（J. Guthrie Smith）在其回复信函中声称，当前的新数据是正确的，问题在于原先清点的头数有误差，少计了大约 15000 头。原因是先前那次清点时“未将当时由我们的代理临时购买，但还没来得及移交给公司的某些牛群中的牛犊计算进去”。[29] 在后续的一篇报道中，最先提出质疑、仅仅署名为瓦基罗（Vaquero，西班牙语中意思为“牛仔”）的那位作者对这一解释表达了更大的震惊。假如公司早就知道原先的数据过低，那么在牛群的增殖率问题上就一定已经撒了多年的谎。假如原先的真实头数是 118500 头，而不是以前宣称的 104000 头，那么他们每年报道的牛群头数增长率便一定有所夸大。瓦基罗解释道，鉴于两个数字之间的这一偏差，“肉牛数量就不会是由收购之时的 104500 头增加到了 140000 头……而是由 118500 头增加到了 139000 头。”换而言之，实际增长率比他们宣称的要低 15%。[30] 瓦基罗辩论说，这中间即便没有舞弊问题，公司的状况也一定是一团糟。毕竟，“一位主管甘心承认这样大的一笔资产——14000 头牛犊——由于这样或那样的原因而未体现在公司的报表里，这样的事情实在不同寻常”。[31]

类似的模棱两可的说辞在 19 世纪牧场经营行业中几乎如同流行病一般泛滥，等到 19 世纪 80 年代中后期连续几个毁灭性的冬季之后，随之便带来了极为严重的问题。这也为该如何评价“牧场存在严重过载问题”这一说法提出了严峻的挑战。正如养牛人约翰 · 克莱（John Clay）在谈及账面数量时所言，“在很多情况下，现实中真正存在的肉牛数量恐怕还不到账目所载数量的一半。这么说应该没有什么太大问题。”[32] 然而，严谨正直的经理们为纠正这些问题而付出的巨大努力表明，牧场经营行业中的不确定性问题并不仅仅是欺诈或人为操纵那么简单。欺诈的确存在，而且数量还不少，但牧场经营的故事远不只是一则事关贪婪、奸诈等问题的“简单童话”。事实刚好相反，不明确性实际上就是植根于19世纪牧场经营行业基因中的一个根本特征。精确清点牲口头数所需要的成本往往高得令人望而却步，致使普遍的风险和不确定性在所难免。欺诈和舞弊的存在只不过是让这一倾向更加雪上加霜了而已。

土地：公有和私有

在想象的世界中，肉牛数量的增长只需要统计人员大笔一挥就可实现，但在真实的生活中，要想让实际数量的增加变为现实，就必须拥有优质的土地。不过，这一点也绝不只是找到一个能够偏安一隅的地方那么简单。牧场必须安全，能够免于他人及其肉牛的侵扰。即使在19世纪70年代的印第安人战争结束之后，重塑大平原的努力也绝不是一个一帆风顺的过程，而是一段充满暴力抗争和角逐的历史。冲突中的一方是大牧场主，另一方则是小股反对势力，可能是牧民，也可能是农人。将竞争对手拒之于外，就需要安装围网、发起诉讼，以及发表抗议信函，有时甚至还需要动用温彻斯特来复枪。与此同时，大平原地区的生态系统也必须重构，以使之适合于饲养肉牛之需。肉牛完全可以做到自己照顾好自己，前提是不受到狼群、火灾以及盗贼的频繁滋扰。自然固然自有其发展规律，然而要确保它能够循其天道自行发展，就必须先对自然予以改造。更何况，所有这些目标，都必须在尽可能压低成本的条件下来实现。

第一步就是必须首先找到优质的土地。凭借一些含含糊糊的报告或者本人曾经的记忆，养牛人们往往会首先选定一大片区域，然后四处勘察，以便最终选定具有发展潜力的地盘。在递给合伙人以及投资人的报告中，暴风雪隐患、缺水等所有不利的当地条件统统都被小而化之，一笔带过。很多情况下，有关这一进程的记录读起来与其说像是思路清晰、分析严谨的商务决策档案，毋宁说更像是有关当事人发家经历的传奇故事。比如，就在某一“肉牛养殖牧场的‘勘察’”队员们几乎要放弃的关头，（他们）“突然看见了一座印第安猎人营地，这提醒他们，只要越过这道山脊，或许就可以发现……波德河谷（Powder River Valley），也就是苏族印第安人红云部落曾经的冬季家园”。那里的土地堪称完美，因为得益于峡谷有利的地理条件，牧场“完全具备……一个可以不受风雪侵袭的局地环境”。[33] 在另一段记录中，格兰维尔·斯图尔特及其同事找到了“一大片覆满干草的土地，清冽的泉水随处可见”，环境非常优美，而且“青草茂密，水源充沛，隐蔽性也非常好”。显然，在这一片牧场上，“雪肯定不会下得很大，而且也不可能在地上堆积起来，因为这里经常刮风”。[34] 不久之后，斯图尔特在这里建立起了他的第一家牧场，也就是 DHS 牧场。

尽管类似说法流传甚广，但这里的土地仅仅是有很大的潜力而已。某些牲口的种群数量必须限定在一定程度范围内，另一些则必须完全杜绝进入。水源必须得到保障。防范野火则是一项必须面对的任务。甚至就连肉牛的生命周期，都得要进行精心调控，目的只有一个，那就是确保以最高的效率将所饲养的家畜送往市场。

狼群对牛犊来说可谓是个实实在在的威胁。[35] 通过猎杀、“大量投放毒药”[36] 等一系列综合措施，牧场主们费尽心思希望将它们彻底消灭。乔治·泰恩（George Tyng）家方圆面积近千平方英里①的牧场上栖息着好几群野狼，据他估测，即便只是一小群狼，平均每天也

---

① 1 平方英里≈ 2.589 平方千米。——编者注

会杀死一头牲口。泰恩选择了一种相对激进的策略，决心对狼群开展猛烈猎杀，而不是像其他那些相对容易知足常乐的牧场主那样听天由命，甘心承受不菲的损失。[37] 比方说，大草原肉牛公司的牛仔曾向公司经理汇报说，牛犊数量在 19 世纪 80 年代末期时出现了严重不足，就是因为公司的坡地牧场上总有狼群出没，几乎泛滥成灾。[38]

暴力程度稍逊但破坏性却丝毫不亚于狼的还有囊地鼠和草原犬鼠，因为它们挖出的洞穴经常把牧场弄得支离破碎，对牛群和马匹的安全都构成巨大隐患。得克萨斯牧场主乔治・洛文（George Loving）对这些有害动物的影响尤其忧心忡忡。他在提交给政府部门中专门负责美国牧场研究的官员的一份报告中辩称，草原犬鼠对牧场的消耗和破坏远胜于肉牛，“假如能够将草原犬鼠彻底清除，那么，本州那一片地区所有牧场的肉牛承载量将有望翻倍，而如果听任草原犬鼠肆虐，则承载量将大幅降低”。他对得克萨斯“围场平原”（Staked Plains）赞誉有加，因为那里“几乎没有草原犬鼠为患”，并将它称之为牛群的“伊甸园”。[39] 在随后另两封信里，洛文进一步表达了对得克萨斯西部地区“不断增长的草原犬鼠数量”的强烈不满。[40] 而在其他地区，牧场主们也都在往来信函中就什么样的草原犬鼠毒药最便宜、最有效等问题争执不已。当某位读者写信向该行业的会刊《养殖人报》（*Breeder's Gazette*）咨询蓖麻子是否能够杀死草原犬鼠时，杂志编辑发文解释说，这恐怕只能招来更多的各种小动物。[41]

由于肉牛的活动范围距水源通常最远不能超过六七英里，因此，在整个干旱的西部地区，靠近水源地始终都是牧人们关心的一个重大问题。[42] 即使在相对湿润的地区，西部地区降水量极为剧烈的波动也意味着很少有牧场能够对这一问题毫不担忧。旱情严重的时候，出水口往往会变成泥塘，甚至牧草也会开始干枯并死掉。[43] 在某些地区，牧场主会开挖自流井。汉斯菲尔德肉牛公司（The Hansfield Cattle Company）便开发建立了一套高度发达的供水系统，可以依靠风车将水从地下泵出来，然后存储在硕大的储水罐中。[44]

火灾隐患更是一种实打实的威胁，这点从牛仔们经常传唱的劳动之歌中便可见一斑。《牧牛人的祈祷》(*Cowman's Prayer*) 歌词如下："草原之火，你可否能停下？让雷声滚滚响起，让雨水倾泻而下。浓密的黑烟令我惊恐难耐。假如火再不赶紧熄灭，我恐怕很快就将倾家荡产。"[45] 他们的这些恐惧之情不无道理。1885—1886 年那个冬季，由于 XIT 牧场未能妥善安排火情预警，因此，一场野火之后，"牧草大量损失……加之那个冬天又非同寻常的严酷，让人感到无比担忧"。最终导致了一笔极为巨大的损失。[46] 为了避免 XIT 牧场所遭遇的那类灾难，某些牧场采用主动焚烧的方法来控制隐患，或者建立防火带。尽管火情预防对保护投资安全至关重要，但火灾——无论是人为原因还是其他原因引起的火灾——长期以来一直都是大平原生态系统中非常重要的一个环节。[47] 火灾预防措施后来导致了很多长期问题，可惜当时的人们对这一点了解得并不清楚。

重塑土地的过程与重塑肉牛的过程比肩同进。纵观世界各地，肉牛的生理机制都与所在地区的农业体系密切相关；在英格兰等地，肉牛主要依靠农场养殖，人工管理更为精细，因此其种群对牧人干预的依赖程度较高，价值也更高，但饲养过程偏向于劳动力密集型作业方式。而在美国西部地区，牧场主一开始时主要依靠生命力相对强、自立自理程度相对较高的得克萨斯长角牛品种，以适应他们那种大撒把式的牧场经营模式。[48] 但这一品种的牛成长周期相对较长，所产牛肉的适销性也相对逊色，因此当时的牧场主们时常考虑的一个问题就是将如何改良肉牛品种。

随着时间推移，美国的牧场主也开始尝试饲养抗逆性相对较弱的欧洲品种。但成本始终是个需要优先关注的问题，要想实现利润最大化，就必须在肉牛迅速增重的能力与自我生存能力两者之间谨慎平衡取舍。某牧场经理反复强调，“一方面希望精心饲养出来的牲口拥有优秀的个体品质，另一方面又不能忽视抗逆性这一至关重要的特征，用牧场的行话来说就是必须拥有‘皮实的特点’，要想做到两者兼顾是何其不易。”[49] 其他某些人则对改良牧场肉牛的可行性心存怀疑。A. S. 莫瑟尔（A. S. Mercer）曾评价说，“牧场上饲养出来的牛身上最显著的一个特点就是，假如你不给它完全的自由，它立马就会变得高度依赖（牧人），自我意志力和皮实的特点就会立马消失。”[50] 某位目光长远的牧场主则辩解道：过于依赖其皮实的特点反而可能是个问题，因为这样做可能鼓励牧民选用劳动力密集度低、但利润水平也低的品种。他希望当前肉牛养殖体系能够得到改变，因为“在当前体系下，品级高的肉牛恐怕很难同时保证做到高产。”[51] 然而，就短期来看，没有几家牧场主能够承担得起逆潮流而动的代价。

肉牛品种选择的理念同样也与牧场经营中的另一个惯例相关，即对牛群生殖周期的调控。尽管肉牛生产依然具有季节性，但必须确保一年里牲口出生的日子不会过早。牛犊如果在 2 到 3 月就出生，一旦意外出现末冬暴风雪，恐怕就极易夭折。[52] 即便是牲口的生命周期，也基本反映了经营牧场所遵循的核心逻辑，即（增加）利润的源头在于对饲养进程略作调适，但同时又不能过度偏离于自然周期。

从某种角度而言，重塑大平原的生态系统倒是相对容易的，将其他牧场主、定居者等竞争对手阻挡于外才是真正艰难的挑战。为达此目的，牧场主们可谓八仙过海各显神通，合法的、法外的，甚至完全非法的种种手段，纷纷都被派上了用场。打烙印、设置围栏、确立土地私有权等如今已然成为标准惯例的做法要想发挥作用，就必须首先确保其合法性能够得到广泛的认可，而这一点在当初却根本就是一种奢望。偷盗肉牛、剪断围栏等现象都是司空见惯的抵抗方式，有时甚至还会引发大规模暴力冲突。

牧场主们一开始时发现，只需采取最简单的办法，将肉牛赶到公有土地上，让它自由自在地吃草，就可以收获相当可观的利润。尽管如此，他们最终还是意识到，以最经济实惠的手段确保将最好的土地据为己有、专供自家独享已是势在必行。及至19世纪80年代初期，这一情况已经变得尤为迫切，单单从遍布西部地区广袤牧区的定居者和小规模牧场主的数量来看，即便是势力强大的大牧场主和养牛人联合会也已经很难将他们阻挡于外。举例来说，弗兰克林土地与肉牛公司（Francklyn Land & Cattle Company）发现，公司的牧场经常“被某些名副其实的定居者所觊觎，后者常常故意把草地点燃，然后或蓄意或无意间将公司的牛群从未设围栏，或者围栏状况相对较差的地方赶走”。[53] 唯一的解决办法似乎只能是尽快确立他们冀望已久的正规土地所有权制度。

由于全部买下自己想要的土地将严重降低利润，于是牧场经理们各自别出心裁，纷纷提出了自己的特色策略。比方说，买下一片草场上通往水源地的通道，尽管这么做并不意味着可以直接对这片广阔草场拥有所有权，却可以达到实际上控制整片周边地区的目的。[54] 另外一套与此相关的策略是买下一片牧场上绝大部分的土地，因为他们心里十分清楚，仅仅依靠剩余的、四分五散的小片土地，竞争对手根本无利可赚。

尽管如此，这些办法也自有其风险。正如斗牛士牧场的经理们所发现的，假如一家牧场不慎未将整片牧场的所有权收归己有，便极有可能遭到某些野心勃勃的投机者暗算，后者可能采取蚕食手段，私下一点一点地逐渐将公司所拥有的土地买走。1882年，公司经理们突然发现，一家竞争对手“就在斗牛士牧场的正中心地带买走了大约86000英亩的土地”。买下的这块地对买主而言基本没有什么用处，斗牛士牧场经营者们认定这完全就是一场“蓄意讹诈”。但除了与后者展开谈判，他们别无他计可施，而那位买主则极有可能从中大赚了一笔。虽然斗牛士牧场这次侥幸逃过一劫，并未遭遇多大实质性损失，但一位经理由此总结道，这次事件清楚地表明，“像我们这样在海外建立永久性经营据点的公司，务必要确保在土地所有权问题上不给他人留下丝毫可钻的空子，这一点非常非常重要。”[55] 他大胆主张，为了防范“土地投机商”，大量购买土地必不可少。于是，斗牛士牧场不久之后便大幅扩展了公司旗下所拥有的土地面积。[56]

与周围根基已深的邻居之间的关系也很可能变得非常紧张。开始时，斗牛士牧场曾与埃斯普拉牧场（Espuela Ranch）达成了一项非正式的睦邻关系，双方同意共同享有水源通道，彼此也可以偶尔借道穿越对方的地盘。然而，事实证明，这样的甜蜜日子注定不会长久。当埃斯普拉牧场遇到了牧草短缺问题时，牧场经理们便开始偷偷摸摸在斗牛士牧场的土地上放牧。斗牛士牧场的一位员工对这一侵占行为十分愤怒，私下抱怨道：“最起码他们也该先跟我们说一声，征得我们的同意吧。”[57] 这样的反应虽然相对温和，却清楚地表明，即便是原本和睦相处的邻里之间，一旦涉及土地问题，关系也极有可能变质和恶化。

对于某些风投资本家而言，经营牧场只是其次要目的，更长远的计划是土地投资。XIT 牧场便是典型的一个例子。作为对其帮助兴建得克萨斯州议会大厦的回报，州政府慷慨地向这家公司赠予了大片土地。XIT 牧场就兴建在这片赠地之上，目的只是在最终售出之前让这块地暂时派上个用场。在某次股东大会上，一位经理曾解释如下：“我们公司的主要性质是土地投资公司，其首要，也最核心的目标是等待合适的时机，然后以最合适的价格把它卖给移民和定居者。”[58] 阿兹泰克土地与肉牛公司在其成立时发表的声明中明确表示，公司的目的首先是买下大西洋及太平洋铁路公司在亚利桑那州段内所拥有的轮替赠地，然后再收购进这个“大棋盘”上其余的地方，并长期持有这一片广袤无垠的土地。他们曾提议“与远在故乡的公司总部、欧洲移民及殖民地社区，还有交通公司等联手合作，便可开拓出一套高度有利的方案，将定居者在这些土地上安置下来”。[59] 经理们信心十足，坚信用不了几年，阿兹泰克土地与肉牛公司所拥有的土地就将大幅升值，“远远超出”当初购买时一英亩一美元的价位。[60] 在 XIT 牧场以及阿兹泰克土地与肉牛公司这些操盘手看来，肉牛养殖场不过是建立在老旧土地公司经营模式基础之上的一种临时性创利、创新举措，目的只是暂时持有一部分闲置下来的地产，待到大规模西进运动启动时再将它分包售出以获得收益。

对这些公司以及传统牧场主而言，土地产权问题远比仅仅持有地契复杂得多，还必须确保地契所赋予的权利能够得到兑现。大草原肉牛公司的经理们为了争夺对其牧场控制权而奋斗的过程便清楚地表明，即便正式拥有了土地产权，也往往难免受其局限性制约。牧羊人经常偷偷摸摸使用大草原公司的牧场。[61] 经理们曾提议加强牛仔对牧场的巡逻力度，以防范僭越者以及盗贼，但其效果也就仅此而已。一方面是保护财产权的需求，另一方面是不得不将劳动力成本压在低位的客观现实，两者之间的矛盾始终存在。在公司某员工看来，将僭越者阻挡于外这一代价高昂的努力，无异于“企图将整个牧场都据为己有，不让任何人进入——几乎就是不可能完成的使命”。[62] 除成本问题之外，牧场主还必须妥善平衡保护牧场安全与避免激怒当地居民两者之间的关系，因为后者极有可能会拆毁围栏、破坏牛栏出入口甚至纵火。[63] 牧场主们似乎在进行着一场注定无法获胜的战争。

更何况，即使是拥有正式的财产权，在实际中也很难能够做到绝对的界限分明。围栏不得阻断既有放牛路线，而这一条规定构成了诸多激烈乃至暴力冲突产生的根本原因。[64] 意欲阻断热门放牛路线的心理倒是不难理解。过路的牛群可能传播疾病，而且，如果该路线刚好穿过一片草肥水美的特别地段，牛仔们可能还会故意磨蹭，大慷草场主人之慨，借故让自家的牛群顺路多吃几口鲜草。

一开始时，斯普尔牧场（Spur ranch）的某代理人还总是尽量为过路的牛群和牧牛人提供方便，但不久之后便不得不开始诉诸一系列极端措施。他一度曾允许过路牛群在他的草地上借道穿行，允许借道的距离几乎长达30英里，但“不断涌来的牛群数量似乎无穷无尽，因为一旦让一个人借道通过，便会鼓励其他人也随踪而至。无奈之下，我只好下了一道命令，除非是在能将给我们带来的不便降至最低的地段和路线，否则，任何人都不可以穿行。”[65] 这位经理最后被逼得焦头烂额，只得与附近的牧场主结成联盟，共同设立了一条影响和破坏程度最小的路线并大力宣传推广。他草拟了一张宣传图，标注出了路线的大致走向，并用文字写道：相关几家牧场主“兹恭敬恳请您予以配合”。[66] 这一努力带来的结果成败参半。某位养牛人对这一新路线感到非常开心，而另一位则威胁要诉诸法律，追索因阻断老路线而给自己带来的损失。[67] 与此同时，在XIT牧场，埃博内·泰勒（Abner Taylor）因没完没了穿越其牧场的牛群而变得极为恼火，于是不仅没有尝试推广替代路线，反而向其手下发了一道命令，要求他们无论用任何办法也要把过路牛群堵在外面，哪怕“你不得已只能动用温彻斯特（来复枪）也在所不惜”。[68]

通行权与土地所有权这些问题，与大规模和小型牧场主之间另一场更广泛的冲突密不可分。大规模牧场主，无论其采用的是企业化经营模式还是其他模式，与仅保有十几头或者20头左右肉牛的小牧场主之间往往存在一场无休无止的较量。前者常常指责后者偷走了自己牛群中尚未打烙印的牛犊，这一指责虽然某些时候也的确成立，但更多情况下往往只是一个借口，最终目的是挤走这些小牧场主。小牧场主则宣称，这些大牧场主经常将好地非法围占，并试图恐吓自己迁离。小牧场主们往往从争取平权、反对垄断的角度来陈述他们的反对立场。正如某位力主对大牧场主权力予以制约的人士所言：“没有人愿意打压畜牧业，但全美人民都应团结起来，阻止畜牧业被少数人垄断。”[69] 虽然围绕肉牛饲养问题的很多争端焦点都在于开阔的牧场究竟是应该归大家共有共享，还是应该围合起来归某家牧场独享，但归根结底，争执的双方还是大牧场主、大型畜牧公司与小型家庭牧场主，前者拥有的牛数量动辄数千头甚至过万头，后者却通常不过几十头。开阔式牧场其实与这两种体系都不兼容，在不同历史时期、不同地理区域，两个群体都曾有过积极拥抱或竭力反对直接财产所有权制度的经历。

作为对这一系列争端的回应，某些富裕的养牛人开始筹建并主导“养牛人联合会”。尽管表面上是为了保护牧场主的集体利益，但这些组织其实是为了通过一系列排他性的牧场法规，以排挤相对贫困的竞争者。比如，限制牛群迁移的法律就相对偏袒大牧场主，因为他们拥有相对更多的资源，可以满足牲口烙印法中烦琐的规章和要求。得克萨斯州北部的牧场主就对要求养牛人在牛群迁移之前必须首先通知邻居的一项规定表示支持。这将有利于保证他们有足够的时间，对牛群身上的烙印开展详细的检查，确保不会发生与邻近的牲口群混杂或意外失窃等事件。[70] 然而，这一法律的出台与其说是为了保护小牧场主的利益，毋宁说更多是为了保护大型牧场主及公司的利益，因为后者需要让数以千计的牛群季节性地转场，而前者通常只有一二十头牛，放牧过程流动性本来就相对较高。前者要是在未按照规定提前告知的情况下迁移牛群，则很可能被控有盗窃嫌疑。

在牧场主精英们与相对贫困的竞争对手不断争斗的过程之中，一个非常关键的发展趋势便是带刺铁丝围栏的广泛普及和传播。19世纪70年代初期，多款铁丝围栏设计都获得了专利，但普遍认为，发明带刺铁丝围栏的功劳应归于伊利诺伊州迪卡尔布（De Kalb）的约瑟夫·格利登（Joseph Glidden），他在1874年获得了专利。由于大平原地区树木相对稀少，带刺铁丝围栏的出现提供了一种经济实惠的方案，可以取代成本高得令人却步的木质围栏。在19世纪七八十年代，带刺铁丝围栏在西部地区得到快速推广。1874 年，围栏材料的产量还只有 10000 磅，但仅 6 年之后，便激增至 8000 万磅。[71] 据经济史学家观察，这段时间构成了美国西部大发展过程中的一个关键节点，因为铁丝围栏为控制牛肉生产、行使财产权等都提供了一套至关重要的手段。[72] 然而，这一过程的背后绝不仅仅是一项新技术，因为铁丝围栏进一步加剧了对美国西部土地使用权的暴力争夺。围栏可以控制得住牲口，但对于人来说，则完全是另外一回事。

《养殖人报》曾报道过 19 世纪 80 年代中期发生的一系列围栏争端，很多都与水源的获取有关。小型牧场主认为，设置围栏的人是在垄断水源，剪断围栏是为了拯救畜群的不得已行为。[73] 在蒙大拿，某牧场主曾抱怨，牧场上设置了太多的围栏，“牛群为了喝水，往往不得不长途跋涉，都给‘累垮了’”。文章作者认为，鉴于持续不断的旱情，阻碍通往水源的围栏理应被“推倒”。[74]

无论是因为眼睁睁看着自家的牛群在围栏前拼命抵撞，看着就在咫尺之遥却又仿佛遥不可及的饮水而焦躁不安，或者因为是发现自家使用已久的牧牛路线一夜之间被数英里长的围栏阻挡而无法通行，小规模牧场主们心中都对铁丝围栏怀着深深的恨意。[75] 一开始，很多牧场主和定居者往往采取剪断铁丝围栏的手段，以示对带刺铁丝围栏无度扩张的抗议。至于这种行为是否违法，当时并没有明确的判断，即使时至今日也依然难有定论。在当初那个所有权、财产权都模棱两可的时代里，所谓围栏位置是否恰当的问题既事关传统习俗，又事关正式的法律。在某些情况下，剪断一段围栏可能被视为情有可原的行为，而在另一些情况下则很可能被视作公然违法的行径。剪围栏者最终带来了价值数百万美元的财产损失。土地所有者以他们的方式予以回应，纷纷组建了养牛人联合会、“法律和秩序”维护团体等组织来加强巡逻，防范剪网者。[76]

围栏问题旋即演变成为一场政治事件。某小规模牧场主的观点颇能反映当时流传甚广的态度。他把设置围栏的做法与企业化牧场经营行为的严重危害联系起来，辩称说："有一点是不容置疑的，任何一块土地，假如被某些大公司所垄断，并用数英里长的围栏封起来，那就永远不要指望条件能有所改善，也不要指望能有人定居安家。"[77] 而《得克萨斯莫比蒂锅把地带报》[*Mobeetie (TX) Panhandle*] 则持相反的立场，曾于 1883 年抱怨惩罚措施不够严厉，并解释说："人们的财产权必须也理应得到妥善保护，否则政府也便失去了其存在的价值。"[78] 与此同时，得克萨斯绿币党（Texas Greenback Party）对大范围设置围栏的做法表示明确反对。[79] 得克萨斯州自 1884 年起将剪断围栏的做法定为重罪，但在此之前，州议会内部也曾进行过一场火药味十足的辩论。在北边的怀俄明，10 家大牧场主曾于 1886 年因非法设置围栏而遭到点名，而且，该州负责领地事务的州长也因牵涉一桩围栏丑闻而被赶下了台。[80] 或许，这件事的发生并非事出偶然，被赶下台的州长乔治·巴克斯特（George Baxter）同时也是西联牛肉公司（Western Union Beef Company）的一位经理。日后爆发的约翰逊县城战争中，这家公司也被牵涉卷入暴力冲突，下文将对此予以介绍。[81] 继一番信函往来之后，就连时任内政部长的亨利·特尔勒（Henry Teller）也不得不亲自下场助阵，建议由牧场主及农场主自己主动将非法设置的围栏剪除。[82]

尽管这一事态依然处于一场非常紧张的状态，但随着执行力度持续加强，一套全新的美国西部产权体系渐渐被人们所接受，围栏不断遭到剪除的事态最终还是被逐渐平息了下来。得克萨斯的牧场主们在遏制剪切围栏现象的过程表现得尤其积极，据说，其中某位甚至还曾主张在围栏下埋炸药，以此来威慑破坏者。[83] 另外，持之不懈的决心在此过程中也发挥了作用——也因为带刺铁丝围栏成本较低，被剪断以后可以很快重新装好。无论如何，对围栏心怀敌意的一方确实也取得了一些成功。频发的抗议和破坏行为可能也在一定程度上遏制了某些尤为令人发指的非法设网行为。

小规模牧场主、牧羊人以及农场主将剪切围栏视作一种反抗的手段，以抗议他们认为属于非法或不公正现象的牧场侵占行为。这一争端表明，美国西部产权体系的兴起以及某些特有的土地持有模式既关乎一项新兴的围栏设置技术，更关乎某种政治和社会冲突。带刺铁丝围栏之所以能成为捍卫土地所有权的一种有效工具，既离不开牛仔们加强监测和巡护的努力，也离不开明显偏袒大土地所有者利益的司法体制的支持。带刺铁丝围栏让广袤无际、辽阔开放的牧场走向了终结，但这同时也是大土地所有者与小规模牧场主之间冲突不断、纷争频发现象共同作用的结果。

围绕带刺铁丝围栏的冲突和纷争虽然广泛存在，却相对分散。与此相反，怀俄明约翰逊县城的那场战争却是以一种疾风骤雨的形式拉开了帷幕。1891—1892 年约翰逊县战争既是西部神话的核心，同时也构成了“肉牛 – 牛肉联合体”发展史上的一个关键节点。[84] 大、小利益方之间——在日后的叙事体系中，是勤劳诚实的人民与腐化堕落的精英阶层之间——的这场暴力冲突，推动了有关西部生活以及牧场经营行业的种种故事的塑造，与随后于 19 世纪 90 年代兴起的后企业化牧场经营遥相呼应，广泛流传。

遍布怀俄明各地，但尤其是在约翰逊县境内，由牧场主精英们主导的怀俄明牲畜养殖者联合会（WSGA）对小牧场主以及自耕农的闯入日益愤怒不已，经常指责后者偷走了自己的肉牛。鉴于牧场经营行业与当地政治阶层之间密不可分的关联，这本质上也是一场事关怀俄明政治势力的一场斗争。该州大多数政治人物，包括当时的州长以及两位州参议员，都是上述联合会的会员。州畜牧事务官员一众人等也是会员，在牧场警务巡逻、逮捕犯人以及扣押肉牛等过程中都拥有广泛深远的影响力。但情况正在发生改变。随着小规模牧场主以及自耕农大量涌入怀俄明，州内的选民数量以及政治势力基础都在不断拓宽。怀俄明牲畜养殖者联合会相信，假如能够将这些人从牧场上强行驱逐出去，那么，富裕牧场主们就可以重返政治和经济权力中心。[85]

1891 年年末，怀俄明牲畜养殖者联合会雇用了一批私人帮手，大张旗鼓地要消灭所谓的肉牛偷盗行为，但究其实质，这一行动其实意在将小规模牧场主从县境内彻底驱逐。局势于 1892 年 4 月到达紧要关头。当时，该联合会的人首先包围了当地一名反对者的牧场，并最终杀死了牧场主和他的朋友。[86] 当地警长跟被杀死的人是朋友，当消息传到他那里时，警长很快便纠集了一支将近 200 人的队伍，准备缉拿杀人元凶，双方陷入长时间对峙状态。州长是怀俄明牲畜养殖者联合会的支持者，急急忙忙向威廉姆·亨利·哈里森（William Henry Harrison）总统发去一份电报，请求联邦支援平息一场“叛乱”。[87] 联邦很快便从附近的麦金尼堡（Fort McKinney）调派了军队。[88] 部队随即掌控了局面，相当于剥夺了当地警长的权力，然后解散了其队伍，并将该联合会的代理带走由军方羁押。这起事件在多大程度上是一次意在恢复正常秩序的合法行动，或者说在多大程度上是一次对国家权力的滥用，意在将养牛人从行使合法权利的当地警长手下解救出来？这一点人们至今依然争论激烈、莫衷一是。[89]

归根结底，这场冲突的实质在于对土地权的争夺。[90] 怀俄明的牧场主精英们希望采纳一套公有土地制度，由怀俄明牲畜养殖者联合会充当守门人。小规模牧场主也希望享有这些土地，对采用何种制度——无论是公有还是私有——倒是并不在意，只要能够保障小规模牧场经营或农业经营便可接受。在很大程度上来看，这场冲突所反映出来的一点就是：企业化牧场经营与开放式牧场经营及个人享有权均可兼容。土地公有及私有制均有可能导致相同的产业结构，因此，围绕任何一种制度的争斗，其实都是行政和司法权力操弄进程中的环节，争斗的双方分别是大规模与小规模肉牛养殖者及农耕者。

19 世纪 80 年代的那场土地政治最终以偏袒大牧场主利益而宣告结束，却更加进一步彰显了大牧场经营体系的高度不稳定性，而小牧场主能够打造出一份虽然说不上富裕却也基本稳定的生计；抛开这一问题不论，将数以万计的肉牛散养在数以万英亩计的广袤土地上，这一经营方式无疑给赢利带来了巨大的风险。规模与风险似乎往往比肩而行。一旦这些风险导致灾难，那么，诸如约翰逊县战争、围绕剪除围栏问题而发生的种种纷争等事件便不免被人们记起。随着 19 世纪 80 年代末期企业化牧场经营模式走向凋敝，所有这些冲突和纷争中遗留下来的结果，将给人们普遍批评企业化牧场经营的观点带来无尽的启迪和思考。不过，就此展开进一步深入探讨之前，有必要首先了解一下牛仔在这段历史中所占据的地位，了解一下牛仔神话与养牛工现实生活之间的鲜明反差。

“牛仔的道行”：养牛工与西部神话

与办公室文员或在屠宰场劳作的工人相比，从事牧场经营的人似乎算不上一种打工人。但尽管如此，牛仔以及他们上面的经理们其实都是打工人。在文学艺术的虚构世界里，牛仔们在很多情况下通常都以不受资本束缚，甚至是前现代的形象示人。即便是牛仔们本人，也往往以同样的视角来理解自己的工作。然而，在某些情况下，他们的行为活动其实与其他产业工人并无多大不同，他们也会罢工示威，对条件优渥的合同协议也同样充满无限渴望。耐人寻味的是，每每遇到这样的时刻，结果却往往导致牛仔与一向对牛仔群体钟爱有加的公众之间产生了隔阂。这一点也深刻地揭示了一个事实，即公众对牛仔所谓的仰慕，其实是一种附加条件的喜爱，有一定的条件。关于对牛仔的心理认知与客观现实状况之间的这种脱节，在很大程度上也反映了整体社会对肉牛经营行业以及养牛工的认识和态度。

就中层管理者的简要情况而言，与所有大公司一样，企业化经营的牧场通常也面临着同样的问题：如何让个人利益以及公司利益最大程度契合。在批评斗牛士牧场美籍经理人约翰·法维尔先生的一篇文章中，来自苏格兰的威廉·萨默维尔便针对这一问题给出了“得克萨斯版本”。萨默维尔注意到，“法维尔人倒是很聪明，但他只是为自己干事，而不是为任何股东或者远在英格兰的债券持有人干事。”[91] 对于外国投资人而言，得克萨斯州本地人是不可或缺的生意伙伴，却不能把什么希望都寄托在他们身上。

为解决这一问题，来自外国以及东部地区的投资人往往选择依靠在西部有根基的某位朋友或者老乡，让后者充当公司董事会与本地经理人之间的中间人。[92] 1890 年，当苏格兰人莫尔多·麦肯兹申请出任斗牛士牧场经理这一职位时，他漫不经心地说了一句，说自己“还在故国生活的时候就学会了养牛这个行当”。[93] 然而像麦肯兹这样的人才实在是可遇而不可求，因此很多公司无奈只能依靠一些阴晴莫测、不太靠得住的代理人。萨默维尔这个人“有点多疑臆想症”，当他托病临时提出休假时，斗牛士牧场的苏格兰籍经理们为了找一个合适的人代替他，曾经着实费了一番功夫，因为在得克萨斯沃尔斯堡市（Forth Worth），“有英格兰或苏格兰身世背景的”候选人数量着实有限。[94]

即使良好的雇佣关系，时间久了也难免变质恶化。斗牛士牧场的美籍主管亨利·坎贝尔（Henry Campbell）多年间一直都兢兢业业就职于这家公司，最终却跟公司闹得不欢而散。公司早些时候就已对坎贝尔持有保留意见，但无奈别无他人可以选择。萨默维尔与坎贝尔一向关系不和，前者指责后者不仅“不适合经商”，而且还嫉妒自己的权威。[95] 在因为一桩肉牛销售交易业务大吵一场之后，怒气冲冲的萨默维尔给苏格兰总部写了一封信，信中写道："我有权向（坎贝尔）下命令，并且希望命令能够得到遵守。"[96] 及至 1892 年，坎贝尔已经离开了公司，并把斗牛士牧场告上法庭，要求对方支付拖欠的佣金。斗牛士牧场的代理人甚至坚信，坎贝尔"为了营造公众舆论偏见"，曾向《沃尔斯堡市报》（*Fort Worth Gazette*）夸大其词，宣称斗牛士牧场周围的小规模牧场主对公司管理阶层的行为深感不安。鉴于当时得克萨斯人对外国资本以及土地所有者骤然兴起的政治怨气，这一指控可谓是相当的危险。[97]

为了打消人们对其生意的担忧，苏格兰裔经理们往往频频夸大其词，指责美籍经理人能力欠佳，给公司带来了诸多不利影响。尽管这些指责存在夸张的成分，这些经理们确实可能，而且也的确带来了某些严重的问题。大草原肉牛公司的运气就特别糟糕。多年以来，公司的美籍经理就一直在"偷偷支取着一份高达 4000 英镑的薪酬——这一薪酬标准在肉牛生意史上堪称前无先例，让我们简直成了全美肉牛行业的笑柄"。雪上加霜的是，这一事件更是加剧了苏格兰人心中因不熟悉美国牧场经营而原本就已存在的担忧。显然，当美国人得知这位经理的天价薪酬时，"他们只是耸耸双肩，轻描淡写地说道：'这些苏格兰佬纯粹就是人傻钱多'"。[98]

在与总部位于芝加哥的昂德伍德克拉克投资管理公司（Underwood, Clark & Company）的合作中，大草原肉牛公司更是麻烦不断。1889 年牧场面临破产危机时，一份提交给股东的报告中如是解释："导致公司遭此重大不幸的诸多原因之中，昂德伍德克拉克投资管理公司的诸位先生在其事务中独断专行之风的影响几乎不亚于肉牛价格下跌的影响。"[99] 调查人员传言称，昂德伍德克拉克投资管理公司长期以来一直在超额售卖肉牛。由于这家芝加哥公司与牧场只是一种短期合作关系，因此采用了一种在短期内可能回报很高，但对牧场长期发展前景极为不利的经营理念。此外，“奢靡之风……构成了公司管理过程中的一个典型特征”。[100] 受与昂德伍德克拉克投资管理公司之间轻率签下的合同所累，牧场最终只能在付出了沉重代价的条件下终止了这一合作关系。虽然大草原肉牛公司无疑是肉牛价格急剧下降以及管理水平拙劣双重因素的受害者，但公司的命运也清楚地表明，在当初主要依靠电报和蒸汽轮船的那个年代，管理好一家跨国公司是何其不易。

经理人们或许讨得了投资人的欢心，但在人们普遍的想象中，在广袤的牧场上，真正的主角却是牛仔群体。牛仔多为年轻人，主要负责按季将牛群拢集起来，（大致）清点一下头数，将牛犊打上烙印。他们也还负责为牧场越冬做好准备，骑马巡视围栏，防止小牧场主及盗牛贼侵入牧场。牛仔们负责将肉牛赶往市场，赶着牛群在不同牧场之间应季转场迁移。工作非常辛苦，报酬却很低廉。他们大多数都是季节工，冬季时节只能勉强维持生计，因为这时除了打牌娱乐，几乎别无他事可做。

伟・哈姆林・厄普德格拉夫（Way Hamlin Updegraff）出身于一个中上阶层家庭。从纽约一家农场迁往新墨西哥一家牧场之后，他学会了放牧，用他自己的话来说，“掌握了牛仔的道行”。在寄给远在纽约埃尔米拉老家的妈妈及家人的一系列信函中，他对 19 世纪 80 年代的牧场生活做了详细记录。他日常最主要的工作就是终日骑马巡牧，“从早晨六点一直到下午四点半”。[101]

掌握“牛仔的道行”，也就意味着需要完成各种各样大大小小的任务，所需使用的工具则更是五花八门。厄普德格拉夫收到了一条全新的灯芯绒裤子，非常合身，他“自然感觉多少有点自豪”，但正如他解释说，“当我想把手插进兜里，趾高气扬地走几步时，”却发现裤子上根本就没兜。他问道：“我该往哪里装指南针、火柴盒、钱包、小刀、绳子、钥匙以及其他一大堆的‘小零碎’呢？这究竟是为什么，在这荒无人烟的地方，让一个人不穿裤子四处溜达，恐怕都比裤子上没兜要更容易让人接受。”[102]

牧场上漫长的工作时间、需要密切配合的工作性质，决定了牛仔们必须结成关系密切的团体。牧场上最糟糕的灾难就是牛群突然受惊狂奔。有一次，厄普德格拉夫在讲述某次牛仔们因为牛群受惊狂奔事件而陷入激烈争吵的情况时，就曾谈到这一亲密无间的关系是何等重要。一头受到惊吓的牛突然开始发了疯似的狂奔起来，冲散了牛群，并几乎将牧场工人踩倒致伤，围绕究竟是谁的过失导致了这场灾难这一问题，几位牛仔之间爆发了激烈的争辩。厄普德格拉夫本人“跟这事没有一点关系”，但还是尽了最大努力，以便让纷争平息下来。事后，他分析说，“即使是在管理制度再健全的家庭里，或者说，即使是在管理措施非常完善、以母牛为主的前沿牧场上，牛群受惊狂奔的事件也都会发生。”[103]请注意，厄普德格拉夫在说到这事时用了“家庭”这个词，可见亲如一家、亲密无间这点对牧场工人来说是何等重要。

牧场生活虽然艰苦，但对厄普德格拉夫来说极具诱惑。尽管将他个人的观点跟大众普遍的观点截然区分开来并不容易，但当家人写信问他最终是否会返回家乡时，厄普德格拉夫在回信中写道：“我不知道自己什么时候会回去。在这里待得越久，我就越想继续待下去。我觉得在这里赚钱比在咱们东部地区赚钱机会更多——在那里我看不到自己有什么前途，你觉得呢？”[104]像厄普德格拉夫这样的牛仔，每个人都渴望有一天能最终拥有自己的牛群。

尽管有这份热情，但牧场劳工的生活确实辛苦，充满危险，而且报酬还很低。厄普德格拉夫一开始时的工资极低，尽管不久后便涨到了当时相对普遍的水平，即每月 30 美元。[105]这次涨工资让厄普德格拉夫非常开心，虽然在很多人看来这点钱实在少得可怜。1883 年的一次罢工事件中，一位警长对牧场主“居然指望他们接受每月

30 美元的工资水平”这事表示深恶痛绝。[106] 不过厄普德格拉夫本人似乎并不在意，毕竟，像其他大多数牛仔一样，他还年轻。1886 年，他在牧场迎来了自己的 20 岁生日。

对于像厄普德格拉夫一样的很多牛仔而言，即使在他们的自我认知中，似乎也弥漫着对牛仔生活充满浪漫色彩的想象。牧场工人们的自尊心既关乎他们对自身工作价值及性质的认同，同时也关乎工作本身。自幼从得克萨斯、新墨西哥或者科罗拉多农村地区成长起来的牛仔们各自对这份工作的看法可能大相径庭，但对于像厄普德格拉夫这种出身于东部地区的人来说，有关牛仔的种种传奇故事却着实有种难以抗拒的魔力，对于全美各地的人来说，似乎也同样如此。

不过有一点似乎也不容忽略，那就是厄普德格拉夫的观点所代表的很可能仅是白人牛仔的心理，毕竟，这些人心理都有着一份听起来并非异想天开的希望——在西部地区出人头地，攀上社会的巅峰。另外还有很多的非裔美国人、印第安人以及墨西哥牛仔。他们在整个牧场经营体制中同样发挥着至关重要的作用，却未必拥有与厄普德格拉夫同样乐观的前景。[107] 即便如此，他们也都是牧场工人，也都有着各自独具特色的放牧传统。这些人一样也是广义牛仔文化中的参与者，其中几位非裔美国牛仔甚至成为大众心目中的名人。比方说，奈特·洛夫（Nat Love）原先曾是名奴隶，在得克萨斯做过养牛人，后来出版了一部颇受欢迎的自传。[108] 这类作品既让牛仔生活走进了西部神话的中心位置，但同时也淡化了他们身为劳工、身为白人主宰的牧场世界中普通一员的边缘位置。

没有几位牛仔的生活像伟·哈姆林·厄普德格拉夫那样缤纷多彩、那样收获丰硕，但透过牛仔的劳动之歌，我们可以有机会对他们所生活的世界略窥一斑。这些歌谣通常都是集体创作的成果，在营地的篝火旁通过口口相传的方式得以广泛传播。在陪伴牲口的寂寞时光里、在漫无尽头的长夜里、在备受煎熬的日子里，牛仔们哼唱着这些歌谣，既是为了自我消遣和排解，也是为了抚平牲口的不安和焦躁。大多数的歌谣都以日常工作、失落的爱情为题，有些甚至并无实质性意义，但其中也有一些对牧场生活这一主题展开深入探索，或流露出对于牛仔生活正渐渐消逝的无奈，或歌颂牧场生活清苦却淳朴、充满前资本主义或反资本主义色彩的特征，抑或是刻画与美洲印第安人之间的纷扰和争端。

很多歌谣反映牛仔们或将自己最后的一枚硬币慷慨施舍，或在肉牛镇将原本微薄的薪水挥霍一空。在漫长旅程的终点，赶牛人往往会选择去“乐呵乐呵”。[109]《约翰·加纳的赶牛路》（*John Garner's Trial Herd*）结尾唱道：“牛仔的生活凄凉惨淡，但他从不把它放在心上。花起钱来他绝不吝啬，就仿佛路边随手有钱可以捡。”[110] 一位牛仔在歌中豪言宣告，“我手头大子儿没有一个，但老子毫不在意。”[111] 另一位牛仔歌手唱道，“每一次去往镇上，伙计你听我说，他们肯定会把兜里的钱花个精光。”[112] 虽然歌谣凸显了（消费）市场在牛仔生活中的重要地位，但这种野蛮消费的习惯同时也反映了一种反资本主义的价值观，因为歌中的主角们拒绝让金钱主宰自己的生活、拒绝所谓负责任的消费行为。

歌谣中怎能没有反派人物？对于牛仔们而言，这一反派十有八九非印第安人莫属。在《牛仔的沉思》（*Cowboy's Meditation*）中，吟唱者仰望星空，心内暗自思忖，“生活在那里的牛仔是否也会跟科曼奇人干仗，也会跟大平原上其他那帮红皮肤的家伙干仗？”[113] 在一首小曲中，歌者列举了牛仔心甘情愿乐意做的各种事情，唯一不愿做的事就是与“天杀的印－鸡－安人打仗”。[114] 这些歌谣再一次将肉牛产业中的工作与有关西部地区以及美国生活的基本情况关联了起来。不过，歌谣中绝大多数情节都是虚构的。除却极早期时少数定居者、牧场主以及牛仔之外，真正与印第安人打过仗的人并没有几个。截至19世纪80年代，绝大多数养牛工都基本已经与印第安人战争没有任何瓜葛。

行将消失的牛仔是个非常流行的主题。《一位牛仔的祝酒词》(*A Cowboy Toast*)礼赞“消逝的牛仔、耕田人的先驱”。[115] 在《篝火已然熄灭》(*The Camp Fire Has Gone Out*)中，讲述人哀叹“随着铁路不断推进，我们的行业已成过去。”[116] 这些歌谣掩盖了牧场经营行业当时的现实状况；大规模赶牛行为之所以能够存在，首先是因为牧场主可以通过早已存在的北部铁路线将其肉牛运往东部市场。其他一些歌谣则更多关注一种广义的生活方式的消逝，比如，其中一首哀叹“与天神合伙共有”的土地已经消失，如今剩下的仅仅只有“地产”。[117] 有本书专门探讨牛仔之歌，其序言更是进一步强化了上述观点，其中哀怨地写道:“自耕农定居者来了，而且不再打算离开。野牛、印第安人的呐喊，还有辽阔大平原上免费的牧草，全都已成为过眼云烟。”[118]

《最后的长角牛》(*The Last Longhorn*)也基本沿袭了类似的思路，行文看似意在感伤这一品种的牛行将消失，意蕴实则更加宏阔，旨在感叹开阔辽远的牧场生活已经渐行渐远。歌中的讲述人对新引进的肉牛品种充满鄙夷，认为“所有这些泽西种、所有这些荷斯坦种，统统都不是我的朋友。他们只属于生活在海水对岸的那些豪门贵族。”过去的日子里“曾经草肥水美，但可惜如今好景已不再”。因此对于长角牛而言，“它们曾经的荣光也只能日渐暗淡，直至最终消逝。”[119] 歌曲将牛仔的生活方式与长角牛的生活习性关联起来，借19世纪末期这一品种的衰落比兴，感叹歌者眼中所见的行业变迁图景。[120]

不过话说回来，这些歌谣同时也体现了歌者对牛仔神话形成过程的某种自觉。《听他讲述这一切》(*To Hear Him Tell It*)对牧场行将消逝这一观点进行了的犀利嘲讽。歌者偶遇一位老人，后者向他讲述起往昔牛肉价格高涨的日子，那时还没有铁路货运，一切的改变都还不曾发生。老人絮絮叨叨、没有停歇，只听得歌者“头疼难耐”。歌曲最后一节点中主题：“我不会一味赞扬那些讲古的人，来，跟我喝上一杯，听我讲讲牧场往事，追忆（18）73 年那段时光。下一次再感觉口干舌燥、情绪低落时，我会径直进来点上一杯自斟独饮。听我说，我说到做到。”[121]

多首歌都对东部地区盛传的牛仔神话的“魔力”进行了尖刻的挖苦和讽刺。在《失意的新人》（*The Disappointed Tenderfoot*）中，一位来自东部地区的年轻人像伟·哈姆林·厄普德格拉夫一样怀揣梦想，翻山越岭来到西部，只为追寻一种地地道道的牛仔生活，却发现“西部人都去了东部……所有这些都只是发生在帐篷之下。”[122] 诸如《凄凉悲苦的生活》（*The Dreary, Dreary Life*）之类的其他一些歌谣则对非牛仔群体中广泛流传、以为养牛人的生活既轻松又惬意的这一想当然的看法予以了批评。[123]

19 世纪末、20 世纪初，这些歌谣存在于一个交汇口，一端是牛仔们自我觉醒的意识，一端则是公众对牧场生活的消费。民族音乐学者约翰·洛马克斯（John Lomax）在这一地区进行了广泛收集，对很多幸存下来的养牛人之歌作了编撰整理，并精心选择了不同的歌曲和主题，以尽可能全面地呈现给更广泛的大众。[124] 歌曲创作与其在大众间的传播两者相互交织、互为促进，这才是至关重要的一点。西部神话诞生于商业大潮驱动下的一场互动，一方是西部自身讲述的故事，另一方则是东部地区读者以及听众的欣赏品位。或许最为重要的是，这些歌曲的流行有助于解释：为什么人们极不愿意将牧场经营视作一个资本主义的进程。另外，正如我们下面将发现的那样，牛仔如果以与产业工人一样的方式行事，为什么会在公众心中引发广泛的不安情绪？

从当今的视角来看，我们很少会像看待《屠场》中的主人公、屠宰场工人哲尔吉斯·鲁德库斯（Jurgis Rudkus）那样来看待牛仔。

但牛仔们确确实实也都只是一种类型的劳工而已。大个子比尔·海伍德（Bill Haywood）是“世界产业工人”组织的奠基人之一，也曾经做过牛仔。据他晚年回忆，“根本不像电影、通俗小说或者世界博览会上所反映的那样，牛仔的生活并非充满了欢乐和冒险。”相反，牛仔的生活“凄苦且寂寞”。[125] 不过，不同于矿山和工厂里的工人，牧场劳工往往居住得十分分散，组织起来存在很大困难。但在企业化牧场经营的那段时间里，也并非没有爆发过牧场劳工暴动。当牛仔们与其他任何一个行业的工人一样揭竿而起之时，你才会惊讶地发现，传说中的西部神话与行业的现实状况之间距离原来竟是如此之远。

1883 年初春，得克萨斯锅把地带 LS、LX、LIT 等多家牧场的员工举行罢工，要求增加工资、改善待遇。[126] 参与罢工的人数有两三百人。他们之所以选择在春季大清点之前几周提出要求，原因之一就是这一项工作对时间非常敏感，进而意味着管理方将处于被动地位，很难与他们讨价还价。牛仔们在牧场上扎起营地，威胁称如果有人试图引进外来劳工，他们将进行暴力反抗。[127] 他们要求将薪水从每月 30 美元提高到大约 50 美元。[128] 此外，对于牧场伙食以及咖啡的质量，他们也都是怨声鼎沸。

牛仔们心中的怨气，与前文提及的大、小牧场主之间无尽的冲突也有着脱不开的干系。[129] 很多帮工都拥有他们自己的小牛群，尤其是在牧场经营业繁荣兴旺的那段时间里，大牧场主总是想方设法希望把这些小牧场主排挤出局，并且禁止其牛仔和雇员拥有自己的牛群。这期间也曾不断有人做出努力，希望把工人组织起来。比方说，科罗拉多的劳工就曾尝试把大家的薪水集中起来，用于购买属于他们自己的肉牛，然后组建一家牛仔肉牛公司。但通常而言，养牛工人很难真正建立起属于自己的牛群。[130] 19 世纪 80 年代，随着带刺铁丝围栏及私有土地制的快速普及，大片的牧场被围栏圈占起来，致使这一原本就紧张的关系更是变得雪上加霜。

罢工者抨击企业化牧场改变了行业格局。分析这次罢工事件时，当时一位观察人员曾评论道："像约翰·祁苏姆（John Chisum）、查理·古德奈特这样一批早期的养牛人都是真正的汉子。他们会跟手下的牛仔一样亲自出去放牧；干活丝毫不比牛仔们干得少，与他们吃同样的伙食。他们手下的牛仔们宁愿累死在马鞍上，也绝不会发牢骚和抱怨。再瞧瞧我们现在都是些什么人，一帮有组织的公司而已。"[131] 这一批评虽然未必完全靠谱，却非常有效。公众对外国资本心存怀疑，时不时会掀起一阵波澜，如主张出台法案，对得克萨斯当时颇为风行的外国人拥有土地所有权的现象予以限制。继企业化牧场走向衰落之后，同样的逻辑也曾被用于对小型牧场实行限价措施。[132]

这场罢工很快便成为全美媒体关注的焦点。人们对待罢工者的态度有褒有贬、莫衷一是，不过多数报道反映，民众对有组织劳工普遍不大认同。公众对牛仔们像产业工人一样的行为深感不安。媒体报道往往尤其强调罢工者的暴力行为，尤其是针对私有财产以及潜在"工贼"的暴力。与此一脉相承，很多文章反复强调，假如陷入"无法无天"状态，各种潜在的威胁将会何等严重，如纵火、剪断围栏、屠杀肉牛，等等。[133]

不过也有人对牛仔们表示同情。某些报纸希望达成"妥协"，而西部一些报纸则重点强调，牛仔是门技术性很强的工种，不大可能找到合适的人手取代他们。《拉斯维加斯日报》（*Las Vegas Daily Gazette*）对牛仔大加颂扬，认为他们是"锅把地带的骄傲……外行人很难代替牛仔的位置，原因很简单，前者不具备从事这一行的专业知识和技能。"[134] 锅把地带的工人非常熟悉当地的地理地貌，了解"这一方的总体风土人情"，即使是在至为恶劣的环境下，也能搭起营地努力生存。

循着似曾相识的故事发展路径，国家力量再次选择了站在管理者一方。政府出动了得克萨斯巡逻力量——得州骑警，以保护罢工反对者以及养牛人的财产。[135] 同牛仔以及有关得克萨斯的大多数事情一样，得州骑警的现实状况也与有关他们的诸多传奇矛盾重重。他们通常被誉为维护秩序的力量——针对的对象主要是印第安人及土匪——但同时也发挥着与纽约、芝加哥等地警察大体类似的功能，即在罢工发生时捍卫财产利益。巡逻力量“为了维护秩序，可以动用一切可能的手段。”[136] 假如局势失控，牧场主还会要求州民兵或联邦军队出面干预。

最终并未出现暴力对决。罢工最后只是不了了之，或许是因为慑于牧场主一方的武装力量，或许是因为他们的工作很容易就会被人取代。虽说好的养牛工人确实不容易找到，勉强能够胜任工作的人手却堪比过江之鲫。更何况，那些真正有经验、或许有资历和信心将抵抗运动持续推进下去的人已经被打散。无论在任何一个地方，在人手供应方面并无所谓的“临界数值”；即使在旺季，一家拥有 50000 头肉牛的牧场需要雇用的人也不过 50 人左右。[137] 这一现实加剧了将工人有效组织起来的复杂程度，致使罢工最后无果而终。

据史学家鲁斯·艾伦（Ruth Allen）分析，罢工不单是待遇恶劣所导致的后果，在牧场企业化经营的那段时间里，牧场劳工的待遇其实并没有变得更糟；相反，真正的原因在于，牛仔们坚信外国投资以及围合牧场的行为改变了该行业的面貌。[138] 牧场企业化经营威胁到了牛仔们眼中所理解的行业本质特征。归根结底，它反映了牧场工作的复杂性及传奇性：这既是一个剥削深重的工薪行业，同时也是整个西部神话体系的核心、是独立男子汉人格的一种标志。[139] 无论是伟·哈姆林·厄普德格拉夫的诸多作品，还是 1883 年罢工运动的失败，再或是养牛人之歌的创作，都深刻地反映了牧场劳工巨大的象征性力量，也反映了他们的边缘地位。尽管养牛人之歌帮助牧场工人找到了自身工作的意义所在，但同时使牛仔们自身以及公众都越发很难将他们视作一般的劳动工人。在牧场上，对自身所从事的工作大加颂扬的渴望，也使当事人越发难以认识到自己深受盘剥、身处社会边缘的境遇。

借用厄普德格拉夫的说法，“牛仔的道行”这一点之所以值得重点关注还有另外一方面的原因。从根本上来说，养牛工作事关人、地理、动物三者之间的生态关系。这些关系共同创造了牧场经营系统，因此，见微知著，这一系统的兴起和运作都可以通过每一家牧场日常经营的状况反映出来。研究牛仔们从彻夜守护牛群到年复一年为牛犊打烙印的琐屑工作，对深入了解人在这一营利性生态系统中所处的地位有着非常关键的作用。[140]

人心不足酿灾殃：严酷的寒冬与行业的崩塌

每年春季，斗牛士牧场那些远在苏格兰总部的投资者和经理们都会忧心如焚地等待威廉·萨默维尔从前方传回的消息，迫切希望知道牛群是否安然无恙地度过了前一个冬季。假如没有萨默维尔的来信，投资者们获取消息的唯一渠道就只能是报纸上那些零零散散的奇闻轶事或者末日将至的惑众危言。1886 年冬季，斗牛士牧场的牛群平安无事，顺利越冬，不过，牧场的美籍助理经理亨利·坎贝尔却是忧心忡忡，担心“报纸上有关近期严寒天气对牲畜的影响的报道可能在斗牛士牧场的股东之中引发恐慌”，于是答应随时向萨默维尔汇报情况，以便后者可以及时将相关情况转告苏格兰总部。[141]

1888 年，从萨默维尔那里传来的尽是糟糕的消息。他解释道，“刚刚过去的这个冬季里，我们遭遇了从未经历过的严重损失；因为，在以往正常巡视牧场的旅程中，我从来没有像这次一样见过如此多的死牛。”[142] 严酷的冬季让我们损失了最为珍贵的牲口：处于哺乳期的母牛。如萨默维尔所解释，成年公牛基本可以依靠自身的力量熬过来，牛犊“除吃以外别无他事”，因此“也基本完好地挺了过来”。母牛却在哺育牛犊的过程中日渐衰弱，没等到早春来临就都已经变得极度虚弱，常常被困在融雪形成的泥潭中不能自拔，直至活活饿死。[143] 由于这些牲口都处于黄金育龄，因此，它们的损失对牛群数量也会产生严重的长期影响。

就在这年冬季之前，牧场经营行业刚刚经历了有史以来最为严酷的两个冬季：南部平原在1885—1886年那个冬季极为寒冷，而在北部平原，1886—1887年那个冬季几乎让怀俄明、蒙大拿乃至整个北部平原地区的各家牧场都遭遇了灭顶之灾。[144] 据历史传说，这几个冬天寒冷彻骨，几乎让整个大平原地区的牛群遭遇团灭，同时也将整个行业送上了穷途末路。星星之火，最终导致了企业化牧场经营行业衰落的燎原之势。

严酷的冬季始于干旱的夏季。天气干燥也就意味草的长势不旺，火灾隐患也随之升级。举例而言，1886年7月，伟·哈姆林·厄普德格拉夫抱怨说他们仅仅得到了“三场毛毛雨”，如果气候还继续像前一年那样干燥，“后果恐怕将会非常非常严重，因为牛群已经几乎啃光了方圆好几英里范围内的牧草”。[145] 南部平原在前一年、北部平原在1886—1887年冬季之前的那个夏季也都刚刚经历了类似的情形。[146] 严重的旱灾不仅导致了牲口渴死、饿死的即期影响，同时也带来了长期的破坏，因为饥饿的牛群已将草原啃得寸草不剩，进而彻底毁掉了牧场。[147]

这两个冬天里均有大批牲口冻饿致死。成群的肉牛为了找到遮挡寒冷的地方而紧紧贴在围栏上，就那样被活活冻死。为了躲避彻骨的寒风，牛群在绝望之中砸开河面厚厚的冰层，结果致使整群的肉牛被淹死冻死。[148] 为了保护牛群，牛仔们骑着马在冰雪覆盖的原野上不停奔走，直至马蹄都被磨得血迹斑斑。[149] 在堪萨斯，铁路员工不舍昼夜地连轴工作，只为能将因躲在铁轨切口处避风而死掉的肉牛尸体及时清理出去。[150] 即便幸存下来的牲口，也大多瘦骨嶙峋，很难在短时间内恢复到可上市销售的标准。[151] 回顾这一灾难时，《经济学人》以沉郁的语气解释道："虽然牛群可能连续几年顺利越冬，数量不会有太大损失，但很可能随后一个极端严寒的冬季突然来袭，一夜之间就会让数以千计的牛丢掉性命，多年经营积累下来的利润也随即一朝之间荡然无存。" [152]

来自蒙大拿的牧场主格兰维尔·斯图尔特将这场灾难与牧场经营历史长河中长久以来一直在回响的另一宏大信息关联了起来。据斯图尔特解释，"鉴于此前肉牛牧场养殖行业的规模之大，这也为该行业敲响了丧钟。" [153] 斯图尔特之所以如此讲，一方面意在谴责企业化牧场经营的做法，另一方面也意在服务于他希望讲述的一个故事，以说明该产业是如何汲取前车之鉴、转而走上了一条相对更加理性、更加健康的发展模式的。与他的这一观点遥相呼应，史学家们无意之间也进一步巩固了一种过于简单化的解释思路，忽略了企业化经营时代与接踵而至的那个时代两者之间一脉相承、有好有坏的诸多相似之处，如环境退化、劳工剥削、业务方式，等等。[154] 举例而言，大卫·惠勒（David Wheeler）的观点甚至更加激进，认为 1886 年的那场暴风雪"只是压死骆驼的最后一根稻草，对于如此一个贪心不足的行业来说，即使没有遭遇这几个严冬，也注定终会走向毁灭。"[155] 对于牧场主以及史学家而言，这几个寒冬共同构成了该产业历史上的转折点。

不过，这几个冬季构成一个非常奇怪的转折点，最首要的原因是这几个冬天的实际情况极有可能并不像传言中所宣称的那么糟糕。自寒冬首次出现以来，学者们对牧场过载程度究竟有多高这一问题一直心存疑问。近期的某些研究结果更是对这一观点提出了尖锐的质疑。近年的批评者之中，最有代表性的人物包括兰迪·麦克费林

（Randy McFerrin）以及道格拉斯·威尔斯（Douglas Wills）。在其《谁说牧场存在过载问题？》（*Who Said the Ranges Were Overstocked?*）一文中，两人指责先前的学者选择性地接受目击证人的证词，而且所选证词往往还自相矛盾，这只是为了支持他们所谓的环境退化论或“贪心不足论”（此处引用惠勒的说法）。[156] 用于支持牧场过载说的证据非常零散，主要原因包括两方面：其一，当时针对牧场载畜量的系统性研究非常缺乏；其二，有关恶劣的严冬究竟产生了怎样的影响这一方面的准确证据非常稀少。虽然有明确证据表明，某些地区尤其是西南部地区确实存在过载和土地退化等问题，但证明整个大平原地区都存在过载问题的可靠证据数量非常有限。[157]

关于第一点，截至 19 世纪 80 年代，大平原上高度密集的肉牛牧场经营活动充其量只存在了短短几十年。根据牧场经营管理文件，人们通常都把继 19 世纪 80 年代连续寒冬之后大批涌现的出版资料视作这一领域研究的起点。[158] 即使以野牛种群数量作为参照基础的做法也有问题，因为有证据表明，野牛在条件极为恶劣的季节里，也有啃光草场然后在接下来的冬天里大批死亡的情况发生。这就对牲畜过载这一观点本身提出了质疑（土地是否存在一个不受人类影响的“天然”承载力，如果存在，又是在何时、在何地曾存在过？），然而，保守点说，牧场主用于支持其观点的证据或经验显然非常有限。[159] 毫无疑问，牧场上肉牛的种群数量确实有显著增长，但能够证明这一增长大大超过了土地承载力的证据非常有限。

关于第二点，如“面积之辽阔，堪比整个约克郡”那一节所述，究竟有没有一个人对牧场上实际放养着多少头肉牛能够做到心中有数，这一点恐怕很难说得清楚。1886 年，《养殖人报》曾大诉苦水，抱怨说总有人请报社给估算一下头年冬季的损失状况，殊不知“这完全就是一项不可能完成的任务。这点就连牧场主他们自己也做不到……一切都全靠推测估算，因为在任何一个时间节点，他都根本不了解自己所拥有的肉牛的确切头数。”[160] 仅清点一家牧场的牲口数量都尚且如此困难，更何况要估算的是西部广袤地区肉牛的整体种群数量！D. E. 萨尔蒙（D. E. Salmon）是畜牧产业局首任主管，曾希望就“美国牛肉总供应量”这一问题向公众提供一个精确的数字，在文章的开篇，他就首先总结道：“有关牧场上肉牛的数量，很可能从来就没人能够拿出来一份确切的数据……几乎所有的估测数据都和真实情况相去甚远，而且极有可能，其中每一个数据都跟真实数据相去甚远。”[161] 1885 年，得克萨斯的牧场主乔治 · 洛文曾估测，得克萨斯州牧养的实际肉牛头数比官方统计的数字恐怕得高出 200 万头，因为“在我们的那些大型牧场之中，没有几家在进行税务申报时会如实、足额申报所拥有的肉牛数量，甚至很可能没有任何一家会这么做。”[162] 这也就意味着，当时既存在夸张虚报的可能性，同时也存在这样做的动机——掩盖自己的贪婪本性或掩盖自己的平庸无能，某些不择手段的牧场经理人可能伪造肉牛损失数量。实际情况极有可能如下：确实有过连续好几年极不寻常的严酷寒冬，而且寒冬确实给某些牲畜数量高度密集的牧场打了个措手不及，但这一切所导致的牲畜死亡率并不像他们所声称的那么高。针对每一份充满悲情色彩的统计报告，媒体都会有一篇观点截然相反的报道：“不仅在我们这个国家，就连在得克萨斯，有关肉牛损失的数据都存在极大水分。”[163]

尽管有可能那几个冬季确实不像很多人所宣称的那么糟糕，但这并不意味着奥斯古德（Osgood）、戴尔（Dale）、惠勒等学者的观点就完全大错特错。严酷的寒冬确实让这一产业惨遭浩劫，但那只是因为这几个冬天揭穿了很多企业化经营的牧场所编造的造富神话，当时肉牛价格长期滑坡的这一大背景，更进一步引发了普遍恐慌情绪，最终导致了这一产业的彻底崩塌。依照这一解读思路来看，借惠勒的表达来说，严酷的寒冬可能“只是压死骆驼的最后一根稻草，如此一个贪心不足的行业注定终将会走向毁灭”。不过，这一评论也同样既适用于波诡云谲、风云动荡的金融市场，又适用于西部地区严酷的生存环境。

如前文所述，在 19 世纪的牧场经营行业，不稳定性和利润曾好比是一对不分彼此的上下铺兄弟。利润源于大撒把式的牧养方式，放任牛群在牧场上自由徜徉，在这一方面越是敢于冒险，有望获取的利润也便越高。因此，问题的关键不在于你无法与自然讲理，而在于这是牧场经营过程中不得不选择的经营之道，即便是为了确保拿到资本，你在牧场简介或给投资人的报告中只能违心地另讲一套，事实也依然如此。[164]

虽然某些经营管理体系相对健全的牧场可以求得自保，在这些灾难性的寒冬里暂时得以幸免，但一旦数量众多的牧场遭遇了经营困难，那么整体行业飞流直下、千钧齐倾的颓势也便拉开了序幕。首当其冲的便是那些步履维艰、苟延残喘的牧场，因为投资人、债权人为了挽回损失，势必向经理人施压，要求后者即刻开始清算和变卖牛群。成千上万头的肉牛被赶往市场，并以跳水价位抛售。举例而言，仅 1887 年一年，便有将近 70000 头肉牛离开怀俄明走向了市场。[165] 在这一局势之下，经营状况相对良好的牧场也不得不加入惨烈的价格战，因为走投无路、濒临破产的牧场几乎已经被逼到了给钱就卖的境地。

正如牧场主乔治·泰恩怒气冲冲所言：“外行人三四年前蜂拥而至，那时的肉牛价格高得有多离谱，今天的价格就低得有多离谱。如今，这拨人又开始推波助澜，再次严重压低了市场，因为他们都在迫切地要求其代理抓紧售卖，以筹集资金。”这一局面严重伤及了泰恩的牧场，因为“对于肉牛牧场经营行业而言，1887 年可谓是一个强制清算的年份。如果我们现在也被迫加入竞争，不择手段地将大批肉牛抛向市场，那将是一件非常不幸的事情。”[166] 泰恩倒是还等得起，那些无奈参与了大甩卖的牧场主却发现经营状况极度艰难。[167] 斗牛士牧场的一位合伙人在丹弗拼命希望把牛卖出去时，曾在发回给总部的一份电报中称，“简直就是地狱”，还特地在下面加了下划线以示强调。他希望经理们直截了当地告诉他，所能接受的最低价位是多少。[168] 过失明明在于那些经营不善、行将破产的同行，市场却将问责的板子打在那些经营状况良好的牧场身上。

1886—1887 年北部平原那个灾难性冬季之后，西部地区牧场主整体都陷入步履维艰的境地。这一事实表明，这一新兴的全国性牧场经营体制注定面临巨大风险。得克萨斯的牧场主们已变得严重依赖于怀俄明、蒙大拿等北方牧场的市场需求，后者对一岁大的得克萨斯肉牛的需求极为旺盛。这些北方牧场凭借北方肥美的牧草，用一到两年时间就可将肉牛养得膘肥体壮，随后再销往芝加哥。随着这些牧场纷纷倒闭歇业，得克萨斯牧场主们也便失去了买家。泰恩向一位合作伙伴抱怨称 1886—1887 年蒙大拿连续多场暴风雪“摧垮并抑制了”市场对得克萨斯肉牛的购买需求，“价格根本无法与以前的水平相比”。[169] 北部牧场恶劣的寒冬在数千英里之外的地区同样引发了恐慌。这一遍及整个美洲的牧场经营体制性质非常复杂，本书第三章将对此进行集中讨论。

弗兰克林土地与肉牛公司的遭遇便清楚表明了肉牛市场恶化时大型牧场可能面临的境况。该公司于 1881 年由一批英国投资人创立，首创之初，曾拥有逾 60 万英亩的土地，融资一度超过 100 万美元。凭借这笔雄厚的资本，牧场经理人从得克萨斯锅把地带的小牧场主手中购进了大批小型牛群及小型草场。顶峰时期，牧场拥有的肉牛数量曾达到 7 万 ~10 万头。[170]

牧场起步时曾发展得顺风顺水，但不久之后形势便开始出现逆转。1886 年年末，当弗兰克林土地与肉牛公司变得资不抵债时，作为投资人的代表，乔治・泰恩面临着一个极为艰难的财务抉择。以往糟糕的经营管理使得牧场濒临破产，将泰恩摆到了一个他人唯恐避之不及的位置上。他必须平账，算清必要的支出，以判断还有多少投资人将有可能为这家行将就木的公司提供资金。据他写道，“做衣服时你还可以量布裁衣。要是有人能告诉我究竟有多少布可供使用，哪怕只是一个大约数字，我都将感激不尽。”如果投资人就连改善牧场条件、帮助牲口顺利越冬所需要的区区2000美元都不愿负担，那么恐怕“就只能一半寄望于老天，一半寄望于今年冬天不会过于严酷”。毕竟，“贫寒人家，只能用贫寒的法子度日。”[171] 随着整个西部地区的牧场都开始偷工减料、赌博冒险，它们也都更多地暴露在了严酷寒冬的风险之下。然而，对于经验丰富的牧场主来说，这一局面也蕴藏着很多机遇。1887年6月，泰恩写信给总部，就与JA牧场的查尔斯·古德奈特之间的一笔交易发表了意见。显然，古德奈特已经对肉牛市场进行了广泛的考察，并提交了一份“价格方面并不乐观的个人意见”。但泰恩心里有自己的盘算，因为“古德奈特知道我们的牛质量很好；在适应当地环境方面自然不在话下，可以非常方便地赶到他自己的牧场。他知道我们迫切希望卖出肉牛，这一点我们也承认，而且他也知道，为了能够立刻、彻底退出肉牛生意这一行，稍微付出一些牺牲我们还是能够承受。”尽管他的确是位令人敬重的牧场主，“但古德奈特先生所从事的是母牛（养殖）生意，在这一行里，如果一个人自己都不知道小心保护自己，老天才不会偏爱他呢”。[172] 最终，弗兰克林土地与肉牛公司决定不把肉牛卖给古德奈特，决心继续强撑下去，等待价格再次回升。

这几个严酷的寒冬的确引发了恐慌情绪，最致命的问题却是长期持续下滑的肉牛价格。19世纪70年代市场刚刚进入繁荣兴盛期时，肉牛的价格相对较高。等到1885年前后，当西部围栏牧场挤满了肉牛之时，价格已经开始回落。1885年11月，威廉·萨默维尔曾如此描述，芝加哥肉牛市场从当季“开初时就非常疲软”。[173] 早在1885

年刊发的一篇有关该产业状况的综述中，《经济学人》就已有过分析，认为“肉牛低廉的价格回报”正在伤害英国投资人的利益。[174] 及至 1886 年年初，堪萨斯市以及芝加哥肉牛的价格降到了“前所未有的低点”，而在 1887 年，芝加哥商品交易所（Chicago Board of Trade）报告则宣布，相比 1885 年本来就已十分低迷的价格水平而言，每头牛的价格又进一步下降了将近 2 美元。[175] 斯旺土地及肉牛公司（The Swan Land & Cattle Company）亲身见证了肉牛价格大跳水，由 1884 年平均每头 40 多美元锐减至 1886 年、1887 年的 26 美元。[176] 1888 年，根据萨默维尔的描述，芝加哥市场“已彻底沦丧”。[177] 事实已经变得非常显然，一度支撑牧场经营行业繁荣局面的高价位其实只是一场自说自话、自编自演的闹剧。受肉牛价格将长期居于高位这一允诺诱惑，世界各地的投资者纷纷进入这一行业，而价格之所以能够保持高位，是因为牧场主有机会将一岁大的肉牛轻松转手，卖给迫不及待希望给自己的牧场填充肉牛的新建牧场主，而后者则寄望于日后以更高的价格卖给更晚入行的牧场主。

更糟糕的是，一旦恐慌情绪汹汹袭来，局面往往显著有利于买方。等到养牛人长途跋涉将肉牛运到堪萨斯市或芝加哥时——而且很可能参照的还是老旧的报价信息——他们便成了迫不及待、急于出手的卖方。买方享有更大的灵活性，牧场濒临破产导致肉牛供过于求，由此形成了一个买方市场。即便到了 19 世纪 90 年代初价格回暖之时，整体局面依然非常艰难。其他的价格波动也可能导致类似的问题；继玉米价格短期内激剧上涨、致使肉牛催肥行业的成本骤然飙升至令人望而却步的程度之后，催肥业从业者便开始急迫地将肉牛赶往市场，以致所有的牛“都只能以对买主有利的价位出手”。[178] 当时卖方人数众多，而且，即使是规模庞大的公司化牧场，在芝加哥肉类加工厂面前也相形见绌，进而使得局势几乎陷入了一种无望、无助的状态。

尽管如此，牧场经理人们心里却永远充满乐观。固然，价格近来比较低迷，但暴涨的曙光就在前头。即便是在市场状况至为糟糕的情况下，这一思路也可以用来抚平投资者心中的焦虑。拙劣的行业业绩表现，最终反倒成了价格终将复苏的证据。如果说有那么多牧场都在对其牛群进行破产清算，那么肉牛短缺的局面不久之后肯定便将到来。在一篇篇幅很大且极具见地的文章中，XIT 牧场的经理约翰·法维尔深入分析了导致肉牛价格全面崩溃的错综交织的因素，在文章结尾，作者总结道："这些因素将导致如此众多的牧场破产，因此，明年各种来源的肉牛供应将大幅减少，整个行业中，所有负责任的养牛人的共识，就是明年的价格毫无疑问将会大幅升高。"基于此，他错误地相信，"毋庸置疑，公司的上策就是在下一季到来之前继续持有肉牛，尤其是因为就当前情况来看，预计冬季时牧场上牧草和水的状况都非常看好。"[179] 在提交给大草原肉牛公司投资人的一份总体基调偏向悲观的报告中，约翰·斯图尔特·史密斯（John Stuart Smith）陈述了自己的观点，表示坚信"市场当前正在遭遇双面夹击"，而肉牛短缺的状况也就意味着，不久之后，熬过这段寒冬幸存下来的牧场将有望收获高价带来的巨大收益。[180] 日后事实证明，他的判断非常失误。尽管价格最终稍微有所恢复，但企业化牧场经营的日子总体已经走到了尽头。

小结

1890 年，繁荣的景象已然谢幕。承担了最大的风险之后，规模最大的牧场结果却沦为了最大的输家。1886 年，弗兰克林土地与肉牛公司面临一桩抵押止赎诉讼。斯旺土地与肉牛公司于 1887 年被接管并进入破产清算程序。[181] 合计来看，截至 20 世纪初，英美联合经营的（肉牛养殖）企业总损失已达到大约2500万美元。[182] 来自东部地区的投资人也同样损失惨重。尽管有几家跨国牧场一直存续到20世纪（斗牛士牧场一直到第二次世界大战时才被卖掉），但也都已经不再是人们趋之若鹜的投资对象。[183] 规模相对较小的家庭牧场或小型合伙牧场渐渐成为主角。[184] 在冬季用干草喂养肉牛取代了常年散牧的经营方式。随着小型牧场经营成为常态，农场主和牧场主二元分立的截然界线逐渐瓦解；很多人都同时身兼两业。[185] 虽然利润相对低些，但做这类生意的人所承担的风险也相对较低，进而促使这一行业变得虽然相对边缘化却更加稳定。[186] 尽管进入19世纪90年代之后肉牛价格有所回升，但牧场经营行业整体已经风光不再，再也未能恢复到19世纪80年代期间曾有的规模。

在企业化牧场经营的批评者眼中，这一行业的垮塌更加进一步证实他们长期坚信的一种观点，即将大企业与牧场经营混为一体非常危险。早在1886年,《养殖人报》就曾发出预言，或者说发出希望,“大量人口都希望争取拥有一片自己的土地并自食其力的愿望，终将战胜当前普遍存在的不平等局面”，进而打败那些“以某一位经理人或主管为代表的大型肉牛养殖公司”。[187] 行业大崩溃之后，后继的牧场主们人为构建了载畜量过度的故事版本，并将之归结为这场灾难的罪魁祸首。这些人士以牛仔传奇及开阔牧场为依托，打造了一种全新的牧场经营理念——将导致过去的牧场经营体制走向衰落的原因追溯到东部（乃至更糟糕的外国）资本的腐蚀性影响。这一全新理念将家庭、地方主义以及传统移至前景，摆上了非常显著的位置。[188]

虽然牧场经营行业的垮塌是一个宏观层面的事件，它却源于牧场经营微观层面的经营流程。所谓牧场，其实就是人们为了追逐利润而人为打造的一种生态系统。在探索将以野草为食的牛类转化为可供销售的人类食品的过程中，牧场主和肉牛逐渐取代了原先曾栖居于此的游牧民和野牛。不过，这一系统永远也不可能完全成为一个纯粹的人工系统——一家专门从事动物肉类生产业务的工厂。所有的牧场主都清楚，赢利的机会有赖于确保“自然增殖”。因此，牧场构成了一个充满矛盾张力的生态系统：它一方面有赖于人们积极主动的创造和维护（正如牧场主对野狼、草原犬鼠无休无止的抱怨所示），另一方面又不得不遵循大自然固有的运行规律。这一矛盾张力甚至还体现于肉牛的哺育过程中，因为“改良品种”的现实需要与保持肉牛“皮实的特点”这一强烈愿望两者之间始终存在着矛盾和冲突。[189]

在这一体系中要想赢利，就不可避免地需要利用不确定性。必须允许肉牛在开阔的牧场上自由徜徉、自由觅食，活动范围远超养牛人视线所及范围。然而投资人要求提供的却是确切的数据。这一点构成了 19 世纪牧场经营行业所面临的核心冲突。为了维持正常运营，这一体系中的利益攸关方不得不借助于某些手段，以掩盖这一冲突。尽管存在一些根深蒂固的问题，整牧场移交等清点方法，以及牛群登记簿等文件却又不得不被当成精准的记录（方法）来予以使用。牧场经营实践中的微观操作惯例与投资方宏观层面的需求相互脱节，对企业化牧场经营体系构成了致命一击。

严冬（及干旱）进一步导致了更大程度的不可预见性。假如每一个季度的情况都大体相似，那么，诚实的经理人就可以在计算利润时将其影响考虑进去。然而，投资人、经理人的记忆都非常短暂，在考虑赢利预期时，往往单单选择气候相对温和的冬季作为参照基础。大平原地区变化莫测的气候条件不仅与投资者的心理预期形成冲突，而且也与投资及商务活动的核心要素（稳定可靠且可量化的投入）相抵牾。

（自然）景观是如何实现与商品市场融合的呢？这一分析和叙事的思路凸显了其中的某些重要方面。对“整牧场移交”经营惯例的关注表明，一开始将（自然）景观融入经济体制中时，以粗略但有说服力的方式将生态系统的价值呈现给投资资本家的能力至关重要，其重要性甚至胜过实际改造（自然）景观的能力。整牧场移交方法之所以能够成为一种虽然问题重重，却又行之有效的行业惯例，正是得益于粗略估测的方法，而恰恰正是后者使资本流通成为可能——尽管其之所以具有可靠性，与其说是反映了生态系统的现实状况，毋宁说是体现了投资者心中一种虚幻的愿望。充分理解为什么整牧场移交能够赢得认可而其他方法则行不通，将有助于解释清楚生态系统翻天覆地的改变是如何实现，又是何时实现的。

企业化牧场经营行业的兴衰对“肉牛－牛肉联合体”的形成起了决定性作用。随着这一行业日益繁荣兴盛，平原地区肉牛产量也激剧增长，从而导致肉牛价格长期持续走低。这一趋势构成了最为关键的影响因素，使牛肉日益走向美国人餐饮结构中的中心位置。继企业化牧场经营模式走向崩塌之后，牧场主中的后起之秀们开始推广一套属于他们自己的经营愿景和理念，声称这才是地地道道的美式经商风格：人们可以在大平原上自由自在地辛勤劳动，不再受大企业的盘剥，不再为又脏又累的工薪制度所牵累。[190] 此外，作为19世纪大型企业以及充满剥削的工薪制度的最典型代表，芝加哥肉类加工厂日后也将借助这一神话体系来营销其产品，以伊甸园一般的西部田园风情为卖点，来装点其牛肉罐头包装及商务名片。

19世纪80年代企业化牧场经营行业走向衰败的关头，刚好也正是芝加哥肉类加工大厂蓬勃兴起的时刻。后者借助新兴的冰箱冷冻技术，开始在全美范围内分销其产品。这一巧合也有助于解释“肉牛－牛肉联合体”何以最终形成了其现有的行业结构。[191] 牧场通常规模较小，而且非常分散，很难有效地联合起来与肉类加工厂抗衡。这一结构将有助于解决19世纪牧场经营行业大撒把式运营的本质与资本家精准运营的要求两者之间的摩擦和冲突。成千上万的小牧场主将承担起肉牛养殖过程中的风险，而让供应链中高度资本化的环节（即肉类加工环节）免于遭受自然增殖过程中不可避免存在的不可预见性影响。“肉牛王国”确实曾是一种现实的存在，但相比日后兴起的规模更为庞大、利润更为丰厚的“牛肉托拉斯”而言，终归不免相形见绌、黯然落败。

第三章

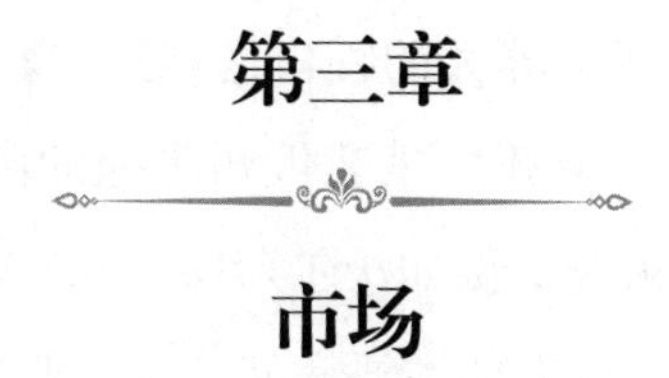

市场

到了20世纪，芝加哥似乎顺理成章地成了全美主要的商品市场。芝加哥商品交易所这样评价当时的情况，“就仿佛百川归海一样自然，西部每个地区都把农场上养大的牲口送到这个转口港”。[1] 至于那些远在得克萨斯州、蒙大拿州、俄亥俄州等地的肉牛，则会首先流入一个规模不断增加的市场，例如沃尔斯堡（Fort Worth）或堪萨斯城，然后再到达该国乃至全世界的主要商品市场，即芝加哥。[2]

然而，“百川归海”这样的比喻似乎忽略了让这整个“水系”流淌起来的动力。牛群流动过程中所走过的那些道路和铁轨并不仅仅是沿途景观中的某些独特地表而已。那些对生意翘首以待的城镇发展拥护者，对入侵牛群感到愤怒的农民以及渴望挣得更多运费的铁路经理们，共同构成了推动牛群流动的力量。即便这年复一年的迁徙如同河流侵蚀峡谷一般，有着固定路线，但是这一肉牛体系的整体始终处于变化之中。一场由铁路推动的运输革命使全国性肉牛交易市场的形成成为可能，但城市扩张计划、铁路建设规划和国家监管的相关政策相互作用，共同奠定了其总体轮廓。

虽然芝加哥商品交易所提出的这一比喻有一定的局限性，但是它确实抓住了这个系统运作的关键：流动性——如同河水一般，流动不息。正是因为信息、人员和动物的流动性，全国性肉牛市场才得以形成。肉牛迁徙不仅是距离比以往更加遥远，速度也达到了前所未有的程度。得克萨斯州和蒙大拿州的牧场主也可以在芝加哥、丹佛当地展开竞争。本章将集中探讨这一流动性形成的过程及其背后的驱动力量，其中既涉及铁路技术的变革，也涉及具体的劳动组织形式——使人们仅仅凭借10个人的力量，就可以将数量庞大的牛群赶到 1000 英里之外的遥远市场。

流动性推动形成了两个总体趋势：一个是与流动性的广度相称的政府监管；另一个是肉牛和人口流动的空间日益走向标准化。尽管这些发展演变所涉及的范围跨越整个美洲大陆，却主要源于地方性的冲突和纷争。在与外地人谈生意、去往外地或与过往的牛群打交道时，人们寻求政府在肉牛的定价或运输等方面给予监管。由于牛群迁移跨越司法管辖区，人们希望扩大联邦权力以适应新的国家市场规模。同时，为了吸引诸如牧场主之类的流动性参与者（mobile actors），某些特定地方的非流动性参与者（immobile actors）建起了一系列的便利设施——旅馆、监管良好的牲畜围栏、标记清晰明确的行进路线，这相当于标准化。如此一来，市场参与者就不必对本地的情况了如指掌。最终，这些趋势会自我强化，例如，标准化只会加速肉牛和资本的流动，而资本的流动又会推动进一步的标准化。

这些趋势导致了两个极具讽刺意味的情况。首先体现在监管方面，地方和区域行为者在寻求解决病牛非法越境、司法管辖区等问题的过程中，反而促进了联邦政府日益强大的势力的形成与发展，进而使在全美范围内经营的那些精英成为最终获利者。对大型企业而言，规章制度是一个有利因素，因为这些企业有资本去承担高昂的合规成本，联邦政府也更青睐大型企业，换句话说，企业的集中度可以降低联邦政府的执法成本。此外，标准化的讽刺之处在于，“肉牛 - 牛肉联合体”虽然通常都诞生于某一个特定的地域，但最终的活动范围远远超越了其中任何一个单独的地域。由众多当地人和社区一手打造的全国市场，最终却无一例外地弃他们而去。俄亥俄河谷的养牛业曾经盛极一时，但随着西部牧场经营行业的扩张而日渐衰落。随着科罗拉多、怀俄明和蒙大拿等州的牧场主逐渐拥有了自己的牛群，发端于得克萨斯州的平原牧场经营者也开始摆脱了对孤星州①的依赖。甚至连芝加哥这样一个一度是牛肉加工中心和繁华肉牛交易市场的都市，在进入 20 世纪之后地位也大不如前，因为卡车运输的出现分散了肉类加工业务。随着该地曾经盛大辉煌的联合牲畜围栏（Union Stockyards）势力日薄西山，留给周边居民的也只剩下破败的基础设施、寥寥无几的就业机会。

那些曾目睹全美肉牛市场兴起的人，不得不努力学会适应全新的市场规模及相应带来的机会和可能。在信息匮乏、交通不便的时代，投机获利的机会很少。然而，不久之后，牧场主和肉类加工商就有了大量买卖肉牛的地方。牧场主能够在等待电报传来价格信息的过程中充分展开博弈、在市场中立于不败之地吗？铁路公司能迫使各个城镇相互竞标，以确保线路在其附近通过吗？芝加哥的肉类加工商能够征服（或掌控）堪萨斯城、奥马哈等地的竞争对手吗？

竞争者往往通过卓越的流动性来寻求竞争优势。竞争成功的关键在于可以同时在多个市场之间运作，而且能够避免竞争对手也这样做。[3] 一旦牛群被运送到奥马哈，牧场主就必须在当地卖掉，否则就可能会面临巨大的损失。肉类加工商看清了这一现实并从中获利，例如，对于同样的肉牛，阿默公司完全有权决定是在奥马哈购买，还是从芝加哥或苏城（Sioux City）买进。面对高额的运输和饲料成本，牧场主迫于无奈，往往只能选择以较低的价格成交，而不是继续将牛赶往其他地方碰碰运气。

要了解全国性肉牛市场的弹性、市场规模和实力，就必须充分了解肉牛饲养、买卖和屠宰等各个环节所在地的地理和空间的巨大多样性。某一个特定的地理区域，在养牛业的历史上或许曾经的确发挥过极为重要的作用，但这一体系整体并不依赖于任何单一的地

---

① 即得克萨斯州。——编者注

域。肉牛生产体系不仅仅在规模上远远大于其各组成部分之总和，而且从某种意义上讲，也完全独立于其中任何一个组成部分。本章将重点探讨这一切究竟意味着什么、这一现实又具有什么样的启示意义。

本章从两部分展开：第一部分概述了肉牛养殖、运输和销售体系，重点介绍肉牛销售和饲养地点的变化。随着这个系统的发展逐渐衍生出一个框架，牧场主、肉类加工商等各方都在这个框架之中谋求利润。不过，就在他们努力超越当地限制，将牛肉生意不断拓展到整个区域、甚至是全美的过程中，也对这一框架进行了进一步塑造。第二部分将追随一个假想的牛群迁徙的轨迹，探讨它们从牧场走向屠宰场的整个过程。在对牛群迁徙和运送过程所涉生态学的探讨中，我们将突出流动性在这一系统中的核心地位。本节也将重点探讨牛群流动过程如何促进了监管体制和标准化的进程。

肉牛营销体系

从肉牛身上赚钱有四种方式：养牛、催肥、运输以及屠宰。[4] 最大的肉牛养殖场一般分布在密西西比河以西，那里人烟稀少，草料丰富，这意味着养牛和育牛都很便宜。[5] 虽然有时也会直接被卖给肉类加工商，但这种牲口通常都是在一岁、两岁或三岁时先卖给肉牛催肥牧场——其所有者要么是怀俄明州、科罗拉多州的北方牧场主，要么是其他地方的牧场主，这些区域的催肥场会用营养丰富的北方平原草喂养牛群。[6] 还有一些催肥场位于堪萨斯州或伊利诺伊州等中西部各州，这些催肥场用廉价的玉米喂肉牛，算是在把肉牛送往芝加哥销售前完成最后一道“养膘工序”。[7] 肉牛养成之后，屠宰场和肉贩子会通过在不同催肥商中竞价采购各种品质的肉牛，既包括成品肉牛，也包括尚未养成、品质相对较低的肉牛，后者常用于制作罐头。

养牛过程中的所有这些环节都在较远的地方进行。因为肉牛大都饲养在农村地区。在 19 世纪时的美国城市里，猪是日常生活中司空见惯的动物，但是直到如今，肉牛也没“进城”，仍然是一种乡村动物。[8] 因为，商家要想获得更多利润，就得在地广人稀、（相对）旷阔的空地上养肉牛。随着人口的西迁，养牛的中心也随之西迁。牛肉易腐，而其生产地与消费地却相去甚远，这就是为什么对“肉牛 – 牛肉联合体”而言流动性至关重要的原因。

正是因为牛是一种遍布美国的乡村动物，所以在 19 世纪开展牛群数量普查几乎是件不可能完成的任务。所以当年 D. E. 萨尔蒙（D. E. Salmon）受命进行这样的普查时，花了两年的时间才整理出一份普查报告，虽然有不少助手帮忙，但他不得不承认他统计的数据有些模糊。19 世纪的牛群统计确实是不精确的，一方面是因为数据很可能被夸大了，另一方面是因为当时牧场的动态变化。因此，下面的数字只是粗略的估计。同样，我们并不能仅仅根据肉牛的数量去估计可食用牛肉的重量。由于选育和催肥技术的改进，这一时期的肉牛体重急剧增加，这意味着尽管从 1860 年到 1890 年，美国平均每千人所拥有的肉牛头数虽然增长不多，实际上可食用的牛肉增长却要多得多。[9]

即便分析数据会有一些挑战，但是根据这些数据倒是能够描绘出当时美国养牛业的大致情况。1880 年，美国大约有一半的肉牛饲养在密西西比河以西，到 1900 年，这个占比增加到 60% 以上。如果不把乳牛计算在内，那这个占比就更高了：1900 年，近 80% 的美国肉牛在密西西比河以西地区。[10] 如果将这 80% 折合成具体头数，那也就意味着肉牛的总数量几乎达到 2000 万头。这些肉牛几本分布在平原地区（大部分在得克萨斯州）和玉米种植带两大地区。尽管平原地区散布的肉牛数量可能更多，但是相比之下玉米种植带肉牛的饲养密度要更高；这个地区像是一个漏斗，许多西部的肉牛在送往市场的路上都会经过这里。

就像19世纪的美国人群一样，19世纪的牛群也时刻处于流动过程之中。根据州一级的统计数据我们得以描绘出一个大致的行业形态。1870年，得克萨斯州有300万头肉牛，另外大平原地区肉牛数量略多，不过超出幅度不大，基本可以忽略不计。在玉米种植带地区，伊利诺伊州有100万头，俄亥俄州和密苏里州各有75万头左右。[11] 在接下来的30年里，肉牛的生产遍布了整个大平原地区，玉米种植带地区的养殖数量进一步提升。到1900年，得克萨斯州大约有650万头肉牛，另外还有400万头或500万头在牧场或农场。在玉米种植带地区，堪萨斯州有280万头，艾奥瓦州有260万头，内布拉斯加州、伊利诺伊州和密苏里州各有100万~200万头。[12] 西部地区和玉米种植带地区的养牛规模较为类似，渐渐地两个地区逐渐有了往来。1870年，在玉米种植带地区人们都会在当地对肉牛进行催肥和屠宰加工，而在世纪之交，更多的催肥者开始购买西部的肉牛。[13] 在1870年和1900年，在美国其他地方肉牛养殖的数量相对较少，但也不容忽视。

随着肉牛养殖的不断发展，不同地区渐渐地开始专门“负责”肉牛成长过程中不同的周期。例如，在西部牧场，一位养牛人解释说：“得克萨斯一般只管让肉牛长个头。等牛骨骼发育完成，个头长高、长大之后，就会被‘送到’北方地区，由北方地区负责为多个市场的肉牛催肥。”[14] 因为科罗拉多和蒙大拿等地区的牧草营养更加丰富，北方地区寒冷的天气也能够帮助肉牛增重。[15] 一头肉牛如果一直饲养在得克萨斯，那么四年后可能重达800磅。但是，如果先在得克萨斯养两年，然后再“送”到北方“增肥”两年，这样四年养出的肉牛就可能重达1000磅。虽然有几个勇敢的企业家试图在得克萨斯地区把肉牛养肥，但几乎所有的人都失败了。[16] 准确来说，得克萨斯就好比是整个西部地区的“肉牛保育所”。

然而，得克萨斯和大平原地区并不是密西西比河以西唯一的养牛区，太平洋西北地区（美国西北部地区）和西南地区同样重要，这两个地区不仅承担着中西部地区的肉牛供应，而且还向美国另外一个大型肉牛市场——加利福尼亚地区提供肉牛。[17] 加利福尼亚州的畜牧业是一门大生意。[18] 米勒－力士公司（Miller & Lux）是一家不很典型的企业化经营的牧场，不仅主宰了该州的牧场经营行业，还主宰着该地的肉类加工行业，拥有多处属于自己的厂房设施。内华达州的采矿业和加利福尼亚州的黄金业推动了大规模的人口增长，同时也催生了人们对牛肉的大量需求，刺激了牛肉生产。[19]

西部地区确实是重要的肉牛养殖区，东部的养牛业也不容小觑。实际上，中西部的养牛业发源于 19 世纪上半叶俄亥俄河流域的牧场。[20] 牧场主和农民经常赶着牛和猪，翻过阿勒格尼山脉，奔向位于东海岸的市场。[21] 在铁路普及之前，玉米的运输成本很高，不过，用玉米将牲畜养肥之后，就可以让它们自己走到市场。[22] 美国内战结束后，俄亥俄河谷的玉米催肥户和养牛者将把他们的专业知识带到了西部，带到了玉米种植带以及大平原地区。尽管美国内战后东部地区牛肉生产行业的地位变得越来越不重要，但在整个行业中依然构成一个占比不容忽视的组成部分。

虽然肉牛是养在农村的动物，但牧场经营行业中的大部分业务都发生在城镇。特别是在堪萨斯州，肉牛小镇构成了牛肉生产体系中的一个重要组成部分。像阿比林、考德威尔或埃尔斯沃思这些城镇位于铁路交会处，利用交通之便能把肉牛向北或向东输送，西部牧场主才能进入全美市场做生意，这些城镇便成了西部牧场主与全美市场之间建立联系的第一个枢纽。有时，在这些繁华的小镇上，过往的肉牛数量甚至超过当地人口总数。

在 19 世纪七八十年代，为了争夺更多的肉牛贸易份额，各个城镇之间产生了残酷的竞争。竞争的重点通常是城镇能不能通铁路，这事关一个城镇的兴衰成败。例如堪萨斯州的阿比林，即便同类城镇在地理距离上比阿比林离芝加哥近了将近 50 千米，正是因为有堪萨斯州太平洋铁路穿过阿比林，所以从到达时间来看，阿比林距离芝加哥反倒“更近”。同样，遏制牛瘟传播的检疫法也决定了肉牛小镇的位置。这些问题都具有政治属性：与堪萨斯州议会可以建立什么样的联盟？社区领导可以向铁路主管提供什么样的补贴（或贿赂）？[23]

牲畜从肉牛小镇送往市场或玉米种植带的催肥牧场（在堪萨斯、密苏里和艾奥瓦等州）。当玉米价格适中或较低时，给牛催肥是个有利可图的生意。[24] 自己种植玉米的养牛户基本上会在自己的田地里放牛，直到肉牛几乎把玉米吃光为止。然后，猪也跟着吃被踩踏的谷壳、秸秆，甚至是牛粪中未消化的谷物。通过这种方式，玉米田里的每一部分都可以转化为可供销售的猪肉或者牛肉。以牛肉为例，肉牛额外增加的体重不仅带来了额外的利润，而且，膘肥体壮的肉牛也深受肉类加工商青睐，从而让肉牛身上每一磅的体重都能带来几美分额外的收入。一些催肥户甚至自己不用种玉米，只需等着玉米价格下跌，然后大量购买玉米来喂养来自西部地区的瘦牛。俄亥俄州或堪萨斯州的催肥户也靠近主要的肉牛市场，这意味着在运输过程中肉牛掉秤很少，但是如果把肉牛从得克萨斯州或蒙大拿州一路一直运到芝加哥，那么，掉秤就是一个严重的问题。

做催肥生意也有其他优势。催肥者可以把握市场时机，根据市场价格高低来选择是出售玉米还是拿玉米催肥。他们还可以灵活地将玉米用于酿制威士忌或用于给猪催肥，尽管后面这种做法利润稍低，但风险也相应较小。[25] 皮奥里亚的牲畜围栏的起源正是如此，当时，当地某酿酒厂主人突然意识到，完全可以将酿酒所剩下的酒渣用于给牲畜催肥。[26] 总的来说，催肥户可以灵活地待价而沽，等到市场低迷、肉牛供给过剩、牧场主急于出售之时再出手买进。

对于西部牧场主而言，如果养的肉牛卖不出去，那么玉米种植带也是个虽有风险但仍有利可图的出口。以 1890 年为例，大部分地区玉米作物歉收，价格暴涨，刺激了催肥户将谷物直接售出而不是用于催肥肉牛。尽管斗牛士土地与肉牛公司的威廉·萨默维尔仍然对堪萨斯州饲养户持乐观态度，但是他也知道，由于市场需求疲软，肉牛不会卖上价。[27] 虽然玉米收成不好时催肥户肯定会有所损失，但对于玉米种植者来说，至少还可以直接售卖玉米，为他们不算丰硕的收成卖个好价钱。但对于牧场主而言，日子就会变得极为艰难，因为很难找到买肉牛的大客户。

不管肉牛在玉米种植带卖不卖得动，早晚都会被送到屠宰场。19 世纪上半叶，肉牛大都主要在当地或周边地区买卖，集中于消费市场附近。[28] 当时有几个繁华的肉牛市场，最引人关注的两家位于纽约和波士顿。其中，布莱顿肉牛市场（Brighton Cattle Market）自 18 世纪以来就一直是一个主要的商业中心。大型的正规肉牛市场并不常见；大多数地方还是在每周或每月的肉牛集市和拍卖会上买卖牛肉，因为牛肉生产有季节性，而且产量较低，自然也就没有长期市场。除了生猪屠宰之外，大型肉类加工企业只生产腌制牛肉，因为这样能比新鲜牛肉存放更长时间。[29]

美国内战期间，这种情况发生了变化。[30] 北方的铁路网络一体化，对肉牛的需求激增，促使肉牛市场逐渐走向正规化。以前肉牛的贸易规模较小且具有季节性，所以市场相对随意，但要是有成千上万头肉牛通过一个地方，比方说，通过美国内战时的芝加哥，那么迎合永久性市场需求的生产基地就会建立起来，成立于 1864—1865 年的芝加哥联合牲畜围栏（Chicago Union Stockyards）便是其中最负盛名的一个代表。在美国南部地区，由于北部盟军对密西西比河的控制切断了得克萨斯和新奥尔良之间的联系，南部地区因此失去了其关键市场，导致得克萨斯的牛群积压数量猛增。战争还使密西西比河沿岸的圣路易斯等大都市陷入衰退，促使芝加哥成为无可争议的西部商业门户。随着1865年芝加哥联合牲畜围栏及运输公司（Chicago Union Stockyards & Transit Company）的成立，该市成为美国肉牛营销和肉类加工的中心。

尽管到1890年，芝加哥已无可争议地成为美国牛肉加工的中心，而造就芝加哥竞争力的并不在于它是唯一的牛肉加工中心，而是源于芝加哥与奥马哈和堪萨斯城等小型市场之间的关系。[31] 19世纪的肉类加工中心不是一个城市中心或者广大农村腹地，而是类似一系列节点，星星点点分散于一个以芝加哥为中心的网络之上。芝加哥的大公司往往直接或间接地控制其他城市的牛肉市场和加工厂。阿默公司的一位高级经理在密尔沃基创办了库达希牛肉包装厂，而乔纳森·奥格登·阿默的哥哥则控制着堪萨斯城的一家肉类加工厂。[32] 奥马哈的牛肉市场一直都不温不火，直到该镇领导人说服芝加哥肉类加工行业的大鳄们将生产设施扩建到了当地，牛肉生意才红火起来。及至1907年，阿默公司的肉类加工中心就在奥马哈占据了大部分份额。而（莫利斯公司的）尼尔森·莫里斯（Nelson Morris）公司和斯威夫特公司则将整个圣路易斯的牛肉市场牢牢控制在自己手中。[33] 在整个19世纪80年代，苏城（1884年）、丹佛（1886年）、沃尔斯堡（1887年）、威奇塔（1887年）和其他地方都相继建立了牲畜围栏。最终，所有通过这些市场的肉牛有可能都被运到芝加哥“四大”肉类加工商的某一家工厂。

人们可能会问，为什么不把肉类加工厂搬到离牧场近的地方，就像20世纪发生的去中心化一样。然而在19世纪，实现这种想法要困难得多。铁路运输适合城市生产，而卡车运输则有利于郊区和农村生产。[34] 此外，芝加哥和其他加工中心拥有大型和多样化的肉牛市场，在应对新兴市场方面有巨大优势。牧场主试图在得克萨斯州等地建立自己的牛肉加工厂，但都以失败告终。对于牧场主“完全依赖于一个波动性极大、收缩性极强、距离遥远的牛肉市场”这一现实，一位观察家虽然多有感慨，但对在得克萨斯州经营牛肉加工厂这一做法也持怀疑态度，因为“能够在全年持续获得膘肥体壮的肉牛供应是加工厂成功运行的一个必要条件”。[35] 然而这种持续性供应只存在于集中的肉牛市场上，因为只有如此高度集中的肉牛市场才可以覆盖整个大平原地区。

除将肉牛运往芝加哥之外，从事肉牛出口贸易是唯一的其他选择。在当时，肉牛大多数都出口到了英国，但也有不少被运往了欧洲大陆和古巴等地。[36] 在整个 19 世纪 70 年代，冰鲜牛肉的运输不断增加，但活畜运输依然极为普遍。这些肉牛的品质都很高，能尽量缓解欧洲人不愿意购买和食用漂洋过海而来的动物的心理。[37] 当然，这也是出于欧洲人对外来食品的不放心，他们担心美国运来的牲畜是否带病。尽管 19 世纪 70 年代初的贸易量不大，但到了 70 年代末，每年有超过 5000 万磅的牛肉运往英国。[38] 虽然欧洲时不时采取一些保护主义措施，但长远来看牛肉出口数量逐年增加。为了尽量避免牛肉在跨大西洋运输过程中腐坏变质，所以肉牛大都在纽约宰杀和分装，从而使纽约成为芝加哥向东运输的活体肉牛的最后一个目的站点。

尽管如此，芝加哥市场对出口贸易依然有很大的影响力。正如一位牧场经营者向股东解释的那样，芝加哥市场“是一个庞大的垄断机构，我们非常希望打破这一垄断格局”，然而，选择把肉牛装运到英国港口可谓是“跳出油锅又落火坑”。显然，这位经理认为，这些港口也都间接或者直接地“掌握在类似芝加哥‘四大’的大型垄断者手中，即阿默、斯威夫特等公司”。[39]

将所有这些牧场、催肥场、肉牛小镇和肉类加工中心串联起来的纽带，就是赖此为生的专业赶牛人。委托商们负责撮合交易，将肉牛由一方卖给另一方，并通常决定将肉牛送往何处。由于这些人的顾客往往远在数百英里之外，因此交易在很大程度上凭借的就是彼此间的信任。尽管一些委托公司会主动提出将账目交出来以供随时检查，但对于虚报销售价格、中饱私囊之类的行为，基本上没有任何有效的防范措施。正如一位牧场主所解释的那样，"唯一能做的就是把肉牛送到一个规范的市场，保持应有谨慎，确保肉牛定价公允"。[40] 除了委托商，某些职业赶牛人通常也会收购肉牛并负责送牛到目的地，或者从中收取一定的费用，由此充当了将卖家和买家联系起来的连接纽带。

美国内战后，美国出现了一个相对稳定的全国性肉牛市场和养牛系统。在 20 世纪最后 30 年里，大型牧场在西部越开越远，随着中部和北部平原牧场经营行业的崛起，得克萨斯的主导地位逐渐减弱。玉米种植带养牛场的重要性继续提升。随着铁路网络的发展以及新的牲畜围栏在全美各地纷纷建立，赶牛这一行业日渐走向衰落。然而，肉牛的营销体系总体结构仍然没有改变：有些人专门负责饲养肉牛，有些人负责催肥，有些人负责长途赶送肉牛，而所有各方都一致认为，自己遭到了负责肉牛屠宰的人的盘剥。

从牧场到屠宰场

哎哟咿呀哟，小牛（dogies）跟着走啊，
这不怪我，都是你命不好啊。
哎哟咿呀哟，小牛跟着走啊，
你知晓怀俄明州会是你的家。

——传统赶牛谣[41]

肉牛销售体系从根本上来看事关肉牛流通。在账面上，这可能不过就是一个条目，表明有1000头肉牛送去了堪萨斯城，但是说到具体的赶牛活动，那可是得把一大群性子倔强、口渴难耐、有时还可能暴怒如雷的牲畜实实在在地赶到目的地。负责赶牛的老板得管好这群牛，还有手下的赶牛工，此外，还得处理好牛群隔离检疫的事儿，以便在竞争狂热的肉牛小镇中求得一线生存机会。从这一刻开始，情况将变得越来越棘手和艰难。漫长赶牛旅程的终点通常是西部地区的大型肉牛集市，而那里的局势似乎总是偏向于买方。

内战摧毁了南方的肉牛市场，却激起了北方市场对肉牛的大量需求。1865年，一头活肉牛“在得克萨斯州价值不过五六美元……在北方市场上却价值十倍以上。”[42] 以前一直赶牛送往南方市场的人，如今也开始转头北上，将牛送往北方那些已经接入北方铁路网络的市场，如堪萨斯城等。

一方面，赶牛北上的活动方兴未艾；另一方面，对南北内战的记忆却依旧历历在目。出于对疫病传播的担心，还有对庄稼遭受践踏的痛心，当地农民和牧场主对过路的牛群深恶痛绝，要是过路牛群的主人刚好属于前邦联，怨恨的情形将更是雪上加霜。挥舞着武器的人群往往将来自南方的赶牛人团团围住，用鞭子抽打他们，把他们的牛偷走，据说还曾经杀死过几个人南方人。显然，“在那样一个时期，那样的一个国家，一个人，尤其是一个南方赶牛人的合法权利，如果没有武力保护……就是废纸一张，毫无用处。”[43] 养牛人杰克·贝利（Jack Bailey）一则日记中所记录的内容令人不寒而栗，尤其证实了当年的恶劣境况。日记中写道，“……路过时看见一群人围住了一支来自得克萨斯的赶牛小队，他们在草原上朝赶牛人开枪射击……口中骂骂咧咧，声称没有人有权赶牛从这里穿过。如果法律不对此加以制止，他们就自己来制止。”[44] J. M. 多尔蒂（J.M. Daugherty）在1866年的一次报告里也讲述了遭遇堪萨斯州“土匪”

（Jayhawker）的恐怖经历。当时，他因携带患有牛瘟的牲口进入这一地区而遭到逮捕，并受到了“审判”。[45] 抓多尔蒂的那些人就究竟该把他绞死或者用鞭子抽死一事争执不下。最终，多尔蒂设法说服他们放了自己。虽然有人传说这拨人是一群心怀不满的北军退伍士兵，但据多尔蒂揣摩，其实“不过是一群偷牛贼”罢了，口头上说是担心牛瘟，但实际上“只是以此为借口把赶牛的杀掉，然后将牛据为己有，或者蓄意让牛群受惊，从而引发踩踏事故。”[46]

然而，随着时间的推移，肉牛贸易所带来的丰厚利润治愈了过往的一切伤痛。正如养牛人约瑟夫·麦考伊所言，到 1873 年，“西部肉牛贸易在改善南北关系方面起到的作用值得一提，北方人和得克萨斯人做起了肉牛买卖，双方关系逐渐融洽。”[47] 尽管麦考伊的说法可能有些夸张，但在 19 世纪 60 年代早期的动荡之后，随着得克萨斯州牧场主与堪萨斯州商人和北方牧场主做上了生意，肉牛的贸易确实在 19 世纪 70 年代得到了迅速发展。

应运而生的便是一个相对稳定的赶牛体系，从 1870 年开始一直持续运行到 19 世纪 80 年代中期。与从原本就很紧缺的牧场人手中抽调一部分人力去送牛这样的安排相比，牧场主们通常更乐意将运牛的活儿承包给专业赶牛人，后者则通常会按每头肉牛 1 美元或 1.5 美元的标准收费，这个价钱在当时可谓相当实惠。[48] 这些专业赶牛公司的运营效率也因此日益提升，将一头肉牛运送 1500 英里的成本不到 0.75 美元，因此利润极为丰厚。[49] 此外，如果牧场主无法预先支付费用，赶牛人还可以先给他赊账，或者约定按一定比例将所运送肉牛中的部分作为报酬。要是赶牛人享有不错的口碑和认可度，牧场主一般会承担运送过程中可能存在的风险，赶牛人则不必为输送途中遇到的各种灾难担责。[50] 在运牛途中，赶牛人只需带上一份运牛合同、一份运牛授权书即可。[51]

赶牛渐渐成为一门获利颇丰的生意。艾克·普赖尔公司（Ike

Pryor）1884 年运送的肉牛头数高达 4.5 万头，布洛克尔 – 布里斯科尔和戴维斯公司（Blocker Briscoll & Davis）1886 年更是运送了 5.7 万头肉牛。[52] 查尔斯·古德奈特用赶牛赚来的收益购买了属于自己的牛群。[53] 运送数万头肉牛并非易事；牛性子倔强，漫无目的，四处乱跑。真正的诀窍是劝说它们，让牛群自己心甘情愿地走向屠宰场。

马匹、饮水及惊牛踩踏事故：赶牛生态学

赶牛小队是一个极不稳定的实体，一般由马匹、牛群和人按照某种特定的配置比例构成。暴风雨、惊牛踩踏事故、汹涌湍急的河流以及隔离检疫等因素随时可能威胁到整个队伍，使其分崩离析，而充足的水源、大平原地区丰茂的草场又让这个队伍有足够的动力继续前行。本节将重点关注赶牛小队将肉牛由牧场运送至市场的经历，剖析赶牛旅途中可能面临的诸多风险及支撑小分队继续前行下去的各种力量，以期向读者呈现肉牛运送环节的整个实际过程。正是通过运牛这一途径，肉牛这一来自乡村的动物、做肉牛生意的商人才得以有机会参与其中，共同打造出了一个跨越全国的肉牛市场。

赶牛小队的各个组成部分并不稳定，也不相互独立。只要最终抵达市场的肉牛和离开牧场时的肉牛数量大体相当，那这趟活儿就算是成了。运肉牛途中，赶牛小队人员也有增减。在从得克萨斯州弗里奥县到内布拉斯加州奥加拉这长达 5 个月的千里长途跋涉中，山姆·尼尔（Sam Neill）是唯一一个把肉牛送到终点的人。[54] 牛仔们常常被更好的待遇所吸引进而离开队伍；如果运肉牛途中境况过于恶劣他们也会离开。那些跟不上队的肉牛就会被“抛弃”，死在路上。[55] 小牛犊也面临同样的命运，因为它们太小，无法在长途跋涉中生存。一位赶牛人介绍说，在行进过程中如果有小牛出生，那么“运牛人

通常会在早晨牛群出发前把小牛犊杀死。"[56] 在随后的行进过程中，那些失去孩子的母牛会就变得特别不听话，因为它们想回到死去的小牛身边。[57] 尽管有些资料显示，某些赶牛小队会安排专用车子运送小牛，但据更多资料记载这样做并不划算。[58] 把小牛杀掉也是无奈之举，毕竟如果不这样做，不仅会拖慢整个牛群行进的速度，而且小牛也无法忍受行进中无法避免的缺水的折磨。[59]

为了弥补这些损失，赶牛队伍需要归拢走失的肉牛。要是有的牛有主，就在路上把牛买走，否则一般都会直接将其归拢在一个牛群中。一个赶牛人说，他能一头不少地把肉牛从牧场运送到市场，因为他一路上"虽然跑丢了一些肉牛，但是能捡到的同等数量的跛牛充数。"[60] 但是这种做法遭到了沿途牧场主和农场主的不满，因为自家养的肉牛被赶牛人混入牛群带走了，对此他们提出了强烈的抗议。然而，这种做法是可以理解的："要是不能全数或者超额把肉牛运送到目的地，这个赶牛老板就没什么本事。"[61]

如果可能的话，脚受伤走不动路的肉牛和马在路上就会被交易掉，换成健康的。当地的牧场主或商人用一头健康的肉牛或马来换取一头（对他们来说）更有价值的牲畜。尽管牛群中"加入"一些新成员会产生冲突，但是这种做法是双赢的：当地农民因此获益，赶牛队伍也可以避免中途肉牛或者马在路上死去。杰克·贝利的运牛日记是为数不多的切实描述运肉牛过程的文献之一，他在日志中写道："昨晚来到营地的黑人用健康的肉牛换走了一头腿有问题的肉牛。"[62]

然而，一批又一批的肉牛不断加入，聚成一个牛群，然而整个牛群并不是一个无法分割的整体。正如赶牛人约翰·雅各布斯（John Jacobs）所说，"不同习性的肉牛在行进过程中会占据不同的位置——它们就像人一样，有各自的个性。"[63] 牛群中最强壮的被视作"领头牛"，可以带领整个牛群顺利行进，特别是在牛群过河的时候发挥带队的作用。[64] 相反，走在牛群队尾的则是一些拖油瓶，总是跟不上队伍。汤姆·韦尔德（Tom Welder）抱怨说，年幼的牛犊无法忍受行进的考验，会“筋疲力尽”，成为整个队伍的累赘。[65] 约翰·雅各布斯认为，“某些牛天生就是拖油瓶，从离开牧场开始，一直到抵达目的地，一直都走在牛群最后”。[66] 这些牛也被称为“生手（慢脚牛）”，不久之后，这个词也被用来描述没有经验的牛仔或牧场主。

除了牛的秉性会影响牛群行进，牛群的整体构成对行进过程也有重大影响。牛群要么是由纯牤牛构成，要么是各种牛兼容并蓄。一般赶牛人更喜欢纯牤牛牛群，因为一般这些牛更有力气，也不会因怀孕等问题而放慢速度。此外，他们通常处于一个相对标准的年龄段，而混合的牛群则各牛龄段的牛都有。整个牛群全被队尾那批牛慢慢悠悠地拖着行进，特别是把小牛犊带离牛群以后，让母牛顺利向前行进将会是一件非常困难的事情。[67]

赶牛的关键在于，你得让肉牛自愿走到你希望它们去的地方。当这个距离是以英里而不是英尺来衡量时，赶牛就得靠牛仔和马匹的配合。这种配合不仅在赶牛的时候至关重要，对牛仔本身也十分关键，据约瑟夫·麦考伊所说，“牛仔们似乎有一种天生的偏见，无论做任何事情，总的原则就是能骑马，绝不走路，更不用说在牛群里走路这种让牛仔们心惊胆战的做法了。”[68]

牛群可以轻松地将一群徒步行走的人踩踏到脚下，但如果是骑在马背上，那么，只需少数几位牛仔，就可以将一个数量庞大的牛群管得服服帖帖。据职业赶牛人艾克·普赖尔（Ike Pryor）估计，1884 年的时候，他只用了 165 名牛仔，“就把 15 群肉牛从得克萨斯州南部赶到了西北部的好几个州”。他把牛仔分成小队，每一小队 11 人，粗略估计要负责赶 3000 多头肉牛。[69] 比尔·杰克曼（Bill Jackman）也采用了 11 个人制的小分队，但由于其中一个人是厨师，另外一个人负责管理马匹，所以按照他的方法，负责管理 3000 头肉牛的实际上只有 9 个人。[70]

要控制这么多肉牛，首先有赖于马匹所赋予的灵活机动性。1000 头肉牛能排成 1 英里长的队伍，用 11 个人来管理这支庞大的群体，需要速度敏捷、组织有序。2 名领头的牛仔负责管理牛群的头部，同时控制牛群行进的方向，而其余的牛仔则沿着纵队骑行，保持牛群成一列行进。补给车跟在队尾负责殿后，密切关注队尾那些拖沓前行的“拖油瓶”。到了 19 世纪 80 年代，经验丰富的赶牛人已经能轻车熟路地控制牛群行进，正是得益于这一因素，使得所赶牛群的规模从 19 世纪 60 年代的区区数百头快速跃升至 19 世纪 70 年代的好几千头。[71]

虽然马天生耐力持久，但是要保持整个牛群的速度，持续行进，需要一群后备马匹，以便能够持续不断地供给精力充沛的马，替换掉疲惫不堪的马。据贝利斯·弗莱彻（Baylis Fletcher）估计，每个人需要配备 8 匹马，沿途上还往往进行多次交易，换上活力充沛的新鲜坐骑。[72] 艾克·普赖尔的赶牛队伍为每位牛仔配了 6 匹马。[73] 后备马群和供给车一起走在队伍最后面，俗称“骑手的后备驿站”。[74]

“分割牛群”最能展现骑手团队的本事，根据肉牛身上的烙印把一个大牛群分成几个小群。当牛群中混入了走失的肉牛，或者在销售过程中有一部分牛被卖掉的时候，就需要把牛群分成几个小群管理。先把四面八方分散的牛慢慢赶到一起，形成一个庞大的牛群，然后牛仔们“骑马进入牛群中，根据牛身上的烙印标识把牛从大群里分开或者赶出去，每小群牛都有专人负责。”[75] 整个过程说起来容易做起来难。比“分流”更难的是，把一头牛单独从大群里分出去以后，它会拼命地想跑回大群里去。约瑟夫·麦考伊写道：“这时候就该‘牛仔们大展身手了’。两名牛仔配合，把这头肉牛围起来，慢慢地让它离大牛群越来越远。尽管‘双方的角力十分艰难，角逐的过程也往往令人血脉偾张’，但结果总是无一例外：肉牛最终不得不乖乖就范，屈从于命运的安排。”[76]

如果人马之间的默契配合能够推动牛群行进，那么水源则是决定牛群行进路线的关键因素。在有关赶牛人职业生涯的各种传说和文学作品之中，占据主导地位的通常都是肉牛小镇、印第安人劫掠事件等，尽管如此，但纪实性叙事几乎无一例外都是围绕河流、湖泊等水源地而展开的，不管具体涉及的是洪水滔天的河流，还是几近干涸的水塘。[77] 按照格兰维尔·斯图尔特的描述，“一天的行程通常为 10~15 英里，但是行程的长短通常取决于是否有水源。”[78]

获取饮用水是一个永恒的话题。即使按照保守估计，一个千头规模的牛群日均用水需求量也得有约两万加仑。对牛群来说更糟糕的是，要优先保证人和马的用水需求，因为队伍需要依靠强壮的马来控制饱受脱水问题折磨、脾气暴躁的肉牛。通常而言，在饮水不足的条件下，牛群可以维持行进长达一周之久，不饮水行进个上百英里的情况并非闻所未闻。[79] 有时，肉牛由于缺水太久，以至于到达水源地时会疯狂饮水，出现因水中毒而致死的风险。[80]

詹姆斯·肖（James Shaw）基于赶牛旅途见闻所著的《自得克萨斯州北上》（*North from Texas*）中有一段记录，就很好地说明了因严重缺水导致牛群死亡的情况。牛群在酷热难耐的天气下渴了两天后，突然在微风中闻到了一丝水的气息。1000 头肉牛开始“嚎叫，甩尾，互相抵角。”肖和他的同伴们试图安抚牛群，但很快“每头肉牛都开始嚎叫，每一声都带着牛仔们非常熟悉的那种悲伤和孤独。”[81] 牛群越来越混乱，直到最终到达河边才平静下来。就像一个赶牛人所描述的，控制一群口渴难耐的肉牛实在是无能为力，这是赶牛人遇到的普遍问题，（管控它们）就像“控制一群混杂的火鸡一样”。[82]

安迪·亚当斯（Andy Adams）在一部反映赶牛生活的写实小说中将牛群在缺水状态下走过的一段漫长旅程作为故事的高潮。他强调了缺水对肉牛的影响，小说中描写了“肉牛如何绝望地吐着舌头”，发出“令人叹息却又充满不祥气息的嘶吼”。[83] 到第 3 天，牛群已经“陷入焦躁，根本无法控制”，甚至晚上也不卧下休息。[84] 直到第 5 天，在有些肉牛已经因极度脱水而失明的情况下，牛群才终于到达一个湖边。[85]

即使看似有充沛的水源，但也可能只是骗人的表象而已。山姆·加纳（Sam Garner）发现一股清泉“从山的一边汩汩流出，召唤着我们尽情享用”，但事实证明，水太咸了，根本无法饮用。[86] 加纳口渴难耐，那天晚些时候在路上遇到一个旅行商人时，甚至不惜以 3 美元的高价从商人那里购买了 5 加仑的水。但是加纳毫无后悔：“虽然过去我喝过一些好酒，但我认为这水是牛仔喝过的最好的东西，那 5 加仑水……胜过任何美酒。”[87]

事实上，咸水对肉牛来说危险性更高，因为牛常常渴不择饮，结果导致盐分摄入过多而中毒死亡。经过一条河的时候，贝利斯·弗莱彻的队伍在河附近发现了近百头因过量摄入咸水而死亡的肉牛。[88] 更糟的是弗莱彻自己的牛群也被致命的咸水所吸引。弗莱彻和同伴费了很大的劲才将牛群赶离几乎干涸的河床，防止牲口中途停下来喝水。然而刚赶过去，牛群就又会试图折返回来。用了整整一下午的时间，最后才终于把牛群赶到了一英里之外的地方。但即便如此，严重缺水的肉牛还是整整折腾了一夜，挖空心思希望“偷跑到河那边去饮水”，弄得牛仔们不得不整夜严防死守，生怕有牛逃脱。[89]

与缺少饮用水一样，过河也是赶牛途中的常见的挑战。牛是游泳健将，只要稍加引导就可以游过河去。牛仔们经常在牛群旁边一道游泳过河，一般都是由马驮着一起游。一个可靠的赶牛伙伴，必须是一位可以“一起过河的”人。[90] 牛群游泳过河通常都会进展顺利，但有时也会有牛困在流沙或泥浆中“动弹不得”。这时，就必须用绳子把困住的牛绑起来，然后由其他牛一道将它拉出来。对于人和牛来说，这都不是个愉快的过程。[91]

牛群过河虽然大都顺利，但是并非没有其他风险。要是赶牛小队不能确保牛群顺利上岸，那么风险将尤其显著。G. H. 莫勒（G. H. Mohle）的队伍由于没有考虑到河流对岸相对狭窄的问题，结果遭遇了灾难性后果。穿越加拿大河（Canadian River）北侧支流的时候，队伍"没费什么劲就把肉牛赶下了水里"，但等到了对岸，"大批牛一拥而至，挤在一起根本无法上岸……牛群开始转圈，乱作一团"，最终导致 116 头肉牛溺亡。[92]

然而，通常情况下，赶牛过河是相对容易的环节。运补给车过河更具挑战性，因为过河的过程中，车必须保持漂浮在水面上，并保证车上的物资不会落水。詹姆斯·肖的队伍"并排套住四头牛，左右两侧各安排一个人，众人合力将补给车渡过去"。[93] 约瑟夫·麦考伊记录了另一种稍微不同的策略：在对岸放一根绳索，用绳索拉着马车渡河，随后让牛游到对岸，其后再重新给牛套上轭，让它们把补给车拉上岸。[94]

除了会面临水源短缺、渡河过程危机四伏等问题，赶牛旅途中另一项挥之不去的阴影就是随时可能发生惊牛踩踏事故，这一威胁尤其凸显了依靠人、马的力量来控制牛群的过程中极具风险的一面。似乎就在一瞬之间，成百上千的肉牛就会四散逃开。通常而言，一场始料不及的暴风雨、一头不期而至的野牛、一群盗牛贼，所有这一切意外事件都可能引发牛群陷入恐慌，进而导致踩踏事件。无论是在口头讲述、赶牛日记，还是在以牛仔为主题的虚构小说之中，踩踏事故都是一种无处不在的隐忧。[95]

如果遇上了突如其来的暴风雨，电闪、雷鸣惊扰了牛群并引发牛群踩踏，对赶牛人来说这将会是个彻夜不眠的冷雨夜。[96] 这些混乱造成的后果或者微不足道，或者堪称灭顶之灾，根本无法预知具体将是哪种情形。杰克·贝利在 1868 年 8 月 9 日的一篇日记中漫不经心地写道："我们的队伍昨晚经历了一场踩踏事故，所幸并无大碍。"[97]

但是仅仅时隔三天，贝利又在另一则日记中写道："昨晚经历了所能想象得到的最艰难的时刻。"在黎明前几个小时，"一道惊雷炸裂天宇"，在一片漆黑之中，贝利被卷入了因惊吓而四处狂奔的牛群之中。[98] 伸手不见五指的暗夜让队伍彻底乱了方寸，赶牛人"朝牛群胡乱射击，虽然身边根本就没有牛的影子"，因为"（人们）信誓旦旦地声称，（牛）眼看着就要朝自己冲过来"。赶牛小队最终控制了混乱的局面，但第二天早上，他们花了很长时间才把跑散的200多头肉牛赶到一起。[99] 有些肉牛跑丢了就再也找不回来了。除了丢几头肉牛，牛群踩踏还会导致严重的人身伤害。在詹姆斯·肖和一个伙伴重新控制了牛群后，他们的老板让他们在一个土坯房里躲着，因为害怕牛群（再次）跑起来，把他们踩死。[100] 在一次特别严重的踩踏事件之后，乔治·布洛克（George Brock）回忆说，他的朋友"看起来都像刚刚参加过一场爱尔兰人守灵仪式，浑身是血，伤痕累累。"[101]

至于说是印第安人或偷牛贼引起了踩踏事件的说法，虽然偶尔也确有其事，但更多情况下却都不过是子虚乌有的杜撰。最常听说的一种骗局是有人偷偷摸摸地惊扰牛群，让它们受惊后四散奔跑，然后再主动提议帮主人把跑散的牛给追回来，借此索要一定的费用。这种把戏赶牛人通常一眼就可看穿，但是与其和这些偷牛贼对着干，不如顺着他们，将计就计反而少些麻烦。有关印第安人蓄意制造踩踏事件的传闻在牛仔之中流传甚广，而对实际事件的描述却往往语焉不详。印第安人"劫掠"的目标一般是马："（印第安人）的伎俩是让赶牛人的马队受惊，发生踩踏，惊慌四散，然后借机把跑丢的马偷走。"[102] 无论传闻是否属实，对踩踏事件的担忧的确鲜明地反映了牛仔们赶牛旅途中的生活，充满不确定性，随时都危机四伏。

假如有牛群闯进了他们的地盘，或者从附近经过，怒气冲冲的自耕农和城镇居民也可能诱发踩踏事件。贝利斯·弗莱彻解释说，当他赶着牛群经过维多利亚镇时，"一位女士担心牛群会撞坏她的栅栏，毁掉她的玫瑰花，于是跑到栅栏前，向牛群疯狂地挥舞着她的帽子，结果致使前面的几头牛因此受到了惊吓。”[103] 弗莱彻对他的赶牛老板大加赞赏，认为是他阻止了踩踏事件，避免了对“城市财产”造成严重破坏。[104] 这个故事似乎有点牵强，但人们对赶牛小队感到不满也不奇怪。在后来的一次赶牛过程中，弗莱彻的牛群跑到了一位妇女家的地窖子上，致使地窖子的屋顶塌了下去。虽然已经向女主人表达了“深深的歉意”，但弗莱彻和他的伙伴们最终也没能得到这位女士的原谅。[105]

大多数赶牛小队都通常选择走这几条路线：主要是奇肖姆赶牛大道、西部赶牛大道、古德奈特－洛文赶牛大道，以及早期的肖尼赶牛大道。[106] 这些主要路线就像远洋航线：航线相对固定，比方说从红河谷到堪萨斯州考德威尔这一条线路，但是每次的路线又不尽相同，尾随的运牛队接连不断，络绎不绝。赶牛人 M. J. 里普斯（M. J. Ripps）把赶牛大道比作河流：“河道会随着时间的推移而改变；同样地，赶牛大道也会随着时间而改变。”[107] 顺着这些赶牛大道，每一次具体的路线略有不同，具体取决于天气、水的供应情况，也取决于从天际线尽头处其他赶牛小队那里传来的消息。

把肉牛从得克萨斯州送到北部市场，大多会路过印第安领地（今天的俄克拉何马州）。赶牛人难免会和美洲印第安人打交道。那些赶牛人大都吐槽印第安领地那边是多么多么荒凉，当地人一贯喜欢不劳而获，收取“贡品”或者索要不应得的施舍。由于赶牛人不太了解印第安人的规矩，双方打交道就没那么顺畅。赶牛人常常抱怨，时不时就会碰上一位自称是印第安人领袖或其特使的人物。而如果赶牛人对印第安人的规矩了解不足，可能使得问题更加复杂。所谓特使们常常向过路牛队索要数头肉牛，后者由此换取通行权，牛仔 V. J. 卡瓦哈尔（V. J. Carvajal）称之为“关税”。[108] 面对这种情况，赶牛老板一般会送上几头蹄子发炎的肉牛或跛牛来打发他们，而对方要么欣然接受，要么会索要更理想的回报。A. M. 吉尔德（A. M. Gildea）就曾满心愤怒地讲述过一次遭遇，梅斯卡勒罗人印第安人（Mescalero Indians，居住在美国新墨西哥州和得克萨斯州的阿帕切族印第安人中的一支）不仅拒绝接受那些残弱的肉牛，而且还一定要自己挑选心仪的肉牛。[109] 尽管赶牛人觉得印第安人这样做很过分，但是这其实也不过相当于一笔过路费。毕竟，牛群所过之处很难说不会造成破坏；它们会踩坏土地、消耗有限的饮水、沿路还要免费吃草。

对于那些不愿交出肉牛换道路通行权的赶牛队来说，有人会故意惊扰牛群，刻意制造踩踏事件，以此作为报复。这表明，印第安人首领们认为用肉牛换取路权是理所应当的事情。A. 哈夫迈耶（A. Huffmeyer）讲述了他的赶牛小队通过奥萨奇族（Osage Nation）时经历的一件事："一个印第安人头领带着四个印第安小伙子来到我们营地……要我们给他进贡一两头牤牛，这样就可以允许我们在他们的地界上放牧。"赶牛队老板没有答应他们的要求，于是"印第安人不怀好意地笑了笑就走了，还威胁说当晚要回来惊扰我们的牛群，总之，这头牛他们是无论如何也要拿到。"[110] 赫夫迈耶很清楚这其中的风险，因为赶牛人之间经常讨论这种交换。托马斯·韦尔德（Thomas Welder）在回顾他赶牛的经历时表示，他"总是按照对方要求给肉牛，从来没有遇到任何麻烦，但其他没有这样做的人，牛群当晚就发生了踩踏事故，最后蒙受的损失可能反而比我还大。"[111]

大多数情况下，赶牛小分队并不会一路一直把肉牛运送到最终目的地。赶牛只不过是一种手段，借助于这些南北方向的动脉通道，将肉牛与全美沿东西方向延伸的铁路网相互连接起来。因此，赶牛之旅通常到肉牛小镇便画上了句号，因为这里往往构成了通往西部主要铁路的接入点。但是，在谈论这些小镇——包括人类和牲口——如火如荼的生活之前，有必要首先了解，究竟是赶牛大道之外的哪些因素决定了牛群的最终去向。从某种意义上而言，相关推动因素既包括城镇发展拥护者的努力及铁路政策，同时也包括肉牛隔离检疫制度及联邦政府权力的扩张。

肉牛瘟疾及对流动性的监管

在印第安人领地及领地之外其他地区，迁徙的牛群所到之处，往往会发生踩踏庄稼、啃掉私人土地上牧草的情况，因而招致当地农场主和牧场主普遍的愤怒和怨气。但与得克萨斯赶牛小队有时可能带来的肉牛瘟疾问题相比，上述问题的重要性反而位居其次。19世纪 80 年代，在有得克萨斯长角牛经过的地方，当地肉牛在吃了这里的草之后往往染上疾病并很快死掉。据《西部纪事报》(*Western Recorder*) 所载，"牲口染上这一瘟病之后，往往会无精打采地四处游荡，毛发前倒、脑袋下垂、眼睛迷离，直到最后精疲力竭倒地身亡。"[112] 疫情暴发之后，由此引发的应对措施往往如疾风骤雨，严厉且极端，感染的牛被无情射杀，接触过疫情的则被强制隔离。[113] 这场瘟病的起因、影响以及传播程度，在当时曾引发激烈的争议，但据后来人们所做的预测，1866—1889 年，这场瘟疾所导致的损失高达 6300 万美元。[114]

这一疾病当时非常神秘，有时似乎无恙无害，但更多的时候极为致命。各种各样的理论众说纷纭：牧草遭受了污染、迁徙的牲口蹄子上携带有脏东西、携带病菌的扁虱、过路牛群带来的邪毒之气，等等。鉴于威胁的严峻性，堪萨斯的农场主、牧场主希望推行隔离检疫制度，以便将得克萨斯肉牛阻挡在本州疆域之外。得克萨斯人则对这一风险不屑一顾，声称所有这些抱怨都只是敌对牧场主意欲摧毁他们贸易的卑鄙企图。虽然得克萨斯人一开始试图规避或漠视隔离检疫要求，但最终还是接受了这些，并且对他们自主推动建立、主要针对得克萨斯牛瘟的监管性解决方案表示积极拥抱：设立经联邦政府授权认可的赶牛道，意在让他们的牛群远离所过之地本土的牲口。

我在论述过程中之所以特别侧重介绍发生在一线现场的冲突，目的就是讨论以下内容：在推动联邦政府制定并颁布相关规章方面，地方性政治张力发挥了何等作用。此外，州一级隔离检疫政策在执行过程中存在的问题——比如说，为了规避主管部门，往往选择在不同辖区间快速迁移——表明，市场规模与监管规模两者之间往往存在着密切的关联；两者之间任何的不匹配都可能引发冲突，进而导致市场或州政府一方势力的增加或减少。如果说赶牛大道的生态系统是由一系列错综交织的关系构成，并使得肉牛的迁徙和流动成为一种可能，那么，围绕肉牛隔离检疫政策而形成的空间政治格局则决定了牲口流动的方向及方式。

就连这一瘟病的名称也是充满了纷争。为一致性起见，本文将之统称为“得克萨斯牛瘟”。相关的其他名字还包括西班牙热、扁虱热、南方肉牛热、脾脏热等。隔离引发的纷争之中，某些力主采取激进措施抗击这一瘟疾的人士将它称为得克萨斯牛瘟，意在凸显得克萨斯肉牛贸易带来的威胁。不出所料，这一叫法遭到了得克萨斯人的强烈鄙视。南得克萨斯牲畜联合会（Southern Texas Live Stock Association）首席兽医A. E. 卡洛瑟尔（A. E. Carothers）认为这一叫法是一例典型的“名称误用”现象，据他观察，这一疾病“根本无法证明与得克萨斯肉牛存在任何关联。”[115]

虽然卡洛瑟尔坚称两者间没有关系，但有充分证据表明得克萨斯肉牛的确会传播这一疾病。动物产业局（Bureau of Animal Industry）首任首席兽医、全美首位兽医学学位获得者 D. E. 萨尔蒙（D. E. Salmon）终生致力于与这一疾病进行斗争。[116] 在首发于《养殖人报》

的《得克萨斯牛瘟：关乎全国的重大事件》（*Texas Fever: A Matter of National Importance*）一文中，他论述道，这一疾病不仅原发于南部地区，而且，贪得无厌的牧场主及肉牛行业投资人还“冥顽不化地”拒不承认这一瘟疾的威胁。[117]

得克萨斯人依然心存怀疑。萨尔蒙声称，当时仍颇有争议的病菌理论有助于解释得克萨斯牛瘟传播的问题。但针对这一说法，卡洛瑟尔曾极尽调侃，戏谑地认为这些病菌“不存在于任何地方，只存在于这些学识渊博的科学家们丰富的想象里或单面眼镜厚厚的镜片之后。”[118]得克萨斯州参议员理查德·考克（Richard Coke）称萨尔蒙的解释是种“魔鬼理论”。[119]而在约瑟夫·麦考伊看来，构成专门研究这一疾病的机构的成员“都是一群过气的庸医、不切实际的理论家，以及一帮愚蠢无知的呆瓜”。[120]这拨批评者总是能够敏锐地注意到，兽医们手头并未掌握有关得克萨斯牛瘟诱因的实打实证据。[121]

尽管有这一系列的质疑，但北方牧场主、农场主对此没有丝毫怀疑，因为他们曾眼睁睁地看见过，就在他们自己的牧场上，一头头的肉牛在与得克萨斯肉牛混合之后不久便轰然倒地身亡。这些人都强烈要求推行隔离检疫制度。1867 年，堪萨斯州通过立法，禁止得克萨斯肉牛从本州内人口密集的地区穿越，而只能从堪萨斯州最西端的地区借道通过。19 世纪 70 年代，这一法案曾历经修订和更新。及至 19 世纪 80 年代，西北部的怀俄明、科罗拉多等州也相继通过了隔离法。[122]最后，一系列彼此相互重叠、措辞含混不清的州级及地方性隔离规章终于拼凑成形，覆盖了整个西部地区。

然而，这些隔离法规在最终实施过程中要么执行不力，要么存在严重选择性。其中最触目惊心的例子或许当属堪萨斯州阿比林小镇的各家巨型牲畜围栏，它们干脆公然违反堪萨斯州 1867 年制定的隔离法。这也就意味着，该州最大规模的肉牛市场从形式上本身就不合法。约瑟夫·麦考伊是牲畜围栏的总策划师，并赢得了堪萨斯州长的支持，让后者对当地农场主的投诉充耳不闻。[123] 甚至在隔离法经过更新、并要求肉牛必须在堪萨斯越冬后方可上市销售之后，似乎也并未对该镇市场产生多大影响。约瑟夫·麦考伊曾开玩笑说道：“（令我惊讶的是）转年夏季，有多少‘越冬的肉牛’抵达了阿比林。事实上，想要找到一头四到五岁却从不曾在某个地方‘越过冬’的牤牛或母牛还真不是件容易的事。”[124]

至少在开初阶段，隔离法执行得并不成功。它们遭遇了坚决的抵抗——赶牛是桩肥得流油的生意——再加上得克萨斯牛瘟的病因、流行程度以及影响等都并无明确的公论，更进一步导致了隔离法的失败。尽管得克萨斯人的怀疑有时的确显得有些愤世嫉俗，围绕该瘟疾的种种谜团却构成了实实在在的怀疑态度的坚实基础，并引发了对貌似属于保护主义性质的隔离措施的愤怒情绪。[125] 此外，牧场主、市场经营者倒是也愿意在特殊情况下对隔离措施做出调整，或者允许一些打擦边球的做法存在，但问题在于，并没有几个人确切知道该如何做才妥当（或者安全），才符合这种特例。[126] 对于“赶牛人及其牛群必须首先获得许，然后方可从当地人的地产或附近区域通过”这一规定，情况尤其如此。得克萨斯牛群与当地牛群之间的缓冲地带往往划定得要么过宽、要么过窄。与此类似，得克萨斯牛瘟原发地所在地区也并不确定，因此导致的结果就是有时某些毫无危害的牛群被强制隔离，而真正危险的牛群却可以获得准许并堂而皇之地顺利通过。

执行不力，再加上得克萨斯牧场主公然违背隔离政策，双重因素的共同作用导致了民间力量自发组织起来的强制隔离措施。在有关牧场经营文化的众多传说之中，“温彻斯特式隔离”占据了一个非常核心（而且也是真真切切）的地位，牧场主、农场主们挥舞着来复枪，武力阻止过路牛群从自己的土地上穿过。[127] 当听说一位老熟人打算赶着一群很可能感染了疾病的肉牛从自己的地盘上穿过时，查尔斯·古德奈特立刻给对方写了封信，并解释说："即便咱俩之间有交情，也没法保证你能从这里顺利通过……直截了当跟你说吧，你不可能平安无事地从这里穿过去。"[128] 在堪萨斯等地，这类事情通常被视作合理合法的执法行动，因为这些限制都在法律中写得明明白白。

尽管19世纪70年代的隔离检疫法总体情况比较失败，但及至19世纪80年代早期，这类限制性措施似乎终于开始展示其锋利的牙齿。传染性胸膜肺炎也是一种同样具有极大破坏力的牛瘟。一场来势汹汹的胸膜肺炎疫情让美国向英国出口肉牛的贸易面临严峻威胁，立法机构及政府官员终于开始严肃对待牛瘟，并将之视作一件非常严重的政治、经济事件。[129] 此外，堪萨斯的农场主及小规模牧场主也与北方牧场主结成联盟（对后者而言，反对得克萨斯产业显然也符合他们自身的利益），共同致力于推进执法。

得克萨斯牧场主及其盟友们意识到，对于隔离检疫要求，他们不可能永远规避下去，因此也希望探寻一套自己的解决方案。他们希望联邦政府出面，设立一个全国性的赶牛大道网络，从得克萨斯红河谷一直延伸到加拿大边界，而且必须足够宽敞，足以满足隔离要求所需要的条件，并免受拓荒定居者的扩张侵扰。在此之前，围绕类似提案的争论早已进行了多年，不过，鼎力支持设立全国性赶牛大道的人士这次高调选择了一个极为有利的场合来推出自己的计划：于1884年11月在圣路易斯隆重开幕的全国牧场经营行业大会。

大会进行到第三天，得克萨斯牧场主嘉吉·卡罗尔（Judge Carroll）发起提议，呼吁国会建立一个全国性赶牛大道网络。[130] 来自新墨西哥州的史蒂芬·多尔西（Stephen Dorsey）随即附议表示支持，宣称"得克萨斯人民有权享有这样一条大道。"[131] 但这一提议也遭到了众多人的批评。至少有一位堪萨斯人提出质疑，怀疑这么一个赶牛大道网络是否能够有效遏制得克萨斯牛瘟的传播和蔓延。[132]

某些批评并不关乎牛瘟问题本身。来自怀俄明州的 A. T. 巴比特（A. T. Babbitt）解释说："我们反对它的理由并不是因为感染或牛瘟的隐患……我们之所以反对建立这条赶牛道，完全是出于对我们的投资安全的考虑。"[133] 巴比特及其在科罗拉多、蒙大拿等地的盟友反对设立这一赶牛道网络，因为他们认为这是保护得克萨斯牧场经营行业的一项措施，而在当时的情况下，北方牧场主本来就早已饱受市场价格低迷现状的困扰。虽然遭遇了这些直言不讳的反对声音，但由于得克萨斯人在参会者中占据多数，所以与会者投票通过一项决议，建议将建立全国性赶牛大道的请求提交华盛顿。

随着全国性赶牛大道提案出台，围绕得克萨斯牛瘟的争议双方如今都希望推动一套监管性解决方案。这标志着迈出了至关重要的一步：实行干预措施的大框架依然是一个有争议的话题，但出台监管措施本身的价值已基本成为一个共识。更何况，双方都将视线投向了联邦方案；双方都认为，地方利益已经裹挟了各州的监管体制，以至形成了某些"令人困扰的"结局。[134] 得克萨斯牧场主及其盟友希望借助联邦干预措施保护跨州商务活动，因为他们坚信州一级的利益已经威胁到了这些活动的正常进行。这标志着对肉牛市场实行监管过程中的关键一步；局势已经非常明显，监管的规模必须与市场的规模相匹配。一旦商品流通超出了州界，联邦方案似乎也就成了一种必然的选择。

1886 年 4 月 28 日，得克萨斯代表约翰·亨尼格尔·里根（John Henniger Reagan）向众议院递交了设立全国性牲畜流通高速路的法案。虽然里根曾是南部邦联的拥护者、并且还因叛国罪而短暂地在波士顿沃伦堡监狱服过一段刑，但至 19 世纪 80 年代时，已转变成为联邦力量的一位坚定支持者，如果局势对得克萨斯有利，则更是如此。推出组建赶牛大道的措施时，他明确宣布这一提案得到了内政部长的大力支持，并"顺利无阻地"在参议院获得通过。虽然支持一方热情极度高涨，但也遭到了对方沉默而有力的反击，原因很可能是因为反对者认定这一提案将主要让得克萨斯大型公司化经营的牧场受益。进行票决时，法案得到了69票支持、29票反对，但未能达到任何动议获得通过所必需的法定票数。[135] 法案因此夭折，其后再也没人提起。

然而，短短几年之后，联邦政府果然出手进行了干预。这一结果是诸多因素共同作用的产物：动物产业局活动日益频繁、动物隔离检疫渐成普遍习惯且势头不断增强，此外，受雇于政府部门的兽医科学家也成功地发起运动，将隔离检疫确定为控制传染性胸膜肺炎蔓延的主要手段。1889年7月，农业部在南方15州全面推行了隔离检疫制度。[136]

由于地方性隔离检疫制度的有效执行，再加之赶牛人寄望于设立全国性赶牛大道的最后一线希望也黯然破灭，赶牛行业迅速开始走向衰落。及至19世纪80年代末期，被徒步赶着送往市场的肉牛数量已经锐降了80%多，年运送总数更是达到1867年以来的最低点。[137] 由得克萨斯向北运行、用于充实北部牧场的一岁小牛货源几近枯竭，而通过铁路直接运往芝加哥的肉牛数量却激剧膨胀。尽管如此，全国性肉牛市场以及政府对这一市场的监管，却毫无疑问都是赶牛行业兴旺发达的那段时期的产物，并逐渐登上了整个行业的核心位置。

关于得克萨斯牛瘟的故事并未随19世纪80年代中期的到来而戛然终止。这一瘟疾继续对西部地区肉牛的健康构成威胁并导致大量死亡，而且，为了应对因隔离检疫问题而不断爆发的冲突和纷争，人们纷纷开始拥抱一种全新的解决方案，即通过铁路运输来保持肉牛处于隔离状态，但这一方案反而加剧了得克萨斯牛瘟的蔓延和传播，因为这一途径使被感染的肉牛走得更远、更广。直到1893年，科学家们才总体达成共识，认定扁虱是导致这一瘟疾传播的元凶——而此时距这一解释最初提出已经过去了十多年。[138] 随后的20

年间，动物产业局的科学家们通过不懈努力终于彻底消灭了这一疾病，其中所采取的一项措施就是对肉牛进行强制性消毒，而对于小规模农场主和牧场主而言，这一强制性措施的成本高昂得令人望而却步。这一场运动使得大批小规模农场主丧失了其肉牛，与当初疫情流行危及小农场主生计时所爆发的隔离纷争形成了一种耐人寻味的鲜明对比。[139]

归根结底，得克萨斯牛瘟这一流行性疫情是经济、生物双重因素共同导致的一种产物。得克萨斯肉牛一开始时曾对这一瘟疾极为易感，但在它们抵达美洲大陆之后的200年间，逐步演化形成了抵抗力。由于开初时主要局限于当地市场，这些牲口终生都很少迁徙，因此这一疾病的影响范围相对有限。直到得克萨斯肉牛被送往北方销售时，这一瘟疾才开始传播给了全新的种群。受商品流通及消费模式改变的影响，这一疾病开始进一步扩散和蔓延。从这个角度来看，给赶牛行业带来巨大破坏力的得克萨斯牛瘟其实并非是一种自然衍生（或纯粹依靠生物作用力而形成）的疾病。相反，这一疾病之所以演变成为流行性牛瘟，恰恰正是这一体制的衍生现象。

得克萨斯牛瘟的故事彰显了政府监管在全国性市场形成过程中不可推脱的责任。肉牛的流动形成了一系列的经济和社会矛盾，而没有政府的干预，这些冲突和矛盾就不可能得到有效的解决。虽然得克萨斯牧场主开始时对隔离检疫制度心有抗拒，但最终还是得出结论，除了敞开怀抱接纳监管，恐怕别无其他出路。即使在监管的性质问题上展开争论各方仍存在不同理解，但各方都一致对国家的权威表示接受和认同。此外，围绕得克萨斯牛瘟问题出现的种种政治操弄表明，监管的规模通常需要与市场的规模相互呼应：当商品和人员的流通开始越过行政辖区的边界时，地方性的解决方案难免相互抵牾。尽管如此，正是这些地方性冲突，最终引发了强烈的呼声，呼吁出台立足点更高、更广的解决方案。市场发展与政府的扩张构成了种种相关交织的过程，其根源既可追溯到不同地域之间的冲突和竞争，同时也可归因于各区域或国家内部机制的不断发展。

赶牛道与市场之间

走过漫长的赶牛道之后，牛群也便抵达了肉牛小镇。这里是牧场主开始走向全国铁路网、进而走进方兴未艾的全国性市场的第一站。肉牛小镇都是些激情澎湃的热土，仿佛时刻都处在一个不断扩张的过程之中，好事的吹捧者、支持者们每时每刻都在推广自己所在的镇子，期待它成为下一个芝加哥或圣路易斯。小镇的发展离不开一大批流动性极高的参与者及其随身带来的商机：要么是过路的牧场主，要么是寻找新场地、以便将其路网不断扩展的铁路公司。为了招徕更多的外来者，各个小镇都争相建起了诸如旅馆、牲畜围栏等便捷、可靠且看上去似曾相识的种种便利设施，并大加宣传推广。由于众多小镇都在做着同样的事情，由此推动形成了一个城镇标准化热潮，进而构成了冉冉兴起的全国性肉牛市场之中非常核心的一个方面。

其关键在于对标准化这一概念的具体理解。在本书中，这一概念是指不同地方之间相互趋同、变得日益相似的一种倾向，从而减少了外来者在向这些地方进军过程中必须增强对当地风土人情的了解的必要性。牧场主们需要得到一种保障，即使来到一个从来不曾涉足的陌生地方，也可以顺利找到干净舒适、便捷可靠的牲畜围栏。同理，有了标准化的赶牛道，也就意味着牧场主只需循着引导指示牌就可以轻松找到镇子上的牲畜围栏，不再需要事先详细了解沿途具体的路径。对于这类小镇发展的拥护者而言，这一趋同过程其实是柄双刃剑：如果某小镇拥有独特的资源，能够提供其他任何地方都无法提供的服务，客户自然就有了去往那里的理由和动力。但一旦所有地方都可以提供质量稳定、诚信可靠的优质服务，牧场主也便不再有刻意精挑细选的必要，只需随性任意选择一家即可，他们走到哪里，相应的生意自然也随之带到了哪里。

堪萨斯的阿比林是历史上第一家重要的肉牛小镇。内战结束之后，尽管得克萨斯拥有充足的肉牛供应、芝加哥也有庞大的市场需求，但铁路最南端只能通到堪萨斯。再加上肉牛装卸设施非常落后，因此通过铁路运输的程序十分复杂。1867 年，约瑟夫 · 麦考伊及一批合伙人经过商量决定，如果能够将阿比林打造成为一个连接得克萨斯牧场经营行业与全国市场的关键节点，就有望创造出巨大的商机。[140] 于是，麦考伊开始四处游说铁路公司，广泛联系牧场主，由此开启了一场旨在招徕客户和生意的野心勃勃的推广计划。

阿比林经济中的绝大部分生意开始围绕肉牛运输业务蓬勃兴起。正如城镇发展拥护者热切希望将自己所在的小镇打造成下一个西部大都会一样，众多小规模业主也开始将赌注压在蒸蒸日上的肉牛行业，巴望着赚大钱，一夜之间摇身一变成为下一位西部大亨。[141] 大多数小镇上都建起了宾馆、旅舍，同时也开设了当地银行，以便为赶牛生意提供资金支持，为肉牛行业这列飞驰的列车滚滚前进的车轮添加润滑剂。雨后春笋般涌现的食品店铺为来来往往的赶牛小队补充给养提供了便利条件。牛仔们通常都是到站结账，而且，按照当时肉牛小镇上流行的话来说，不花光所挣到的每一分薪水绝不会离开镇子。舞厅、酒吧等为他们吃喝玩乐提供了必要的场所，各商家纷纷打出“阿拉莫”（Alamo）、“孤星”（Lone Star）、“长角”（Long Horns）等极具地域风情的商铺名号，以招徕这些得克萨斯佬。[142] 虽然名义上并不合法，但对于卖淫嫖娼等活动肉牛小镇大多数都持宽容的态度；城镇的不断扩张偶尔也招致了警方的严厉打击。[143] 这些地方大多都表现出鲜明的季节性特征：从春季直到深秋都非常繁忙，但一到冬季，便基本沦为空镇，空荡荡的小镇几乎不见人烟。

堪萨斯州埃尔斯沃斯镇（Ellsworth）是继阿比林之后快速崛起的另一个著名肉牛小镇。该小镇的兴衰故事既生动地反映了它作为一个奶牛小镇的生命周期规律，同时也亲身见证了全国肉牛市场走向标准化的过程。[144] 埃尔斯沃斯镇地处通往东部地区的交通要道上，建镇之初曾主要面向西部广大地区。该镇首创于 1867 年。当时，一批城镇发展拥护者曾设想将埃尔斯沃斯打造成为堪萨斯 – 太平洋铁路（Kansas Pacific Railway）东端的终点，堪萨斯、科罗拉多以及新墨西哥等西部各州的物资补给站。[145] 最初的这一方案结果以惨败告终。一场始料不及的洪灾迫使该镇不得不对镇址重新规划，迁往一处地势相对较高的位置，而且祸不单行，夏延族印第安人出其不意的一场突袭更是使小镇陷入一片混乱。随后，小镇再次遭遇失败，未能成功说服铁路公司高管将该镇建设成为西去铁路的一个中继补给站。埃尔斯沃斯镇的故事似乎已然走到了尽头。[146]

然而，埃尔斯沃斯镇的拥护者不甘心就此放弃。1869 年，他们向进军肉牛行业迈出了勇敢的一步。小镇领导们展开了一场声势浩大的游说活动，试图说服堪萨斯州立法机构赋予通往埃尔斯沃斯镇的州级赶牛道一项特殊豁免权，免受得克萨斯热防疫隔离法制约。由于获得的成功有限，该镇的拥护者们接着又在堪萨斯 – 太平洋铁路公司的帮助下面向“肉牛所有人及交易商”竖起了一个巨幅海报栏，为埃尔斯沃斯镇“规模庞大、宽敞舒适的牲畜围栏”、优质的草场以及其他各种便利设施大做广告。拥护者们还夸大其词，极力宣扬得克萨斯牛瘟防疫隔离措施所带来的负面威胁，强调自己的牲畜围栏“完全符合法律要求”，随后还以含糊其词的语气，表达了对得克萨斯牧场主的诚挚支持，因为将牛群赶往埃尔斯沃斯镇将有助于保护赶牛人免于遭受“不公正的司法诉讼”。[147]

（他们）对得克萨斯牧场主的同情和支持其实并不真诚，因为埃尔斯沃斯镇的拥护者们实际上是幕后推手，力推州内其他地方对牧场主提起诉讼。更有甚者，他们还开始向牧场主发出警告，声称隔离检疫法对去往阿比林的牛群构成了威胁。[148] 约瑟夫·麦考伊曾痛骂埃尔斯沃斯镇的拥护者，称“他们不择手段，简直不配为人，丝毫不懂得按照坦诚的方式从事合法的生意；满脑子都是卑鄙的诡计和令人不齿的动机，俨然就是传说中的食尸鬼，为了达到其目的，几乎用尽了他们的脑子所能想到的一切卑劣手段。”[149] 凭借着这些“卑鄙的诡计”，埃尔斯沃斯镇这个地名不久之后便赫然出现在了地图之上。

1871 年，堪萨斯 – 太平洋铁路公司买下并扩展了埃尔斯沃斯镇的牲畜围栏，使它们的规模跃居全州首位。[150] 与此同时，铁路公司员工及埃尔斯沃斯镇的吹捧者们继续在得克萨斯大力推广和宣传该镇。与 1869 年那次一样，他们招募人员四处派发地图，宣称这里是“走出得克萨斯条件最优越、距离最短的一条赶牛路线”[151]，同时还派发各种制作精美、信息翔实的宣传册子，内容包含线路指南、费用预估，还包括位于埃尔斯沃斯镇境内的各家大牧场的铭牌、铁路、肉牛收购场所，等等。由于这些指南所提供的信息非常明确、清晰，因此牧场主可以基于自己心目中的预期价格便捷地决定将牛群送往哪里，不再需要事先制订送牛攻略或提前了解详细旅行路线。

对于埃尔斯沃斯镇的吹捧者以及堪萨斯 – 太平洋铁路公司的推广人员而言，所有这一切努力很快便得到了回报。1871 年，抵达这里的肉牛头数就几乎达到 30 万，而且，这还只是各大公司 1872 年纷纷将办公地迁往埃尔斯沃斯镇之前的那个淡季的业绩。[152] 在 1871 年或 1872 年之间的某个时刻，阿比林赶牛人之家（Drover’s Cottage）这家酒店的所有人摘下其日渐萧条的门店招牌，将业务迁至埃尔斯沃斯镇并重新挂牌开业。[153] 1872 年，将近 10 万头肉牛相继来到埃尔斯沃斯镇，使这里一跃成为整个堪萨斯当年规模最大的市场。这里迅速成为著名的奇肖姆赶牛道（Chisholm trail）的新终点，借用某位记者的话来说，这里成了“去岁的阿比林”[154]。仿佛就在一夜之间，埃尔斯沃斯镇成了一座人头攒动的繁华小镇，酒店旅舍、美发沙龙、补给商店等各种店铺鳞次栉比，还成为堪萨斯市以西所有各地之中唯一一座拥有人行专用道的城镇。[155]

小镇一时繁华无限，但麻烦也已经隐约可见。堪萨斯州威奇塔镇的推手们也早就觊觎已久，渴望着从得克萨斯肉牛贸易中分得一杯羹。威奇塔镇、埃尔斯沃斯镇两地的报纸编辑们争相刊发文章，对自己的镇子极尽宣扬吹捧，同时也竭力贬低对手。为了招徕客户，埃尔斯沃斯镇的领导者们设立了专门基金，威奇塔镇也不甘示弱，随即跟进。[156]

随着时间不断推移，威奇塔镇在这场角逐中渐居上风。由于地理位置相对偏近于得克萨斯，威奇塔镇的推手们在这场抢夺地盘的游戏中居于相对更加有利的位置。这里也很快建起了种种便利设施，酒店旅舍、日杂商店、牲畜围栏等一应俱全，功能方面与埃尔斯沃斯镇基本没有什么两样。1873年，随着圣达菲铁路公司（Santa Fe）的线路延伸至威奇塔镇，该公司随即成为一个重要的肉牛承运商。仅在当年，通过这里发往其他各地的肉牛数量便跃升至40万头。与此同时，其他铁路公司也开始将路网延伸进入得克萨斯，从而带走了埃尔斯沃斯镇更多的生意。埃尔斯沃斯镇一度凭借不择手段的竞争获得了短暂的繁华与荣光，却最终沦落为同样的竞争手段的牺牲品。正如肉牛历史学家唐纳德·沃瑟斯特（Donald Worcester）观察所见，“当威奇塔镇的市场开业之后，那些曾经抛弃阿比林镇奔赴埃尔斯沃斯镇的商人们，又一次毅然将行囊打包装车，开拔赶往新兴的肉牛中心。”[157]

埃尔斯沃斯镇的迅速陨落并非孤例。堪萨斯州考德威尔镇（Caldwell）也曾经历了同样的命运。19世纪70年代末，艾奇逊－托皮卡－圣达菲铁路公司（AT&SF）与堪萨斯市－伯灵顿及西南铁路公司（KCB&SW）两家均有意让其线路从考德威尔镇或其附近穿过。双方管理层都与小镇领导见了面，都希望从当地获得一笔补贴。经过一番政治角逐，小镇上彼此针锋相对的两派一度甚至陷入剑拔弩张的对峙状态，艾奇逊－托皮卡－圣达菲铁路公司最终获得了该镇的支持。然而，说好的铁路线路却姗姗来迟。小镇居民只能眼巴巴望着得克萨斯贸易旁落其他小镇之手。等到 1880 年，该镇的推手们向另一家铁路公司抛出了橄榄枝，希望借此敦促艾奇逊－托皮卡－圣达菲铁路公司加快线路建设步伐。然而，这帮推手原本希望两家铁路公司自相竞争，不料反而给自己招来了灾殃。由于考德威尔镇的大力推介，堪萨斯市－劳伦斯及西南铁路公司（KCL&S）对这一地区也产生了兴趣。然而，由于邻近另一小镇提出了更优厚的补贴，最终将线路选址定在了那里。这座邻近小镇就是堪萨斯亨尼韦尔（Hunnewell），很快便吸引了肉牛贸易中绝大部分的业务。随着艾奇逊－托皮卡－圣达菲铁路公司线路最终落户考德威尔镇，两镇之间的竞争由此陷入了恶性循环。虽然艾奇逊－托皮卡－圣达菲铁路公司最终获得了胜利，但考德威尔镇为此付出了惨痛的代价。没过几年，肉牛贸易生意再次旁落他处，虽说铁路线路留了下来，但考德威尔镇从此一蹶不振，再也未能重拾昔日繁华。

考德威尔镇的故事揭示了铁路竞争这一额外层面的情况，而这方面的竞争在这一进程中尤其占据核心位置。铁路运营是事关全国的庞大生意，却往往深陷地方政治势力角逐的泥潭而无法自拔。不同铁路线路间的竞争意味着铁路公司经理们必须与小镇推手们结成同盟、携手共进。铁路是标准化进程的主要推动力量，但只有得到诸多雄心勃勃、目光高远的肉牛小镇的鼎力合作，这一切才有可能得以实现。

透过创作于 1874 年的两组影像图片，标准化进程（及其中牵涉的风险）便可清晰呈现出来。其中两张描绘的是“阿比林小镇的繁华盛景”（Abilene in Its Glory），另两张反映的则是“堪萨斯埃尔斯沃斯镇”的风貌。火车车厢一直蔓延到天际尽头。图片前景中则是川流不息的肉牛、马匹以及牛仔。这两幅图片所刻画的场景不仅高度相似，而且完全就是两幅全然雷同的图片的翻版。在与约瑟夫·麦考伊的一次合作中，堪萨斯艺术家亨利·沃洛尔（Henry Worrall）创作了两幅画作；事实证明，埃尔斯沃斯镇的推手们果然如麦考伊所称的那样“完全不择手段”。[158] 要么是埃尔斯沃斯镇的居民，要么就是堪萨斯－太平洋铁路公司的促销人员，居然厚颜无耻地直接剽窃了沃洛尔为阿比林小镇创作的画作，并用在了自己的宣传手册之中。[159]

相较剽窃沃洛尔画作一事而言，更重要的问题在于以下一个事实，即用这些画来代表两个小镇中任何一个都完全没有任何问题，而且埃尔斯沃斯镇的推手们可以采取直接模仿和照搬的方法。他们希望得克萨斯的牧场主们将埃尔斯沃斯镇视同其他任何一座小镇，完全可以与年前最受欢迎的阿比林小镇互换代替。这一策略在短短几年内为埃尔斯沃斯镇带来了大量的生意，但与此同时，它也构成了标准化进程中的一个有机组成部分，将遍布全国的肉牛分销体系串联起来，形成了一个抽象的全国市场，规模超过了任何一个单独的地域。

从牧场主的角度来看，所有这些肉牛小镇都发挥着完全相同的功能：通往远方市场的入口。一旦牛群被赶到了埃尔斯沃斯或阿比林之类的小镇，经理们就会为其肉牛喂上丰盛的饲料和水草，以便牲口能够拥有足够的体力去面对接下来的在轨旅程并存活下来。牛仔们纷纷踏上归家的旅途——当然，离去之前免不了要在镇上慷慨地消费一番，花上一笔不菲的开支——而牧场主或赶牛经理们则要忙着合计将自家的牲口送往何处：芝加哥、堪萨斯市，抑或是其他什么地方。牛群随即被装上火车，而且耽搁的时间越短越好。

堪萨斯阿比林小镇宣传推广图片

摘自约瑟夫·麦考伊《历史概述》(*Historic Sketches*)。经堪萨斯州历史学会授权复制。

一幅题为“堪萨斯埃尔斯沃斯”的宣传推广图片

摘自堪萨斯－太平洋铁路公司发布的《大得克萨斯地区肉牛赶牛道导引图》(*Guide Map of the Great Texas Cattle Trail*)。该宣传手册的制作人貌似直接重复使用了阿比林小镇的图片。经堪萨斯州历史学会授权复制。

通过铁路运输肉牛必须审慎地平衡风险。假如火车速度过慢，或者最终目的地距离过远，肉牛在旅途中便很可能损失珍贵的膘肉。

但如果车速过快，牲口受伤的风险则会相应增加。如果突然刹车，或者经过急弯，很可能引发撞伤。[160] 此外，假如肉牛装车装得过于密集，那么体形庞大或牛角发育较好的牲口则很可能伤及体形较小的同伴。缺水、缺食是另一大隐忧。如果是徒步行走，牲口可以每隔一段定期休息，以补充水草，但在火车运输过程中显然无法做到这一点。随着牲口变得缺水、饥饿，甚至只是感到疲倦，就会试图躺下休息，这将进一步增大其受伤的风险。某些承运人会使用带锋利尖刺的长杆戳躺在车厢中的牲口，直到它恢复站立姿势。有些肉牛则在旅途中彻底殒命。美国人道联合会（The American Humane Association）曾对肉牛运输行业的行为大加谴责，甚至尝试鼓励开发更加人道的运牛车厢，可惜这一努力未能获得成功。[161]

肉牛贸易早期，用于运输牲口的通常是标准厢式车。车厢中挤满了牛，承运人会在牲口中间撒些干草和饲料。牛的主人或托管人住在车厢一端，有时还会躺在牲口边上睡觉。[162] 这种情形对承运人、车主以及牧场主来说都不是很理想；车厢里随处都充斥着牲口的粪便。

及至 19 世纪末期，少量运牛专用车厢开始投入使用。这类车厢通常为某一具体公司所有——截至 1889 年，比较著名的公司共有七家——一般会与某铁路公司签订合作协议，按照私人运输专线的方式运营。[163] 这类专用车厢之中，名望最高、也比较高端的一个代表是宫殿式牲口运输车（Palace Stock Car）。这种车厢诞生于 19 世纪 80 年代初期，开发人为 A. C. 马瑟尔（A. C. Mather），可以装载 25 头牲口。牲口一左一右依次朝向车厢两侧站立，每两头之间安装隔板，头顶稍上方是放草料的食槽，下方则是饮水槽。[164] 虽然说成本不菲，但据估算，这种专用车厢大大地降低了肉牛在运输过程中的损耗率。[165]

这类车厢始终未能广泛推广开来。[166] 关键问题在于，活畜运输通常都是单向流动的：运往芝加哥。专用车厢无法装载其他货物，因此从芝加哥方向开出的列车只能空跑，这让铁路公司的经理们十分苦恼，因为他们希望车厢能时刻都装载得满满当当。铁路公司某经理甚至发出了危言耸听式的评价，“这两种设备，也就是冷冻车厢以及宫殿式牲口运输车，简直就是两个大吸血鬼，正在源源不断地吸光铁路的生命之血。”[167] 这话固然有些夸张，却有力地说明了肉牛运输体系中最核心的一对矛盾，一方面要尽可能确保肉牛在运输过程中能够安全舒适（主要是出于经济因素），另一方面又不得不考虑广义货运体系的利益诉求。由于这一原因，承运人通常更倾向于选择灵活度相对较高的标准货运车厢。

载满肉牛的火车抵达市场之后，牲口随即被卸下，并由当地牲畜围栏公司接手管护，后者通常按照单一费率标准收取费用——大约每头牛每天收取 25 美分。[168] 将牲口卸下来的过程高度复杂烦琐。精疲力竭、口干似火的牲口必须用刺杆拼命驱赶才愿意走下来，已经死掉或者濒临死亡的牛则需要由围栏工人用绳子拴上拖拽下来。[169] 存活下来的牲口通常会喂饱喝足，然后再过磅称重——这一做法极富争议，因为买方声称自己因此要为一些无效重量额外支付一笔开支。再然后，牲口会被赶往一个大牛棚等待售出。在此期间，牲畜围栏公司负责管护牛群，在整个售卖交易过程中，这些公司同时也充当仲裁人的角色，负责称重、认证等事宜。[170]

牲畜围栏通常都是些鱼龙混杂的地方，牧场主往往需要高度依赖于代理，通常称之为委托商。委托商通常按照单一费率标准收费——19 世纪 80 年代，芝加哥当地的费率标准大约为每头牛 50 美分，或者以 5%~10% 不等的比例从肉牛销售额中提成。他们会密切关注当地市场以及其他各地的价格变动状况，相当于牧场主的“综合资讯情报处”。[171] 比方说，当美国牲口委托公司（American Live Stock Commission Company）的某位代表发现在某地市场很难找到合适的买主时，他就会告诉自己的客户，“（我）觉得最划算的办法是把（肉牛）转手到芝加哥。”[172] 从这一意义上来看，委托商负责打理具体业务，谋划在哪里卖、怎么卖等具体事宜，从而帮助牧场主超越就近市场的局限和制约。由于牲畜围栏所提供的喂食、饮水以及寄养等服务都是按天计费，因此牧场主自然希望尽早卖出。牧场主有时候会明确表达自己的倾向性——比方说，威廉·萨默维尔曾指示其委托商可以考虑将牛送往芝加哥，但接着叮嘱道，请务必“记住，我们更倾向于在堪萨斯市交易”[173]——但具体到售卖过程实际落实情况，则主要由委托商相机裁决，因为他们会根据经验来综合权衡速度和价格之间的关系。

通常情况下，这些委托商以前都当过赶牛人或“票友式”牧场主，只是后来觉得干交易中间协调人更有赚头，才最终转行从事起了这方面业务。委托公司巨头亨特－伊文斯公司（Hunter, Evans & Company）的 R. D. 亨特（R. D. Hunter）就是一个很典型的例子，在与阿尔伯特·伊文斯（Albert Evans）联手开办这家公司之前，他就是靠赶牛、卖牛业务赚到了自己的第一桶金。[174] 这些人通常对肉牛市场有着非常深入透彻的洞察和了解，养牛人的经历又为他们积累了声望和信誉，因此公司很快便声名鹊起。亨特－伊文斯公司迅速扩张，在多个市场都站住了脚跟，并跻身于同行前列。整个西部地区，有数十家公司从事这方面业务，员工通常只有一到两名。仅堪萨斯市一地，委托公司的数量在 19 世纪 80 年代就曾达到 50 余家。这些公司大多主要从事本地业务，本土小公司与大公司之间经常是矛盾重重，因为后者不仅在多地市场都经营业务，而且还会派出代表深入牧区招募客户。

牧场主必须给予委托商充分的相机裁决权力。市场瞬息万变，很少有时间允许双方来来回回沟通。因此，彼此间的信任就显得尤其必要，但委托商的承诺往往又极为靠不住。为了招徕客户，某公司夸夸其谈，对过往业绩大吹特吹，甚至主动提议“拿出账本来让（客户）随便检查”。[175] 但即便如此，这一方法也并不绝对令人信服。

委托商通常仅记录交易的总重量以及肉牛头数，如果某位牧场主所经手的牲口数量动辄数百头、数千头，这就为欺诈留下了充裕的口子。某位牧场主满心怨气，痛骂委托商、铁路公司以及其他某些人全都是一丘之貉，“（他们）从（每头牲口身上）赚的钱，远比我们这些辛苦养牛的人还要多得多。”[176]

随着市场规模不断扩张，正规的牲口交易市场开始尝试对委托行业行为予以规范化、标准化。白纸黑字的明文规则有助于平抑牧场主的担忧，既保证贸易顺利进行，同时也降低了牧场主在人生地不熟的市场从事交易时对当地人脉的需求。不过，这同时也是一个小公司与大公司努力抗衡的过程，堪萨斯市活畜交易中心（Kansas City Live Stock Exchange）的发展历程便清楚表明了这一点。[177] 19 世纪 70 年代，少数几家多地经营的委托公司控制了这一行业的绝大部分交易，主要是因为他们建立了极为广泛的人脉网络，可以将普通肉牛交易进行集中整合。他们借助于返点、回扣等制度来回报大客户，有效地挖了小公司的墙角，因为后者很少能有资金实力提供同样的好处。[178] 1886 年，一批初创的委托公司联合组建了堪萨斯市活畜交易中心，无论交易规模大小，都统一按照每头牛 50 美分的标准费率来收取佣金。虽然众多小公司表现出了巨大的热情，积极加入活畜交易中心，但大公司并不甘心就此让渡出自己的主导地位。[179] 这些大公司的抵抗并未持续多久。交易中心的组织者充分发挥他们对堪萨斯市当地情况了解更加深入的优势，迫使大公司不得不服从并相继加入。当交易中心威胁将公布各大公司的灰色回扣行径时，后者不得不屈服并加入了进来。一旦打开了口子，有少数几家大公司同意加盟入伙，剩下负隅顽抗的几家便将不得不面临更加严峻的压力。于是没过多久，堪萨斯市活畜交易中心便将全市的肉牛交易统统掌握在了自己手中。

堪萨斯市初创委托公司的胜利，标志着小规模本地商人在与大型多市场商人斗争过程中的一场大捷。尽管如此，其最终产物——以活畜交易中心为其具体表现形式的标准化结果——同时也大大促进了全国性商品市场的形成和发展，因为它大大提升了大大小小各种规模的牧场主参与堪萨斯市场经营活动的便利程度。即便是从来不曾到过堪萨斯市的牧场主，也可以非常便利地在那里开展业务。因此对于小型、通常以本地业务为主的公司来说，这堪称一个巨大的帮助，但归根结底，这一成就激活了西部地区的肉牛流通，并使得其规模日渐扩大。美国活畜委托公司（American Live Stock Commission Company）曾试图在多个市场同时开展业务，但最终在与本地公司的竞争中被斩落马下。该公司的命运表明了标准化过程中更为错综复杂的一面。这家公司组建于 1889 年，在多地市场都有业务，推行大客户返点回扣制度，能够比竞争对手更快速地提供报价。有关该公司的话题在史学圈颇具争议。某些民粹主义史学家认为，这家部分由牧场主组成的公司代表了相对趋于进步的理念。[180] 另外，某些偏向于行业自律主张的史学家则批评这一观点存在漏洞，认为该公司的成立所代表的其实只是大牧场主压迫小委托商、规避堪萨斯市活畜交易中心等组织对其进行约束的一场企图。最终，堪萨斯市交易中心，芝加哥、奥马哈等地的交易中心联手发起抵制运动，并针对该公司采取了司法行动。[181] 牧场主们听到风声之后，纷纷开始另寻合作对象。莫尔多·麦肯兹（Murdo Mackenzie）曾就更换委托商一事征求同事亚历山大·麦凯（Alexander Mackay）的意见，因为，“过去两年间，你大部分肉牛都是通过美国活畜委托公司销售的，但今年他们似乎惹上了麻烦……它被驱逐出了牲畜围栏交易中心，遭到了买主抵制……如果继续将牲口运往这家公司，我们随时都可能让自己的肉牛困在围栏中无人问津。”[182] 公司最终倒是熬过了这场抵制运动，但因此元气大伤。这充分表明，与芝加哥肉类加工商一样，标准化过程既可以让某些公司大获裨益，也可以让另外一些多地经营的公司深受其害。

无论具体涉及的是牧场主、委托商、铁路公司，抑或是肉类加工商，肉牛行业竞争拼的都是规模。流动性高的从业者努力在多个不同市场从事经营，而本地委托商之类相对固定于某一地域范围内的从业者则往往被困在两难境地，一方面希望将经营规模保持在本地，另一方面又不得不推行标准化，以招徕远方的客户。但总体的宏观趋势时刻都存在：各方都希望借助某种形式的监管，以解决业务协调过程中所面临的问题，而流动性强的从业者则希望实现标准化。

敲定交易

虽然委托商在帮助牧场主应对肉牛市场的过程中起着非常重要的作用，但有一个事实依然不容回避：将肉牛卖出的过程是一个高度棘手、极为闹心的过程。理论上讲，这一系统对卖方有很大好处：他们可以从不同的潜在买家那里得到有利的竞价，支付也都总是按照现金结算的方式进行。但从实际情况上来看，占据上风的其实是买方。买方不必担心牲畜围栏在牛群等候售卖期间需要按天收取草料费用。卖方即使对当时的行情价格不太满意，贸然决定将一群牛运往另一地市场销售时恐怕也得认真掂量一下其中所涉及的风险，而买方如果不满意，只需要给其他市场的合作伙伴拍个电报，换个地方在别处购买就可以。由于这一原因，市场上的实际价格很少能达到牧场主所希望的水平。

让肉牛市场情况更加复杂和棘手的另一个原因在于：市场上并不存在一个适用于所有场合、所有交易类型的统一价格；不同种类的肉牛，价格也相去甚远。正如某牧场主所解释的那样，“售卖这样的牲口，每 100 磅之间的价格差实在是很大”，“因为在芝加哥，跟我们打交道的买主有两类，他们给出的报价之间差别非常显著。”[183] 他所说的两种不同类型分别指买来用于白条牛生产的（高端品质）和用于生产罐装食品的（低端品质）不同肉牛。市场还可细分为得克萨斯肉牛、本地肉牛、高品质牲口等不同类型。价格以及市场方面的这一多元性特征往往让牧场主无所适从，但对肉类加工商而言极为有利。假如高品质牲口的价格相对较低，肉类加工商就会乘机买进囤积；或者，假如用于生产罐装肉的公牛价格相对较高，他们也可以挺着暂不买进，而靠以往积攒下来的盈余存货维持生产，直至价格再次回落。

在市场状况相对较差的时期，这一做法尤其有效——虽然说对牧场主而言非常残酷。由于供应过于充足，整个 19 世纪 80 年代价格都长期处于下滑的趋势，只有少数情况例外，接下来的 90 年代期间情况也基本相似。价格低迷之时，牧场主们绝望地发现“也只能随行就市”，即使价格仅仅略高于（有时甚至低于）自己所支付的饲料及运输成本，也无奈只能被迫接受。在这样的情况下，委托商往往会打电报给牧场主，询问他们所能接受的最低价位底线是多少。[184] 曾有那么一段时间，价格跌得实在惨不忍睹，“母牛最终卖出的实际净价基本上并不比牛皮本身的价值高出多少”。[185]

不过话说回来，要说供应过量就是问题的全部，恐怕也只有乡巴佬才会相信。有充分的证据表明，勾连串通行为严重损害了正常竞价过程。美国参议院就肉牛销售过程进行调查之后得出结论，“相当高比例的证词……本质上都表明，当肉牛所有人将其牛群运到芝加哥或堪萨斯市的市场之后，往往发现买方在报价方面相互之间根本不存在竞争，如果他们拒绝了第一份报价，结果往往会发现，最终被迫接受的实际价格极有可能反而更低。”[186]

G. 布尔曼（G. Buarmann）曾在莫利斯公司任职，据他声称，肉类加工商各大巨头每天清早“都会给牛肉设定价格”。[187] 某养牛人曾当面作证，说明肉类加工商存在“宰客、欺负可怜人”的情况，据他介绍，当他去卖牛时，只有一个人给报了价，“其他任何人都没有再报价，走近我们牛群的人之中，根本没有一个是真心的买家。”[188] 甚至有人声称（尽管证据相对更加有限），肉类加工商们会抱团报价，大批大批地买进肉牛或公猪，然后再私下瓜分。[189] 明确地讲，的确也有一些证据表明不存在价格串联行为；塞缪尔·P. 凯迪（Samuel P. Cady）汇报声称，自己多次卖牛时都收到了来自多位不同买主的报价，尽管调查人员后来也注意到，多位比较活跃的委托商及牧场主都不大愿意公开表示存在价格串联的现象。[190] 不管价格串联的现象是否实际存在，有一个事实或许同样值得关注：调查人员发现，“即使是在那些明显偏向于肉类加工商的证人之中，很多人也都毫不犹豫地表示，只要‘四大’觉得行使这一权利对自己合适，那么，对市场的支配权就绝对会被牢牢地掌握在他们的手里”。[191]

如果价格实在过低，牧场主决定换一处市场碰碰运气，情况也很少能有所改善。正如艾奥瓦州康瑟尔布拉夫斯市（Council Bluffs）的养牛人 L. C. 鲍德温（L. C. Baldwin）所言：“就我个人经验来说，情况基本都是这样，如果在奥马哈卖不出去，我们把牛从奥马哈运到芝加哥，通常都是指望着能多赚一点……但根据我个人的经历来看，绝大多数情况下，最后实际赚到的反而更少。”他接着解释道，相信不少养牛人就是因为这一做法而遭到了“惩罚”，肉类加工商对他们的这一行动了如指掌，因为“奥马哈和芝加哥之间讯息交流极为频繁，而且速度非常快；另外，在没有收到从芝加哥来的电报告知那里的市场行情和状况之前，奥马哈基本压根不会开市。”[192] 鲍德温后来还说，芝加哥肉类加工商的势力极为强大，他也没法直接在康瑟尔布拉夫斯市销售，而只能把牛送到奥马哈或其他地方，尽管实际情况是这些大型肉类加工商最终还是把成品肉送回到了这里来售卖。在对鲍德温及其他人的业务横加限制的过程中，这些大型肉类加工公司一方面强迫其他供应商将交易限定在某单一市场范围内，另一方面却竭力将自己的业务拓展到全国各地。

肉类加工商的各类行为之中，最令牧场主们深恶痛绝的还不止这一项。得克萨斯牧场主们对加工商"敲骨断肋式的偷盗行为"尤为恼火。所谓"敲骨断肋式的偷盗行为"，也就是只要发现牲口身上有严重伤痕或缺损，肉类加工商就会从售价中强行扣掉5美元作为补偿。据说，某些加工商为了省钱，往往会故意夸大伤情，另外，由于计算扣减额度通常都发生在过磅、计价等环节完成之后，因此，对于急于将牲口脱手的牧场主而言，即便心里一万个不情愿也别无他法，只能无奈认命。牧场主们曾强烈要求买方在交易敲定之前就首先把伤牛挑出来，但由于势单力薄，根本没有能力保证这一措施能够切实得到落实。[193]

牧场主群体总体而言根本无能为力——毕竟肉类加工商可以同时在多个市场开展业务，而且供应商的数量几乎不计其数。这一现实状况激发了诸多的不满和怨恨。交易的基础是双方相互之间的信任，肉牛所有人距离销售地通常都非常遥远，因此也就为欺骗、猜忌留下了太多的空间。表明肉类加工商之间存在价格串联行为的证据可谓铺天盖地，但从本章的核心观点来看，真正重要的是他们相互勾连串通的具体方式，因为正是得益于这一方式，他们才能一方面充分发挥其业务的规模优势——业务往往遍布某一地区甚至全国各地，另一方面又能将其供应商（无论这一供应商具体是某家牧场、某铁路车皮所有者，或者是某牲畜围栏经营人）牢牢地绑在某一具体地点不得动弹。牧场主们虽然有心在不同市场之间权衡和比较价格，但无奈买方却始终棋高一手；一旦一大批肉牛被运到了堪萨斯市或芝加哥，如果想要另做打算，每一次移动都将涉及巨额的成本。鉴于这一点，也就不难理解为什么牧场主们都强烈希望国家介入，出台全国性统一监管措施，以解决事关经营规模、流动性等的一系列问题。

但无论如何，抵达芝加哥、堪萨斯市或其他任何一个肉类加工中心地的肉牛最终都落入了某一买主的手中，不管牧场主最终拿到手中的收入是否“有所盈余”。牲畜随即就会被过磅称重，现金就会转手，要么是肉牛所有人收拾行李准备打道回府，要么是委托人通过一纸电文将消息传递过去。为了借酒浇愁也好，为了举杯欢庆也罢，到酒吧去痛饮一番很可能基本都是必不可少的小小仪式。而对于牲畜来说，未来无一例外都将极为凄惨和黯淡。

小结

从 19 世纪 70 年代至 20 世纪初，西部肉牛市场经历了由多个区域中心向全国性一体化系统演变的历程。随着这一全国性市场及相关支撑性基础设施的形成，一场决定谁将成为这一新兴体系王者的角逐也几乎同步上演。无论是大平原地区肉牛养殖、玉米主产带肉牛催肥业的蓬勃兴起，还是芝加哥屠宰行业日益鼎盛的势力，其实都并非技术进步及市场作用的必然产物，而是千千万万、大大小小各种斟酌与抉择协同发力、相互作用的综合结果，涉足其中的既包括肉牛养殖人、农场主、肉类加工商，也包括狂热吹捧、推动城镇发展的大忽悠以及铁路公司的各位高管，各方钩心斗角、营营算计，都希望能够在这一方兴未艾的商业大潮中尽享其利，分得一羹。

归根结底，这是一则事关流动性的故事。为了确保肉牛不断流通，肉牛营销体系范围横跨整个北美大陆，其中包含了诸多错综交织的人际及空间关系。“肉牛－牛肉联合体”的兴起离不开一种能力，可以让食品生产地与食品消费地之间的地理距离不断拓宽延伸。这就为那些有能力让肉牛从物理角度、抽象角度（通过资金流通）都动起来的各方力量赋予了极大的优势，无论这些力量的具体身份是铁路公司、赶牛的牛仔，抑或是负责牵线搭桥、撮合交易的委托商人。

这一流动性以及由此引发的社会、政治冲突最终导致了两种鲜明的趋势：一种是针对商务活动规模及其所涉范围广度的监管；另一种是商品及人员流通所涉空间的标准化。以得克萨斯牛瘟这一传染性疾病的蔓延为例，围绕肉牛流动性而起的政治争端引发了一轮监管制度方面的军备竞赛，当事各参与方从当地解决方案到州级解决方案持续升级，一直到联邦政府最终介入。这一趋势拓展了联邦政府的职能范围，政府官员在监管和规范日益扩张的市场、分析研究肉牛疫情等问题的过程中找到了全新的角色定位。与此同时，在某地就业的人口（如城镇化拥护者、企业业主等）为了吸引和招徕流动性极高的生意（如赶牛业务）不断展开竞争，也极大地促进了标准化的进程，最终使得各地、各镇呈现出了同质同貌、大同小异的格局。

标准化进程有助于说明，发端于某一具体地域的“肉牛 - 牛肉联合体”何以能够超越其兴发之地，从规模上不断扩张并最终超越任何一家地域性企业。如前文所讨论的得克萨斯牛瘟所示，西部牧场经营行业发源自得克萨斯，但不久之后便蔓延遍布整个大平原。在某一特定时间段内，某座肉牛小镇或许可以独具优势，但一旦各地都纷纷效仿，呈现出千镇一面的趋势，牧场主也便开始在不同小镇之间流水般来来去去。与此类似，一旦每一家牲畜围栏都采用了基本雷同的业务模式，肉类加工商就可以在各家同时开展其业务。监管措施的改变也为行业监管带来了挑战。政府自有其观察和看待这个世界的独特方式，那些擅于审时度势并充分利用这一点的个人、企业自然可以抢占先机、率先走向繁荣兴盛之路。[194] 合规成本通常都是一笔不菲的支出，那些有实力负担巨额成本的大型经营者将因此获益。同理，监管规章制订和出台的政治过程极有可能受到某些意料之外因素的影响，而且频频如此。令人颇感蹊跷的是，所有这些问题都是一个强健的联邦制政府所带来的结果，强烈呼吁强化联邦防疫隔离措施或设立全国性赶牛大道的小型从业者，恰恰也正是最终沦落到高度依赖于全国性从业者的那一拨参与主体，无论后者的具体代表是芝加哥肉类加工行业巨擘，还是政府部门授权的兽医。

这么说并非意在影射标准化进程或监管体制自身存在固有的问题，而是为了表明，它们可能引发某些特定的后果。标准化不仅促进了稳固的全国性市场的形成，而且也使人们能够有机会在广袤的西部地区频繁流动和迁徙，找到全新的商机。不过，这同时也意味着，企业也同样可以轻轻松松将其业务迁往他地，进而导致某一地区的经济彻底垮塌。并非阿比林的每一位居民都可以像赶牛人之家酒店老板那样迁往另一个肉牛小镇东山再起。同理，监管措施、联邦权力的强化保护了消费者的利益，多数情况下也的确保障了公平竞争，但也为某些势力借监管之机牟取不当利益提供了契机，同时也促进了集中化、规模化的趋势，致使某些处于弱势地位的群体遭遇被边缘化的命运，具体到本章来说，这一被边缘化的群体也就是牧场主们。

尽管如此，究其根本而言，与其说监管与标准化是自然界的法则定律，毋宁说更是一种倾向和趋势。现实世界里，没有任何两座肉牛小镇或牲畜围栏的情形能够绝对如出一辙。此外，即便是联邦官员，也可能被拉拢腐蚀，联邦防疫隔离规定，也可能被迂回规避。从更宏观的角度来看，历史业已证明，在兼顾不同诉求、甚至借助差异获取利益方面，资本主义其实做得相当成功。[195] 然而，向强大的集权制国家发展的趋势，在某一特定背景下从事业务所需的有关当地情况的知识总体趋于减少，都是物品、人员流动过程中始终持续存在的一面。

时至今日，这些趋势和倾向依然清晰可辨。从事肉、奶、乳酪等商品生产的小规模生产者都依然面临着高昂的合规成本，因为联邦监管规章通常更有利于大型加工商。[196] 与此相似，标准化意味着肉类加工商可以将得克萨斯、科罗拉多、怀俄明，甚至远在阿根廷的各牧场主及屠宰场都统统玩弄于股掌之间，让他们互相竞争。这一现实状况更进一步加剧了现代食品生产体系中的不平等现象。从更宏观的角度来看，标准化给所有社区都带来了高昂的代价。以高速公路出口标志为例，各不同社区间的同质化倾向表现得竟是如此显著。无论是对于底特律、匹兹堡这样的都市，还是对阿比林、埃尔斯沃斯这样的小镇，百城（镇）一面都是真真切切存在的现实。

地方往往具有某些无法根除的本土属性：某牧场主的场址只能坐落在得克萨斯锅把地带，某律师的事务所必须设址于芝加哥。而业务空间则受各种社会、经济关系制约，就功能、效用而言极有可能完全雷同。从某种角度来看，芝加哥联合牲畜围栏与坐落于堪萨斯市或威奇塔镇的其他牲畜围栏并无本质不同。对于“肉牛 – 牛肉联合体”而言，获得成功的关键在于拥有一种特殊的能力，能够在众多可以相互替代的不同市场同时开展业务，而不必仅仅局限于某些特定的地域范围之内。肉类加工商们建立了高度发达、高度完善的信息和交通网络，让堪萨斯市与芝加哥的肉牛本质上成了可以相互替换的产品。肉类加工商可以操弄和利用高度依附于某一特定地域的人——比方说，在究竟该将自己的肉牛送往哪里这一问题上，牧场主其实基本没有太多选择余地——并让他们彼此互相争斗。所有这些争斗的最终结局决定了西部地区的空间格局及经济势力。

第四章

屠宰场

如果按照他本人的说法，与人合作并不是菲利普·丹佛斯·阿默的强项。1889年，当肉类加工行业巨无霸阿默公司的这位掌门人出现在参议院特别委员会就“肉类产品的运输和销售问题”展开的调查听证会上时，他的公司以及俗称“四大”的其他几家公司（即斯威夫特公司、莫利斯公司以及哈蒙德公司）正面临指控，控诉内容包括两方面：在供应链的一端，它们操控支付给牧场主的价格；而在另一端，则采用掠夺性定价策略来挤垮传统屠户。[1] 短短十余年间，芝加哥的这些肉类加工公司便由地方性小企业摇身一变发展成为全球市场的无敌巨擘。参议员特别委员会——俗称“韦斯特委员会”，因为委员会主席名为乔治·韦斯特（George Vest）——受命就针对“四大”的各项指控展开调查。菲利普·丹佛斯·阿默及其同事被指有“密谋破坏市场供需规则”之嫌，得克萨斯参议员理查德·考克（Richard Coke）在辩论中认为，“四大”“把绳子的两头都攥在自己手里”。[2]

回答韦斯特委员会的质询时，菲利普·丹佛斯·阿默要么顾左右而言他、极力回避问题，要么表现得无比愤怒。针对有关他及竞争对手合谋、规避相互竞价的指控，菲利普·丹佛斯·阿默声称不仅这一指控失实，而且他和竞争对手的关系“就好比两块时刻都处于彼此摩擦状态的火石”。[3] 菲利普·丹佛斯·阿默坦言，他的确偶尔有过与竞争对手共同定价的行为，但那完全是为了消费者的利益。而随后，他却拒不透露究竟与哪家公司进行过合谋定价，反而说愿意向质询官员说明与哪些公司没有进行过合谋定价。质询官回应道，如果按照那样做的话，你完全可以把芝加哥绝大多数公司的名字都列出来。对此，菲利普·丹佛斯·阿默又提出申请，声称需要一些时间，得首先咨询一下自己的律师才能予以回应。

至于其他控诉，菲利普·丹佛斯·阿默则提供了准确却并不完整的答复。针对指控他与铁路公司合谋挤垮小型竞争对手的说法，他回应说，过去十年间的大部分时间里，实际上是铁路公司一直在与其他人合谋算计自己。这一点倒是不假，但丝毫无法改变一个事实：继在一场旷日持久的争斗中获胜之后，芝加哥的大型肉类加工公司借助自己庞大的市场份额，强迫几乎陷入绝境的各家铁路公司陷入内讧，相互之间展开激烈的竞价。对于指责他及其竞争对手联手打压肉牛市场的控词，菲利普·丹佛斯·阿默回应称，价格之所以会跳水，完全就是 19 世纪 80 年代牧场经营行业繁荣期肉牛产量过剩所导致的后果。这一点倒是不假，但也罔顾事实，忽视了足以证明正是各肉类加工商之间的合谋才使问题更加恶化的海量证据。

随后，菲利普·丹佛斯·阿默又提供了一份事先准备好的声明，以解释究竟是什么原因使牧场主及传统屠户的生意举步维艰。在他看来，食品生产行业的结构性改变——冷冻技术和铁路运输的问世——意味着这一行业出现了全新的行业规则。据阿默认为，“为了将西部以及西南部平原地区养起来的、数量庞大的肉牛推向市场，为了将数量同样庞大的牲口宰杀并做好上市准备，以供美国以及欧洲人口密集地区的消费者选择”，就必须采取激进的战略战术。[4] 传统行业势必消失。与回应有关掠夺性定价以及合谋定价等指控时所采取的策略相似，菲利普·丹佛斯·阿默的说法基本沿袭了类似的基调：信息基本准确，但只反映了事实的一面。

从这个角度来判断的话，菲利普·丹佛斯·阿默本人的讲述非常类似学界有关肉类加工行业巨擘兴起经历的叙事方式。所有这些讲述都基本采用了一套标准化的故事模式，重点强调技术及组织方式方面的改变。家畜市场的扩张提供了手段，而铁路的问世则提供了基础设施。冷冻车厢的出现使鲜肉远距离分销成为可能，另外，一旦大型屠宰场每天能够加工处理的肉牛数量高达数千头，而且成本远低于传统屠户，那么集中化生产也便基本得到了保障。按照这一套叙事，食品生产体系的形成是技术变革的必然结果。对于19世纪时的菲利普·丹佛斯·阿默以及他的继承者而言，这一叙事套路提供了一种非常有效的保护屏障，使他们免于因食品生产体系中大量的不平等问题而遭到抨击和批评。

这一叙事套路最早的拥护者就是同时身跨学界和商界的鲁道夫·克莱曼（Rudolf Clemen），他既在西北大学担任教职，同时又身兼该行业期刊《全国食品供应商》（*National Provisioner*）杂志编辑。在1923年出版的综合性著作《美国牲畜及肉类产业》（*The American Livestock and Meat Industry*）一书中，他以技术变革来解释肉类加工行业的发展沿革，凭借敏锐的洞察力来解释哪些人将从中收获最大的利益。克莱曼首先列举了促成现代肉品产业问世的诸多因素：肉牛供应、铁路、冷冻技术，以及“擅于组织的人员”。[5] 至于“四大”的掌门人，他接着解释说，“正是得益于这些人的努力，再加上冷冻车厢，才使肉品产业发生了如此巨大的革命，创建了以商业模式运营的白条牛肉运输流，组建了现代肉品行业的分销系统。在这一方面，这些人身上展现了商业史上前所未有的超人勇气。”[6] 克莱曼在书中倒是也的确提到了铁路公司以及传统屠户对白条牛肉的抵抗，却极其不屑地将这些情况简单归结为“对创业精神以及进步”的非理性反抗。[7]

“伟大人物”式叙事体系在随后的历史过程中逐渐消失，但强调技术以及由此产生的组织方式变革的重要性的思路至今依然处于中心位置。这些论调忽视了集中化肉类加工行业兴起过程中最根本的问题，即社会矛盾问题，从而导致了双重效应：一方面，这套话术抹去了曾经笼罩在所谓“商业天才”身上的光环；另一方面也赦免了他们本该承担的责任——倒闭破产、劳工动乱，所有这一切问题的根源在于结构性力量，而不在于菲利普·丹佛斯·阿默之类的人物。[8] 这套叙事将现代食品生产体系视作技术变革以及商务实践优化的必然结果，而不是社会及政治领域诸多斗争共同作用的产物。

若要完整叙述集中化肉类加工产业兴起的历史，必须将人际矛盾与技术变革、商务发展等因素放在一起讨论。阿默及其众经理人，当然也包括其竞争对手以及他们的经理人，在组织方面的确拥有灵活变通的意识，在某些情况下，甚至也的确堪称商界奇才，但这并不能掩盖他们以势压人胁迫供应商、进行价格串联、破坏罢工等种种恶劣行径。集中化肉牛宰杀行业的出现既是一种创新，也是一种剥削；牛肉分销业务的诞生既是一项发明创造，同时也是一种商务勾结。

冷冻车厢以及经营管理革命固然有助于解释一批小企业何以摇身一变成为主宰世界肉类加工行业的巨头，使肉牛宰杀业务与牛肉消费行为分处北美大陆两端，甚至远隔重洋，但肉类加工商打败劳工组织、铁路公司以及当地屠户的成功战果，却更有利于解释整个局势的发展演化过程，说明这一行业是如何实现了逆袭，由一个令人闻之色变、满心恐怖的行当（空气沉闷窒息的火车车厢，里面堆满发黑变质的肉品），转眼变成了一种不仅大势所趋，而且还值得大加颂扬的商务模式。肉类加工商成功的秘诀，在于他们将自己的事业（也就是集中化大规模肉品生产）与消费者的利益充分结合了起来。牧场主、工人以及传统屠户的利益则统统退居次要位置。政府政策阻碍了行业工会的形成，至于那些被排挤出局的传统屠户，由于他们所采取的保护性措施很少能够得到法庭的有力支持，因此只得无奈放弃，或者彻底退出这一行业。与此同时，牧场主也未能充分动员其力量来与芝加哥肉类加工商相抗衡，反而心甘情愿屈居从属地位。截至 1900 年，曾经一度喧嚣尘上的批评声音，已然渐渐演变成为低声抽泣。因此，重构这一系列社会矛盾和冲突将有助于解释联邦政府为什么，又是如何最终拥抱和接纳了“四大”有关食品生产的愿景。

然而，19世纪80年代，从宰杀到销售的各个环节，芝加哥肉类加工商都曾面临过来自对手的坚决抵抗。肉牛宰杀既事关新技术，同时也事关对劳工的纪律约束，而后者往往构成肉类加工商与屠宰场工人之间冲突的根源。此外，远距离运输白条牛肉的努力也遭到铁路公司的合谋抵制，因为后者希望保住他们以前用于运输活畜的过时设备。等到白条牛肉运抵全国各地的众多城市及乡镇，肉类加工商又不得不一方面与传统屠户展开竞争，另一方面努力吸引心怀疑虑的消费者。在这一过程中，阿默公司经常居于舞台的中央，原因却只是该公司的政策相对具有代表性，能够比较典型地反映“四大”的整体理念。

时至今日，所有这些冲突和争端导致的后果也依然存在。少数几家公司依然主宰着美国，甚至全世界绝大部分的牛肉供应市场。他们从规模相对较小的牧场主及肉牛养殖人身上不断抽血，而且高度依赖于薪酬低廉，且绝大多数情况下都默默无闻的劳动力队伍。尽管公众心中始终隐约感觉事情哪里有点不对，但这一套关系至今依然非常稳定。这一现实状况并非是技术变革的必然结果，而是19世纪末各种政治纷争和势力角逐的直接产物。

劳工

在屠宰场里，时刻都有人在等待机会取代你的位置。当十九岁的文森茨·卢特考斯基（Vincentz Rutkowski）弓着身子、手持切肉刀在斯威夫特公司某一加工车间里忙忙碌碌工作之时，内心里的想法估计大体就是如此。[9] 在工厂里，卢特考斯基的工作就是将肉牛肚子上的脂肪割掉，每天工作时间长达10个小时。这份工作必须由身体健壮，并且容易贴近地面操作的工人来完成，因此对于像卢特考斯基这样的大男孩来说再合适不过，因为他们的力气已经开始显现，但体格仍未发育到成年人那样的程度。[10] 开始工作的头两周，卢特考斯基和另外两个大男孩一起合作。随着他们技术不断熟练，其中一个男孩被炒了鱿鱼。又过了几周，卢特考斯基仅剩的一个工友也被调离了岗位，原先需要由三个人共同完成的工作，现在全部都落在了卢特考斯基一个人头上。

1892年6月30日，卢特考斯基的最后一位工友也下班离开了，而他却因为跟不上解体流水线几近疯狂的节奏，只能留下来继续加班。独自一个人干了三个小时之后，一具庞大的肉牛躯体朝他飞快地旋转过来。这个大男孩来不及躲闪，刀把就被重重地撞了一下，刀尖插入了他左手上靠近肘部的位置，切断了肌肉和肌腱，导致卢特考斯基严重受伤。

1893年年初，卢特考斯基将斯威夫特公司告上了法庭。他的辩护律师辩称："被告有义务……在宰杀和加工处理肉牛的环节雇用足够数量的人手，以确保原告（卢特考斯基）在谨慎、认真地履行其工作职责的过程中，可以不必担心有遭遇危险之虞。"然而，斯威夫特公司却回应称，责任在于卢特考斯基本人，因为他明知存在风险，却没有及时停下手头的工作。[11]

尽管下级法院站在了卢特考斯基一边，伊利诺伊州高级法院却站在了公司一边。法院于1897年6月8日做出裁决，认为没有足够的帮手不足以证明斯威夫特公司存在失职行为。虽然公司有义务提供"适合且安全的机器和设备"，但如果员工对可能面临的风险疏于判断，也要担责。正如裁决书所解释的："当员工发现机器及设备不适合使用、存在危险或不能满足工作之需时，本人有义务提出辞职，不再为雇主服务。但假如他留了下来，就需要自担风险。"斯威夫特公司不必承担责任，因为卢特考斯基选择了留下了继续工作。[12]

导致卢特考斯基受伤的用工体制是大型肉类加工企业的有机组成部分。肉类加工厂堪称技术及组织成就的杰作。然而，假如以每年宰杀数百万头肉牛的工作量来看，仅仅依靠这一点显然还远不能满足需要。肉类加工厂需要大批薪酬低廉、诚实可靠而且求职心切的劳工。所幸，它们得到了这一有利条件。当时正值移民大量涌入的阶段，司法体制往往对资方及管理阶层相对偏袒，却对新兴的工会势力频加限制；而且，（企业）对于员工工伤事故的赔偿责任也非常有限，受所有这些因素共同影响，劳动力供应完全不成问题。为了满足其生产需求，"四大"对员工数量的依赖程度远高于对员工质量的要求。只要公众能够甘心接受像卢特考斯基这样的命运，一切便都可以顺理成章、平安无事地进行下去。[13]

肉类加工流水线肇始于 19 世纪 60 年代时的辛辛那提猪肉加工厂——代表了最早的现代化生产线。其创新之处在于，流水线可以让产品处于连续运转状态，因此也规避了怠工现象，要求工人协调自己的动作，与流水线保持同步。[14] 这一点子日后被证明产生了巨大的影响力。亨利·福特（Henry Ford）在其回忆录中写道，他有关让流水线连续不间断运行的灵感"总体上来自芝加哥肉类加工厂在处理牛肉过程中所使用的吊顶式电动滑轨"。[15]

提到流水生产线，今天的人们通常首先联想到的就是广泛使用机械化作业。不过，这一点在辛辛那提或芝加哥肉类加工厂中算不上重要的方面。由于牲畜体形大小不一、肌肉组织各异、脂肪积聚状况不同，因此，操作过程中最需要的是人类的灵活机动性，而不是机器的精准性。同样一条加工生产线，既可能用于处理体重 900 磅的小公牛，也可能用于处理重达 1100 磅的巨型牲畜。

这些工厂严重依赖高度的劳动分工。牲畜解体流水线与亚当·斯密（Adam Smith）在《国富论》（*Wealth of Nations*）开篇部分解释劳动分工的优势时所提到的缝纫针生产流水线基本没有什么不同，却将斯密的逻辑强化到了一个以前简直难以想象的程度，而这一切之所以成为可能，最根本的原因有两方面：充沛的原材料（肉牛）；大量的廉价劳工储备。肉类加工厂的劳动分工并未促进机械化进程，之所以肉类加工厂的生产力能够提高，只是因为它将工作任务分解成了一个个几乎不需要任何技术的子项，不仅使工人可以被随时替换，而且还通过员工同步协调、加快流水线节奏等手段，整体加重了对劳工的剥削。像卢特考斯基这样的工人几乎可以在流水线上被活活累死。

拍摄于 1906 年的芝加哥斯威夫特公司屠宰车间的照片

牲畜用挂钩悬挂在半空，以便能够轻松移动，随后被一劈两半（图片右侧），美国国会图书馆收藏。

如果说国家的座右铭是 *e pluribus unum*，也就是“以多生一”；屠宰场的座右铭则是 *ex uno plures*，即“以一生多”。当肉牛进入屠宰场时，首先迎面碰上的便是一位手持武器、站在头顶高高悬挂的木板上朝它们走来的工人。不管他是抡起大铁锤直接砸向肉牛的头颅，还是挥舞长矛刺向牲畜的脊骨，都是为了确保一击致命（而且通常都确实达到了其目的）。[16] 助手们则负责将牲畜的四条腿拴上绳索，然后再将尸首拖出车间。随后，宰杀好的牲畜被悬在半空，靠头顶上的滑轨相继由一个工位送至另一个工位。

然后，一位工人割开牲畜的喉管，进行放血、采集血工序，另一组则同步开始剥皮。即使是如此简单的一道工序，也会随着时间推移被进一步细化分解。一开始，这道工序由两名工人完成，但到1904年时，剥皮的工序已经需要由9位不同的工人才能完成。[17] 继剥皮、去内脏并放血之后，牲畜躯体将被送往另一个车间，由训练有素的屠夫分解为4块。分解好的肉将被存储在硕大的冷冻室中，等待随时分销上市。

尽管这一段描写可能令当今的读者头皮发麻，但在19世纪时，公众对这一过程却是津津乐道。这或许与一则黑色幽默有关，牲畜的痛苦持久萦绕在脑海。从阿默公司20世纪初发行的一套明信片上我们可以看到，一排公猪被挂在一台巨大的转轮之上，图片下面的文字写着："轮子飞速旋转，咯吱、咯吱发出悦耳的声音。"与此类似，密尔沃基（Milwaukee）市卡达希公司（Cudahy & Company）则在其宣传手册中喜不自胜地吹嘘，现代化食品加工使得该产业"让全世界的人口免于饥饿，令马尔萨斯（Malthus）的门徒们困惑不已"，随后又站在阉公牛的视角，戏谑地说道，"才走出炼狱般的牧场围栏，转眼又踏入地狱般的肉类加工厂"，在那里，"鬼魅般不断升腾的滚烫蒸汽预示着永无止息的折磨。"[18] 阿默公司的一份宣传册戏谑地将"阉公牛比利笨科"比作一位员工。[19] 它的工作职责如下：

带领一火车毫无戒备的肉牛走出牛栏，迈向屠宰场……动身出发的时刻来临之时，“比利”牵着受害人的手，或许还会用牛类特有的语言告诉同伴，那边有好吃的等着它们，煞有介事地走在队伍的前排，带着它们平安、顺利地走进屠宰场的牛栏。如此这般背叛了自己的朋友之后，它潇洒地转过身，大踏步走向另一车初来乍到的牛群，为它们再次提供同样的服务。[20]

对于从动物视角看问题这一倾向的迷恋同时引发了另一个问题，那就是全然漠视解体流水线上另一组参与者：工人。《科学美国人》（*Scientific American*）杂志满篇都充斥着有关猪肉、牛肉乃至羊肉解体流水线的描述，而在涉及肉类加工厂的各类通俗介绍中，劳工整体却基本都处于几近隐形的地位。[21] 然而，解体流水线之所以能够得以存在，首先离不开劳工制度以及数量庞大的劳工储备，后者在这一过程中所发挥的作用丝毫不亚于劳动分工制度。

芝加哥各家屠宰场内部经营所得的高额利润有赖于厂外成群结队、迫切等待得到一个日工或周工机会的男男女女。[22] 具有充裕的劳动力供应也就意味着加工厂老板可以为所欲为，只要有人对微薄的薪水略有微词，或者只要有人胆敢走得更激进，试图组建工会，便会立马遭到辞退，由外面迫切等待工作机会的人取而代之。与此类似，生产力的提高相应也增加了工伤事故的风险。因此，只有在像文森茨·卢特考斯基之类的员工可以轻轻松松就被人替代的情况下，老板们意欲提高生产力的企图才能得以顺利实施。也是天助肉类加工商，在 19 世纪末期的芝加哥，无论你走在哪里，几乎随处都可以看到大批迫不及待等待工作机会的劳工。

全美肉牛市场季节性波动、变化莫测的特征，将屠宰场的劳工挤到了极度边缘的位置。虽然冷冻技术帮助肉类加工商“克服了季节周期”，保证常年都能有肉牛源源不断运送而来，但肉类加工行业依然呈现出明显的季节性波动。[23] 加工商们不得不充分考虑肉牛生殖周期以及气候变化等因素对夏季进行分销活动（甚至不得不考虑这究竟存不存在可能性）所涉及的成本的影响。每一天、每一月加工处理的牲畜数量都不相同。对于肉类加工厂的工人而言，其影响效果就是，偶尔有某一天，你或许可能拿到非常不错的薪酬，但忙忙碌碌的几天之后，随之而至的可能就是很长时间内都少有、甚至根本无活可干的尴尬境地。对于非技术工人来说，每次找到的工作很可能只能持续短短几周或几个月。

受这一季节性变化及劳工供大于求的双重影响，工人为了保住工作不得不拼命干活。加工商往往只挑选那些身强力壮的求职者，然后使劲让他们加班赶工。这一做法在《屠场》一书中得到了很好的描绘。在小说的开端，主人公哲尔吉斯在汹涌的找工作人群中有幸被选中。这位体格健硕的英雄一脸不屑，嘲讽般地扫视过身边一张张写满沧桑的脸庞。到小说后半部分，当屠宰场、化肥厂常年艰苦的工作折磨得他体虚身弱、病态恹恹之时，哲尔吉斯站在人群之中，只能眼睁睁地看着老板的眼光扫过自己却仿佛视而不见，转而选择了相对更加年富力强、身体健壮的人。[24]

由于存在大批几乎陷入绝望的、急需工作的工人，肉类加工厂的老板便可以轻轻松松列出一份黑名单，哪怕与工会组织仅仅有一丝一毫联系的人，往往也会名列其中。继 1886 年某次停工事件之后，当地警长发布了一则通告，要求所有想要拿回自己工作的人排起长队，由肉类加工厂经理“从队伍中挑选满意的人选，参加当天或其他某天的工作。每位被选中的人都会领到一张通行证，上面扣着带有公司名字的印戳。工人在进入任何一处畜栏之前，都必须出示完好的通行证。”被列入黑名单的工会组织者将拿不到通行证。这一程序完成之后，工人们将被各自遣返回家，同时还被告知，如果还想继续被雇用，就需要凭手中的通行证前往报到。[25]

工作机会非常抢手，找工作的人又是如此迫不及待。因此，就算他们得到了工作，但如果没有牲口待宰杀，往往也只能苦苦等待，而且还没有任何酬劳。工人如果未能在早晨9点之前某个指定的时间点准时到达，很可能就会被炒掉，不过他们也可以不要薪酬继续等待，一直等到10点或11点，看是否有另一批牲口运来。[26] 假如某天牲口送来得特别晚，那么当天的工作很可能就要一直持续到深夜才能结束。

尽管劳动分工制度以及汹涌的待雇用人群对“四大”解体流水线的正常运作非常重要，但仅靠这些仍不足以支撑残酷、无情的生产速度。要做到这一点，就需要在流水线上直接干预。令加工商庆幸的是，他们可以充分利用流水线连续运转过程中的一个核心要素，借此来加强对工人的剥削：只要一个人的节奏加快，那么其他每一个人也就不得不跟上节奏。加工商往往利用某些快手，迫使其他人员也加快速度。对于这些精心挑选出来的快手群体——通常会从每10名工人中选出一名——雇主将会给予稍高的薪资，并给予稳定的职位，但保住这职位的前提是他们必须维持快速的节奏，并让流水线上其他每一位员工都跟上他的进度。这些快手虽然深遭同事和工友嫉恨，却成了管理方加强剥削的一种得力工具。[27]

工头的严格监督也同样重要。管理方会跟踪记录生产线上的产量，产量如果出现滑坡，负责监工的工头很可能就得丢了饭碗。管理方的这一安排就相当于变相鼓励工头采取某些自己不便明确支持的策略。据某位退休的工头介绍，他“时刻都在想尽一切办法压低薪酬……如果成本低于某个特定点位，某些（工头）就可以从省下的支出中获得部分佣金。”[28] 虽然工会官员对工头极尽诋毁和痛骂，《屠场》等小说中也随处充斥着有关腐败堕落的工头的描写，但与他们手下的工人相比，这些工头工作的艰辛程度，其实也只不过略微好一点而已。

解体流水线上的工人去技术化的实现，有赖于提高少数技术性相对较强的工作岗位的薪资水平。虽然这些工人个人拿到的薪资稍微高点，但加工商会设法大幅压低整体平均薪酬。以前，在一组清一色都是全能屠夫的工组里，每位员工的薪酬都是一小时 35 美分。但在新的体制下，少数几位业务尤为娴熟的屠夫每小时可以拿到 50 美分甚至更多，但其他绝大多数岗位每小时的薪酬则会大大缩减——低于 35 美分。薪酬较高的工人往往只会被安排在某些一旦出错就会付出高昂代价（比方说划伤牛皮、切坏高质高价的肉）的工作岗位上。这样既可以避免出错，也可以防范某些临时雇员蓄意破坏。[29] 加工商们同时也坚信（有时则是误信），薪酬较高的员工——俗称“屠夫中的贵族”——对管理方的忠诚度也会相对较高，不大可能与试图组建工会的人合谋串通。

尽管偶有工人试图控制流水线速度、设定固定薪资，但从总体趋势来看，产量以令人难以置信的幅度不断增加。技术要求最高的劈畜工就是一个很好的例子。[30] 经济学家约翰·康蒙斯（John Commons）解释说，1884 年时，“一个工组中，5 名劈畜工每 10 小时可以劈开 800 头肉牛，折合每人每小时 16 头，薪酬则是 45 美分。等到了 1894 年，速度已经大幅增加，4 名劈畜工每 10 小时可以劈开 1200 头肉牛，折合每人每小时 30 头——十年间增加了几近 100%。”[31] 虽然速度大幅提高了，但去技术化的过程使薪酬持续走低，迫使员工不得不干活更加卖力，挣的钱却越来越少。

肉类加工商辩称，不断降低薪酬标准非常必要，因为所售出的产品价格在持续走低。这一说法或许在一定程度上属实，却并不坦诚，因为微薄的利润本身就是他们这一行业战略中最关键的部分。由于加工商不断釜底抽薪，压低当地屠户的价格，因此形成了一个整体大环境，如果不大幅降低薪酬，低廉的价格便会难以维系。而一旦整个行业都照这一原则来组织生产活动，加工商们就可以名正言顺地对工会提出的要求予以反驳，声称如果提高薪资，竞争力就势必遭遇重挫。

加工商的盈利有赖于残酷的劳工剥削制度，这意味着劳工与管理方之间的摩擦始终存在，有时甚至会演变为暴力冲突。然而，由于当时的宏观社会环境及政治氛围仍对加工商一方更加有利。1886年的某次罢工事件就清楚地揭示了这一点，当时，工人们为了争取8小时工作制而举行了一场声势浩大的抗争，这次罢工只是全国广泛抗争中的一个组成部分。工人们的诉求不仅是缩短日工时，还希望日薪资额度保持不变，实质上相等于提高了时薪资。一开始，加工商们对这一提议的态度似乎表现得相对温和。1886年5月的头3天，面对有组织工运以及工人纷纷参与“劳工骑士”（Knights of Labor）组织的汹涌浪潮，大型肉类加工厂及芝加哥的小公司相继接受了8小时工作制。[32]

然而，5月4日，局势却开始急转直下。工人示威过程中，芝加哥草市广场（Haymarket Square）突发爆炸，导致工人与芝加哥警方陷入冲突，由此使得公众的普遍情绪开始变得不利于“劳工骑士”组织。商人们嗅到了其弱点，很多行业的8小时工作制协议开始流产。[33] 虽然肉类加工厂的协议又存续了几个月，但紧张的关系每周都持续恶化。10月，加工商们恢复了10小时工作制。在写给“劳工骑士”组织的领导人特伦斯·鲍德利（Terence Powderly）的一封信中，芝加哥当地的组织者P. M. 弗莱纳甘（P. M. Flanagan）解释道，加工商们表示，“无论如何，在全国其他各地都采取10小时工作制的情况下，芝加哥这里实行8小时工作制根本没法做生意”。[34] 工人们发现这一说法尤为令人担忧，因为芝加哥加工商同时也直接或间接控制着芝加哥以外的大工厂。阿默的哥哥就在堪萨斯市经营着一家大厂。针对放弃8小时工作制的做法，猪肉加工厂工人率先开始反击，牛肉加工厂工人——虽然尚未恢复10小时工作制——也相继加入，以示声援。

针对这一局面，各加工商纷纷开始雇用私家侦探（也就是臭名昭著的“平克顿侦探”），以打击罢工工人，保护他们从全国各地雇来、企图破坏罢工的工贼。他们在南部、中西部以及东部地区的报纸上刊登广告，承诺给新录用的工人提供优渥的薪酬，并同意支付食宿。不过本质上说，这其实只是他们的一种安全保障措施而已。在当地执法力量的支持下，各肉类加工商都做好了进行长期斗争的准备。[35]

肉类加工商们拒绝妥协。阿默公司的工头宣布了永久性人员更换的决定，参加罢工的任何人都将永不录用。某记者在报道中解释说：“（阿默公司）已失去了耐心，不再打算继续扯皮下去，而且还明确宣布，自己想雇谁就雇谁，怎么合适就怎么做生意。”[36] 仅仅在这份火药味十足的声明发布之前的几天，一份有关复工条件的协议刚刚谈崩，因为阿默公司要求其员工在一份文件上签名，公开对“劳工骑士”组织以及普遍意义上的工人运动表示谴责。[37] 虽然各加工商结成了一个统一阵线联盟，但阿默公司才是最核心的推动力量。“劳工骑士”组织的代表 T. R. 巴利（T. R. Barry）向媒体表示，“基于与各加工商沟通的情况，我可以得出一个结论，阿默公司就是阻碍以和平方式解决牲畜交易问题的唯一最大阻力。”[38]

即便从 19 世纪资本家的角度来看，阿默公司对有劳工组织的仇恨也非常极端，有关该公司运用诡计的各种阴谋论甚嚣尘上。1886 年那场总对决爆发之前的几个月里，某位不愿透露姓名的工会成员曾宣称，阿默公司一直在私下购买竞争对手的债务，以胁迫对方与自己开展合作：

（阿默公司）已在未雨绸缪，准备打一场持久战。阿默公司干什么，其他公司就会干什么，不过它们之所以如此，并不是因为同情和认同阿默公司，而是因为情势所迫。多数人可能不知道，但实际情况是，在过去几个月里，阿默公司一直都在大量买进其小型竞争对手发行的 60 天、90 天债券。通常情况下，这类债券可以延缓支付并获得延期。在此类债券由阿默公司持有的情况下，这些小加工商也可以这么做，但前提是它们必须服从阿默的指挥，与其步调一致。[39]

尽管这一阴谋论中的某些细节未必可信，其中流露出来的普遍情绪却实实在在存在。作为势力强大的“四大”之首，阿默公司对其竞争对手的影响力确实非常大。

然而，加工商的力量还绝不仅仅限于他们拒绝与劳工运动组织合作的决心。他们的身后还有国家力量的支持。随着围绕牲畜交易问题形成的紧张对峙关系日益升级，当局“派出了一支逾千人的队伍……以维持秩序、保护财产”。据说，当国民警卫队从芝加哥商品交易所门前列队走过时，经纪人们甚至会站在楼顶阳台上纷纷鼓掌。[40]

罢工运动不足一周便走向失败。继先前数次挫败之后，“劳工骑士”组织全国领导人决定取消罢工，因为他们预感到这场自己的努力注定徒劳无功。“劳工骑士”组织地方分会一开始还希望继续抵抗，但最终也只得不情不愿地重新回到了 10 小时工作制。很多工人丢掉了工作，不过，尽管雇来破坏罢工的工人源源不断地涌来，肉类加工商依然面临严重的用工荒问题，所以最终还是不得不将其中很多人再次聘回了岗位。但工人们最终都被迫在反对工会组织的声明上签了字。[41]

1886 年那场灾难之后，尽管偶有小规模尝试，肉类加工厂工人在 19 世纪却再也未能被有效地组织起来。究其原因，一方面是源于流水生产线对工人的去技能化施加影响——罢工者轻松就可以被人替代，另一方面也是源于肉类加工商竭力阻挠和破坏罢工，再加上继芝加哥“草市场广场事件”之后，政府以及民众对劳工组织的态度也发生了普遍逆转。[42] 公众中多数人认定工会可能威胁到社会稳定。

劳工一方偶尔也的确取得过一些胜利，及至 1897 年，工人们已组建了北美洲切肉工及屠宰工人联合会（the Amalgamated Meat Cutters and Butcher Workmen of North America），但成功的例子非常有限。在短短一代人的时间内，日渐改变的（生产）基础标准便迫使工人们不得不接受了生产速度加快、薪酬却止步不前的现实。这也就意味着，工会取得的胜利之所以还有存在的必要，只是因为它至少保证了劳工的待遇不再进一步恶化，并不是因为它带来了真正意义上的改善。

解体流水生产线的天才之处不仅在于它通过劳动分工提升了生产力，还在于它大大简化了工作内容，使“四大”有机会从不断增加的富余劳动力、对营商活动有利的司法体系中持续获益。假如肉类加工厂所需要的只是技术纯熟的工人，便不可能有机会来剥削工厂门外迫不及待找工作的汹涌人流。假如新员工只需几个小时就可以完成培训、做好上岗准备，而且政府又有心阻挠罢工、减免厂家对工伤事故负有的责任，那么，工人也便沦落成了一次性商品。正是这一原因，才使生产速度以极度危险的方式不断上涨，为加工商带来滚滚利润的同时，也导致类似文森茨·卢特考斯基工伤事故的一幕幕悲剧不断上演。亚当·斯密对劳动分工大加赞扬并无不妥，因为这一模式确实极具创意。然而，其无限的威力不仅在于它如何为管理方赋予了便利的条件，助其以强制方式坐收渔利，从生产力提升中获益，同时也在于它用以提高工人生产效率的方式是何其残酷。[43]

得益于动物屠宰场的管理创新及技术变革，只要加工商有条件强迫工人不断提升生产力，这一行业的利润就会源源不断。归根结底，这一点也有赖于公众对工人的边缘地位坦然接受或视而不见的整体态度。公众认为，这一边缘地位既是 19 世纪 80 年代在整体上对劳工组织不利的大环境所致，同时也是民众痴迷于大批量屠宰这一技术奇迹的后果，这一痴迷心理无形中消减了人工的价值。所有这些过程都肇始于 19 世纪末期，但其影响余波至今依然未减。[44]

车轮上的冰箱

从芝加哥屠宰场生产出来的牛肉，需要运往全美各地销售。这项任务非同小可——因为生鲜肉品极易变质腐烂。自打人类驯化了第一头肉牛，直至19世纪末期，你如果想要吃到新鲜的牛肉，就只能在附近有肉牛的地方生活。冷冻技术的问世改变了这一切。牲口的宰杀地可能在芝加哥，而消费享用地却可能在波士顿、纽约甚至伦敦等遥远的地方。然而，一项新技术的诞生往往只是创造了某种新的可能，并不意味着其广泛采用就一定会顺理成章、水到渠成。

冷冻技术激起了肉类加工商与铁路公司之间几近十年的持续冲突，日后对牛肉产业、芝加哥"四大"的实力，乃至联邦监管历史都产生了意义深远的影响。铁路公司在运输活畜的设备上投入了巨额资金，因此在反对白条牛运输的过程中可谓锱铢必较、吨吨必争。他们终究未能如愿阻止白条牛在全美分销，正如诸多学者所称，这一事实表明，即便全国市场的形成是铁路公司为了自己的利益而努力拼凑才打造出来的成果，肉类加工商也可以将这一市场大棒化为己用，成为攻击前者的利器。[45]

1867年，来自底特律的商人J. B. 苏瑟兰（J. B. Sutherland）获得了冷冻车厢的首项专利，随后几年间，更多竞品相继涌现。[46] 这些设计基本上也就是在标准车厢两头堆满冰块，所以相对来说都仍然非常粗糙、原始。它们有助于让产品保持清凉，却无法保证空气有效流通，因此制冷效果并不均匀，肉类腐烂现象时有发生。冻斑现象也是个问题，为了确保珍贵的商品不直接接触冰块，在早期需要将肉悬挂起来，但这一安排极易导致车厢在急弯处发生摇摆，非常危险。[47] 尽管存在这一系列困难，斯威夫特公司还是从19世纪70年代中期就开始了运输白条牛的尝试。

白条牛运输有巨大的赢利前景。假如运输的是活畜，那么载重量中几乎 40% 的成分是血液、骨头、皮毛及其他非食用部分。纽约、波士顿等地的小型屠宰场及屠户在购买到活畜之后倒是可以将这些副产品转手卖给皮革厂或化肥生产商，但他们在这一方面的能力也非常有限。假如牲畜能在芝加哥宰杀，大型肉类加工厂就可以利用这些副产品实现规模经济效应。实际上，这些公司还可以用明显低于当地屠宰场的价位来销售肉品，而依靠售卖副产品所获收入保持赢利状态。一次接受采访时，阿默对公司利润的来源几乎直言不讳："过段时间之后，我们将发现其他的财富来源，以我本人的公司为例，当前被我们当作废弃物处理掉的东西，其实也可以创造财富。"[48] 然而这一理念整体要想获得成功，就需要在芝加哥采取集中化屠宰，其中的复杂程度远不止于采用冷冻技术。比方说，铁路公司在活畜运输方面投入了大笔资金，首先就对实施变革心存犹疑。

传统上，铁路公司持有火车车厢，运货人须支付一笔费用才能将其产品运往指定目的地。但在冷冻车厢问题上，铁路公司大多对这一试验性新技术心存疑虑，更何况后者还可能危及其既有投资。因此，他们逼迫肉类加工商自己建造冷冻车厢。这一点日后将证明对加工商来说尤为利润丰厚，让他们成了冷冻运输技术行业的主导力量。[49] 等到 20 世纪初期，这一行业更是变得炙手可热，因为肉类加工商也逐渐开始进军全美新鲜果蔬销售行业。

斯威夫特公司的早期尝试大获成功之后，芝加哥的其他肉类加工厂也纷纷开始效仿。及至 19 世纪 80 年代初期，这一曾经微不足道的小小市场已经开始危及传统活畜承运人以及铁路公司自身的赢利空间。假如白条牛运输成为普遍现象，铁路公司就将面临让一大批老旧、过时的活畜运输车厢砸在手里的命运，只能运输利润微薄的商品（肉牛），而无法运输高产值的商品（牛肉），进而导致其设备的营业收入受损，而它们自己还不得不在运输沿途负责牲口的喂养、管护等额外任务。

铁路公司决心奋起反击。他们启用了一套当初旨在平抑行业内部竞争的策略：协同合作协议。19 世纪 80 年代期间，为了避免在运费费率方面的"毁灭性竞争"，铁路公司联合签署了一项协议。因此，从芝加哥到东部滨海地区的铁路公司共同设立了联合行政委员会（Joint Executive Committee），负责协调整个行业的业务。营业收入以及运输量将被"整合"，然后再按照事先商定的协议重新分配。芝加哥商品交易所对联合行政委员会发起激烈的抨击，指控它让这座城市"被铁环牢牢地绑死"，而后者则将冷冻牛肉物流行业确定为自己的首要打击目标。[50]

为避免"不公平的歧视"，委员会成员决定为运输一磅白条牛和一磅活体肉牛设定区别性费率。[51] 这一决定背后的逻辑（或者说据称遵循的逻辑）在于，公平的费率理应"将白条牛承运人及活畜承运人置于同等地位，进而使一个人无论是从东部市场购买直接从芝加哥运来的白条牛，还是购买由西部地区运来活畜，然后在当地宰杀加工而成的白条牛，为每一磅肉所支付的价格都基本相同。"[52] 姑且不管保证公平性是否果真是其初衷，但事实证明，区别性运费费率真正实施起来过程极为复杂。委员会的首次尝试便同时激怒了肉类加工商及活畜承运人，促使它不得不于 1883 年召开了一次会议，试图将牛肉加工、分销及市场推广等环节中所涉及的各项成本都充分考虑进去，以便公平地判断这两种不同渠道各自所需支付的实际总成本，然后据此确立相应的费率。

然而事实证明，这几乎就是件不可能完成的任务。承担上述各项成本的只有肉类加工商及活畜承运人，而双方都有足够的理由和动机将真相隐瞒。就连委员会自身也不得不坦言，他们的估测数字并无多大实际价值。在评估成本的过程中，委员会在其出具的最终报告中坦言，"这些估测数值基于从事各种物流运输的直接利益相关方提供的数据计算得来，因此我们有理由假定，真正可靠的数值介于每种物流方式的最高估测值及最低估测值之间。”[53] 最终确定的相对费率大致如下：每百磅白条牛 70 美分，每百磅肉牛 40 美分。[54] 然而，这一费率只有在所有铁路公司都同意遵守的前提下才能生效。鉴于运输白条牛有望让从业者挣来巨额财富，这一协议最终流产只是个时间问题而已。

在各主要商品承运商之中，加拿大大干线铁路公司（Canada's Grand Trunk Railway，简称大干线铁路公司）素来都只是一个名不见经传的小角色，在激烈的竞争中只能勉强苟延残喘，因为它的铁路网相对曲折迂回，首先需要由芝加哥出发一路向东，然后北行进入加拿大，再然后折返向南，最后再次进入美国。在一个高度竞争的市场里，因此而增加的运费使得大干线铁路公司很少会成为客户的首选目标。但大干线铁路公司的管理层嗅到了白条牛市场中所蕴含的巨大商机。他们向肉类加工商开出了极为慷慨的费率，以此来赢得原先根本不可能有机会得到的业务。大干线铁路公司于 1878 年从斯威夫特公司得到了自己的第一份白条牛运输合同，但业务真正开始起飞得益于联合行政委员会做出的相对费率决定。不久之后，公司的业务便开始蒸蒸日上，很快就进入繁荣兴盛阶段。

19 世纪 80 年代中期，大干线铁路公司的白条牛肉运输量激剧增长。相对活畜运输量而言，白条牛肉运输量增速极为显著。1882—1885 年，通过各家铁路公司运输的活畜数量降低了近 20%，折合 10 万吨；而白条牛肉的运输量则由区区 5500 吨激增至 23.2 万吨——大干线铁路公司获得了这一运量中的绝大部分。1885 年，大干线铁路公司的活畜运量在运往东部地区的活畜中占比不足 1%，却控制了白条牛肉运量中几近 60% 的份额。[55]

虽然大干线铁路公司的生意几乎完全得益于各大美国铁路公司的合谋定价，该公司管理层向股东们报告的却是另一套故事。管理者们辩称，运输流量显著增加的功劳应归功于本公司线路位于寒带地区的优势。并不是因为各大美国铁路公司逼得肉类加工商们别无选择，而是因为“大干线铁路公司的线路……相对靠北的地理位置尤其适合于这类商品的运输”。[56]“尤其适合”一词也同样出现在该公司同年的年度报告中。[57]按照这一逻辑，加拿大本来就相对寒冷的气候降低了冷冻成本，从而为公司带来了竞争优势。之所以会有这套说法，目的极有可能是转移投资人的视线，掩盖大干线铁路公司所面临的一个现实：该司不久之后就已变得严重依赖于这项业务，哪怕仅仅有一家美国公司决定打破联合行政委员会的协议，其业务都可能会顷刻间荡然无存。

各大美国铁路公司刚一捕捉到大干线铁路公司所从事业务的东风，联合行政委员会便立即出手，意欲阻止加拿大的运输生意。威廉·范德比尔特（William Vanderbilt）意图斥资买下联通芝加哥与美加边境重镇呼伦港（Port Huron）的密歇根中央铁路（Michigan Central Railroad），进而切断大干线铁路公司进入芝加哥的路线。但大干线铁路公司比他棋高一筹，抢先买下了这段铁路，并组建了芝加哥及干线铁路公司（Chicago and Grand Trunk）。按照公司总裁的话来说，新组建的公司可以让公司“在芝加哥处于一个完全不用依赖任何人的境地，让我们有权自行决定自己的运输费率，自己控制自己从那一重要中心承运的货物流量”。[58]随后，联合行政委员会又尝试将芝加哥及干线铁路公司也拉进他们的既有协议之中，但心存疑虑（这倒也不难理解）的大干线铁路公司选择了与肉类加工商联手。

大干线铁路公司之所以不愿意与美国各大铁路公司开展合作，是因为它们始终都把自己当成局外人。正是这一自我身份意识，使大干线铁路公司得以颠覆了美国各大铁路公司串通合谋的企图，同时又可以将协同合作体系崩塌的责任归咎于美国铁路公司。在整个19世纪80年代，大干线铁路公司的总裁始终都一再声明，尽管自己的公司一直在努力以公平合理的条件加入该体系，但条件最终还是未能谈拢。1883 年，董事会明确向股东告知，“各大公司之间的摩擦”已经开始伤及我们的业务；1885 年，他们再次宣布，导致协同合作体系崩塌的原因是，“碍于各自的既得利益，铁路公司不愿真诚合作”。[59] 虽然各主要铁路公司看似的确有意边缘化大干线铁路公司，但后者抱怨的总体基调也表明，他们永远也不可能感到满足，只是拿谈判失败作为一个幌子，为自己与肉类加工商的交易寻找借口。当联合行政委员会召开会议讨论前文所述的相对费率时，大干线铁路公司也参与了会议，这一点之所以值得关注，只不过是因为该公司口头上表示反对活畜承运商所做出的成本估测值。[60] 大干线铁路公司的代表也是唯一一位公开站在肉类加工商一方、支持其成本估测值的铁路公司管理人。虽然主要是为了保护自己的业务，大干线铁路公司在协同合作协议问题上的立场却被描述成了合理合法地反对美国各大铁路公司的串通合谋。正如大干线铁路公司总裁 1883 年对其股东们所言：

> 抱怨（白条牛肉）运输费率过低的人之中，很多都是活畜运输业务的既得利益方。他们意欲扼杀这一运输流量，转而试图提升活畜运输流量。但我们的答复如下：“您没有权利抱怨我们的运输费率过低；相比承运同等重量的谷物而言，这项业务付给我们的费用几乎是其四倍。只要这一费率对我们来说有利润可赚，我们就会把该业务开展下去。”[61]

依照大干线铁路公司的说法，白条牛肉贸易的盈利额度充分证明，联合行政委员会所确定的费率根本算不上合情合理。

既然找到了通往市场的路径，肉类加工商在冷冻技术方面的投资也便开始收获回报；同时，开始收获回报的还有他们在肉品分销方面的投资。肉类加工商不仅拥有冷冻车厢，还拥有每隔几百英里就需要一座加冰站。美国的铁路公司以及活畜承运人当初以为成本一定会高得令人却步的做法——肉类加工商成为铁路基础设施的所有人——如今却俨然成了获取竞争优势的砝码及实力源泉。

对于肉类加工商而言，这一做法的奇妙之处在于，除铁路轨道以外，其他的一切都归自己掌控，这也就意味着，他们可以随时根据自己的意愿从一家铁路公司转向另一家。拜大干线铁路公司之功，美国主要铁路公司到 1885 年时已开始准备妥协，肉类加工商则可以将各家铁路公司玩弄于股掌之间，让他们彼此竞争。首先，肉类加工商开始向大干线铁路公司施压。1887 年，该铁路公司的主管开始透露口风，说肉类加工商提出了我们很难满足的条件，不过还是希望"这只是'情侣'之间的小打小闹"。[62] 六个月过后，公司对前景的预测明显惨淡了很多。大干线铁路公司的总裁向股东们报告称："我们帮着增加了这一物流量；我们养虎为患，让（肉类加工商）的实力大幅增加；他们的实力已经非常强大，开始变得又苛刻又武断。"[63] 他接下来开始抱怨，美国的铁路公司已经开始向"四大"献媚，主动开出了运费返利、免费加冰等其他优惠条件。[64] 大干线铁路公司亲手培养起了一个庞然巨兽。

不久之后，几乎所有铁路公司都感受到了来自肉类加工商的压力。在大干线铁路公司的一次特别会议上，公司总裁提到，"托运人在利用铁路公司之间的矛盾，让铁路公司彼此拆台，以便压低这一商品的运输费率，而且他们的势力非常强大"。[65] 他还特别提到了斯威夫特、阿默两家公司，说他们是其中实力最为强大的代表。

美国主要铁路公司被迫报出了极低、极低的费率，鉴于大干线铁路公司迂回曲折的线路，如果按照这样低的费率继续承运白条牛肉，那就根本不可能有利可图。芝加哥及干线铁路公司兴也疾、垮也骤，在白条牛肉运输市场上占有的份额 1887 年锐减至 44.8%，1888 年继续降至 28.42%。[66] 雪上加霜的是，大干线铁路公司残余不多的市场份额基本都只能做到盈亏持平，甚至略有亏损。截至 1893 年，大干线铁路公司的份额已降至 2%，曾经红极一时的芝加哥及干线铁路公司被迫进入托管状态。[67] 与此同时，曾经权倾一时的联合行政委员会成员也纷纷开始彼此“卡脖子”，展开了自残式竞争，只为能赢得肉类加工商的青睐。

肉类加工商现在开始利用自己在铁路公司面前所拥有的绝对优势，对略有苗头的反对者进行遏制和封杀。当得克萨斯牧场主、企业家 J. C. 贝蒂（J. C. Beatty）及几个合伙人想要建立一家独立的白条牛肉生产厂时，立马便遭到了肉类加工商的强烈反对。临近开业之时，他们的承运商南太平洋铁路公司突然通知，将没法向他们提供任何火车车厢。后者最终道出了其中的原委，是阿默公司命令他们不得向任何新兴的厂家提供帮助。尽管这些牧场主原本打算经营的只是得克萨斯至加利福尼亚州南部一带、芝加哥加工商们影响力相对较弱的市场，也终究未能改变遭受排挤和打压的厄运。当贝蒂及合伙人调整战略，尝试向洛杉矶运输活畜时，阿默公司据说旋即扩大了在洛杉矶地区的业务，进而在价格上釜底抽薪，最终将贝蒂等赶出了市场。[68]

曾几何时，肉类加工商还在抱怨铁路公司以不公平的定价强迫己方臣服，甘心接受其操弄。三十年河东三十年河西，而今轮到了铁路公司频频兴叹：肉类加工商的权势着实已经过于强大。“纽约–伊利湖与西部铁路公司（New York, Lake Erie & Western Railroad）”总裁约翰·金（John King）曾抱怨道，斯威夫特公司、哈蒙德公司以及阿默公司“紧紧绑成一伙，无论去哪都步调一致。他们成功地让所有铁路线路都采纳了同样的价位。假如有人意欲有所行动，他们便会一拥而上，采取群狼战术，将反对的苗头扼杀于萌芽状态。”[69] 与其在抵抗劳工运动过程中所表现出来的情况一样，肉类加工商在努力争取对于供应、分销环节的支配权的过程中也表现得团结一心、一致对外，由此形成的强大合力构成了其势力的关键源泉。

肉类加工商的实力如此之大，铁路公司对他们的依赖程度来得如此出人意料，竟致使参议院反托拉斯调查组成员一开始时曾对他们之间的关系做出了错误的判断。当初曾对阿默严词质询的参议院调查员以为，“四大”之所以实力如此强大，在一定程度上有赖于铁路公司的合谋串通。返利行为虽然被定性为非法行径，肉类加工商却依然可以拿到同样的利益，只不过换了一种形式，变成了里程费率，即铁路公司因托运人选择了自己的车厢而返还给后者的一笔费用。调查人员错误地以为这一优惠费率是基于双方平等的关系而衍生出来的一种结果。但事实情况是，铁路公司几乎是被胁迫达成这些协议的。

纽约中部及哈德逊河铁路公司（New York Central & Hudson River Railroad Company）总裁贺拉斯·J. 海登（Horace J. Hayden）在美国参议院作证时曾做过如下辩护。[70] 据海登解释，芝加哥通往东部地区的铁路网过度密集，而“这些冷冻车厢为铁路公司带来了生意，你拥有这么大的一笔生意，当你同时向八家铁路公司抛出橄榄枝时，总有机会找着一家实力相对弱小、因而愿意做出某些让步的公司，而我们却根本没有办法阻止这一点”。[71] 由于肉类加工商可以让各铁路公司彼此相互竞争，因此铁路公司高管们宣称，他们出于无奈只能选择串通定价，只是为了保住生意。

谁料铁路公司聪明反被聪明误，不过公平地讲，这些公司其实也只是某些个别股东所设下的阴谋诡计的受害人。正如理查德·怀特（Richard White）所辩称，铁路建设效率其实不够高，因为它只是高管及投资人用来赚钱的套路而已。说起横跨美国东西两岸的线路，某些城市发出和抵达的列车频次远远超出了实际需要。这一供给过剩的局面，让肉类加工商在确定承运人时有更充分的选择余地，进而使得东部不同铁路公司之间残酷的竞争变得不可避免。这也就意味着，高度集中化的肉类加工商的效益，其实依靠的是国家铁路网络低下的效率。

日后，围绕白条牛肉运输的斗争将对牲畜加工业的整体局势产生深远的影响。假如“四大”可以控制牛肉分销环节，便同样也可以控制牲畜屠宰环节，进一步为他们带来利润极为丰厚的罐头及相关副产品产业，因为他们可以充分发挥规模经济的优势。但首先，芝加哥肉类加工商必须有能力说服心有疑虑的消费者，让后者愿意实实在在地去消费和食用他们的牛肉，并在此过程中一步步将传统屠户排挤出局。

批发肉铺的衰落与白条牛肉的兴起

1889 年，亨利・巴伯（Henry Barber）走进了明尼苏达州拉姆西县（Ramsey County），随身携带的是一百磅违禁品：取自一头在芝加哥宰杀的牲口身上的新鲜牛肉。不过，巴伯并非那种专门趁月黑风高之夜行动的屠夫，而且也并非毫不知晓，1889 年时施行的一部法律相关条文规定，所有在明尼苏达州境内销售的肉品，在宰杀之前都必须经过当地主管机构检验检疫。入境之后不久，巴伯便遭到逮捕、定罪并被判 30 天监禁。然而，在其雇佣单位阿默公司的声援和支持下，巴伯向当地所执行的检验检疫措施勇敢地发起了挑战。

原来，巴伯被捕一事早有预谋，目的就是制造事端，向 1889 年施行的那部法律提出挑战。甚至当明尼苏达州这部法律尚未出炉、还在制订过程中时，阿默公司就已经开始了游说活动，意图将之扼杀在摇篮之中。[72] 在联邦法院庭审过程中，巴伯的律师辩称，据以判定其当事人有罪的那部法律不仅违背联邦关于跨州商务活动的规定，也违背宪法中的特权与豁免条款（Privileges and Immunities Clause）。

这桩诉讼案最终一直打到美国最高法院。庭审过程中，明尼苏达州辩称，如果没有当地活畜检验检疫制度，也就无法判定售卖的肉品是否出自病畜。因此，当地检验检疫是本州警察行使权力过程中完全合情合理的一个环节。如果法庭裁定这一辩论逻辑成立，那么芝加哥各大肉类加工厂从此也就再不能将其产品运至任何一个不友好的州内进行销售。针对这一辩题，巴伯的法务顾问会辩称，明尼苏达州的法律实质上相等于一种地方保护主义措施，是对州外其他屠户的歧视。没有理由认为，芝加哥生产的肉品在运往他地销售之前就没有经过合理的检验检疫。最终，在“1890 年明尼苏达州诉巴伯（*Minnesota v. Barber*）”一案中，最高法院终审裁定该州的相关法律条文违宪，责令立即将巴伯无罪释放。而阿默公司则由此继续发展，直至最后完全占据了当地市场的主宰地位。[73]

在“四大”为了争夺全美分销权利而进行的漫长斗争历程中，巴伯一案的裁定具有里程碑意义。在由当地屠户为了保护自己的行业、抵制“白条牛商人”不断入侵而发起的战斗中，明尼苏达州法令及全美其他各地的类似法令成为斗争的前沿阵地。这场斗争的发展过程凸显了地方性冲突，而其背后则是看似不可避免的结构性剧变：对集中化肉类屠宰体系以及全国性食品经济体的接纳。芝加哥肉类加工商的崛起并非只是个由新惯例取代老规矩的循序渐进过程，而是肉类加工商恃强凌弱、不断排挤和碾压小型竞争对手，且充满暴力的过程。对于加工商而言，巴伯一案的裁决使得所有这些斗争成为可能，却也未能确保（加工商）获取胜利就一定是大势所趋。恰恰是在全美各地城市、乡村中所赢得的数百起小规模胜利的基础之上，肉类加工巨头们才创立起了其巨额利润的摩天大厦。

居于这一白条牛肉大战中心地位的就是批发屠户及零售屠户之间的分歧。批发屠户通常都是从当地市场或邻近农场买来肉牛以后进行宰杀，加工成为通体白条牛（其他部分也都会保留下来，作为副产品售卖给相关行业）。这一加工好的通体白条牛将被一分为四，或不拘好坏切成数块，然后卖给零售屠户，再由后者将肉按磅卖给终端消费者。虽然某些屠户同时身兼批发、零售双重身份，这一分工体系却构成了阿默公司及其同行的业务模式的鲜明特征。他们不愿直接与终端消费者打交道，因为那样做需要具备对当地市场的充分了解，而且很可能牵涉不少的风险。相反，他们希望取代批发屠户。[74] 他们传递给这些屠户的信号很明显，那就是停下宰杀肉牛的业务、专注于卖肉，其余的事情则统统交由加工商来打理。自然，一旦加工商控制了某城市的批发市场，他们便可以根据自己的意愿为零售屠户设定条件。经过数千次的尝试和积累，这一过程日益完善，同时也让加工商原本微不足道的利润变成了巨额盈利。

初来乍到一个地区时，肉类加工商们会积极地去讨好当地有声望的某位屠户。假如当地屠户对他们的造次拒绝配合，加工商们就会开始采取更加激进的策略。比方说，芝加哥加工商一开始进入匹兹堡时，曾试图接近当地一名资深屠户威廉姆·皮特斯（William Peters）。据皮特斯向参议院调查委员会表示，当他拒绝与阿默公司合作时，这家芝加哥公司的代理曾直白地跟他说道："皮特斯先生，如果你们这帮屠户不接受它（白条牛肉），那么我们就将把店铺开遍全市。"[75] 皮特斯依然拒不让步，于是，阿默公司便开始相继建立了自己的门店，借用低价挤垮了匹兹堡当地屠户。皮特斯告诉调查人员，他和其他同行："如今纯粹是为了荣耀而工作。我们工作不是为了赢利……过去三四年间，我们始终都在为荣耀而工作，自打那帮家伙来到我们的小镇，情况就一直都是如此。"[76] 与此同时，阿默公司在匹兹堡的市场份额却持续走高。

肉类加工商传递给当地屠户的信息很明确，那就是"放弃"。来自宾夕法尼亚州卢泽恩县（Luzerne County）的马西亚斯·施瓦勃（Mathias Schwabe）向参议院调查人员反映，阿默公司某位代理给他发来一份充满恶意的电报，直言不讳地写道：“你最好识相点主动放弃并跟我们合作，否则，我们想方设法也会把你搞掉。”[77] 代表公司接受调查时，菲利普·丹佛斯·阿默一开始对这封电报的事矢口否认，但调查人员随后出示了一份公司内部备忘录，其中写道：“绝不能允许施瓦勃继续宰杀活牛。如果他拒不收手……那就让他付出破产的代价。”[78] 阿默公司最终只得承认这一备忘录真实存在，但将责任推给了某位求胜心切、工作热情过于高涨的公司员工。[79]

针对有关掠夺性定价的指控，“四大”则提出了一套巧妙的辩护托词：他们售卖的是易腐商品。假如消费者对某一价位不买账，加工商总不能眼睁睁看着肉品白白腐烂变质吧？他们只能降价。在提交给调查人员的一份事先准备好的证词中，阿默一再强调，将肉品快速卖出去这点非常关键，因为“有一个事实往往极容易被人们所忽略……鲜肉属于一种易腐商品”。[80] 在被逼无奈只得承认芝加哥肉类加工商有几次的确存在串通定价的行为时，阿默解释道，（他们）之所以这么做，目的并不像调查者所想象的那样意在“破坏供需规律”，而是“因为（白条牛肉）是种易腐商品”。[81] 在劳工关系、供应商关系方面，“四大”同样也沿袭了“易腐商品”这一论调，以便为自己所采取的某些激进操作洗白和辩解。正如阿默解释所示：“在商务实践中，哪怕只是一个微小的疏漏，都可能产生灾难性后果，因为加工商一俟肉品准备就绪，就必须尽快把它出手；为了保住市场、留住客户，他必须让自己时刻都处于临战状态，随时满足服务对象的需求，而且还要日复一日，终年如此。”[82] 按照这一思路，“易腐性”这一特征，反而使得肉类加工业沦落成了一个艰苦行业。

相比之下，当地屠户对芝加哥肉类加工商的批评则仿佛多少沾染了那么几分“自诩精英思维”的气息，在立法者以及普通民众面前，反而基本无助于推动他们的抵抗大业。某屠户宣称“四大”存在销售劣质肉品行为，但透过他有关肉类加工商客户状况的描述文字，一种鄙夷和不屑的态度却依稀可辨。肉类加工商将他们所生产出来的牛肉卖给“某杂货店老板，老板又将它继续卖给走进店里的某一位穷苦主妇，而且售价低得实在过头”。[83] 大油是批发商与“四大”竞相角逐的另一种商品。针对这一商品，前文提到的那位屠户解释道：“当然也可以理解，那些贫寒人家并不了解其中的内情，只知道争相去买 8.5 美分的肥油，对我店里售价 12.5 美分的好肥肉却置之不顾。这简直就是耻辱。我觉得，对于每一位屠户来说，这都是最难以忍受的耻辱。”[84] 他接着继续解释说这位贫寒的主妇被蒙蔽了，却将自己所处的困境归咎于主妇的无知。F. H. 布莱斯（F. H. Brice）认为，粗制肉品之所以会卖出甩卖价，是因为普通民众对什么样的肉品适合自己的预期发生了改变。他感叹道：“就算是街上打零工的劳工或者一位黑人，走进店里也会提出要买上等的红屋牛排（porter-house steak），而且非买不可，因为其他地方随处都可以买到。这样就形成了对精制肉品的巨大需求，大家谁也不愿意购买其他级别的肉品。”[85] 这一精英主义作祟的思想日后将使其自食恶果，带来严重不利影响，因为肉类加工商很快便继承了‘为民众提供大家所需要的公共产品’这一衣钵。

芝加哥肉类加工商辩称（好像也并非毫无道理），是他们促成了肉类消费的民主化，而且，单从这点来说，就连传统屠户也应对他们心怀感恩之情。如阿默所言，白条牛肉商人理应得到感谢，“因为是他们成功地将白条牛肉推广普及，让它走进了以前根本不吃牛肉的社区，由此开拓了全新的市场。他们已在东部以及北部地区牢牢站稳了脚跟，跻身于各行各业的工匠、手艺人之列，现在正积极投身于整个南部地区新市场的开拓，以便引入和销售来自西部地区的牛肉。”[86] 按照这一逻辑，提高肉品消费将有助于全盘提升整体商务活动的格局。

传统屠户之所以会对消费者表现得如此鄙夷不屑，是因为感觉遭到了背叛。俄亥俄州阿克伦市（Akron）那场无果而终的抵制运动带来的痛楚尤为彻骨铭心。据零售商沃伦·巴克马斯特（Warren Buckmaster）解释，在某次针对芝加哥肉类加工商的罢工行动中，俄亥俄州阿克伦市贸易及劳工大会（Trades and Labor Assembly of Akron）通过一项决议，拒绝支持销售阿默公司肉品的商家。当地屠户对这次抵制活动大力支持，但不久之后，阿默公司在该地区的代理就开了一家新店，采用低价销售策略，以迎击来自当地的竞争。巴克马斯特解释说，屠户们拒不让步，决心将抵制活动继续下去，以便看"人民是否会与我们站在一边，就好比我们曾力挺他们一样"。但维持这一立场着实不易：阿克伦市当时的肉价大约为每磅6.5美分，而阿默公司只要这个价格的一半。为了挤垮阿克伦市的传统屠户，阿默公司可谓不惜血本，甚至宣布"任何人只要提出想要买肉，那就一定要满足他，无论他有没有足够的钱都可以"。[87] 结果，阿默公司的店铺很快占据了市场，阿克伦市当地的屠户却输得一败涂地。巴克马斯特自觉遭遇了背叛的感觉分明可见，他抱怨道："请求我们不要进肉、禁止我们从加工商那里买肉的那些人，恰恰就是趋之若鹜赶往那里买肉的人，只是因为（他们）每磅能少付一两个美分。"[88] 消费者以排山倒海之势接纳了廉价牛肉。

对反复无常的消费者深感失望的传统屠户转而组织起来，一致提出了一项立法议程。纵观全美各地，各保护主义社团都在力图遏制白条牛肉产业的快速扩展。全美屠户权益保护联合会（Butchers' National Protective Association of the United States of America）成立于1887年，旨在"将屠户及从事牲畜宰杀业务的所有兄弟联合起来"。[89] 他们将芝加哥肉类加工商称为"没有心肝的公司"，主张屠户们必须拧成一股劲，以对抗"资本已经组织起来、形成了猛兽一般的垄断机构"这一事实。[90] 他们自己也意识到，屠户们精英主义思想作祟的立场存在风险，因此主张组织起来，聚焦于安全卫生议题，以"保护自己的利益，也保护普通大众的利益”。有关安全卫生问题的担忧是个很好的切入点，为传统屠户提供了一个很好的理由，既可以用于反对芝加哥肉类加工商，同时也有利于迎合消费者群体的心理。他们辩称，“四大”“无视民众的公共利益和福祉，公然售卖来自病畜、受到污染或存在其他问题的肉品供人们食用，因而对人民的健康和安全构成严重威胁。”全美屠户权益保护联合会进一步发出呼吁，抵制针对“人类不可或缺的一种主食产品”进行价格操控的行为。[91]

大约在同一时期，规模相对较小、但彼此相关的其他团体也开始在全美各地涌现。[92] 纽约市东部地区屠户权益保护联合会（The Eastern Butchers’ Protective Association in New York City）的表现尤为积极。这家机构于 1884 年 3 月开始组织抵制芝加哥牛肉。他们对零售屠户群体中某些人身上表现出来的漠不关心态度尤为担忧，因为只要价格便宜，这些人从哪家经销商处购买牛肉都会非常乐意。[93] 劝说位于第九大道的零售商阿亚伦·布彻斯鲍穆（Aaron Buchsbaum）加入协会未果之后，纽约市东部地区屠户权益保护联合会的两名成员干脆直接走到店铺门外，手拿传单开始宣传：“当心！当心！大家务必当心！千万不要购买芝加哥的白条牛肉！”两人随后遭到逮捕。[94]

这些协会以食品污染隐患为由头，强力推进一项堪称保护主义性质的议程。各联合会从州、地方两个层面分头发力，要求宰杀牲畜之前必须经过当地检验检疫，情形与本节开头部分所提及的明尼苏达州法律基本相似。非集中化屠宰有望让肉类批发再次依赖于对当地市场情况的熟练了解和掌握，而身处芝加哥的肉类加工商们不可能做到这一点。与导致亨利·巴伯被捕事件类似的各种措施在全美各地相继出现。[95] 虽然这类措施最终将面临几乎难以逾越的司法难题，但加工商们希望防患于未然，在正式形成法律条文之前就将它们统统扼杀。屠户乔治·贝克（George Beck）“在底特律组织了一个自卫性质的小型联合会”，鼓励各会员在橱窗中放上卡片，一方面对芝加哥白条牛肉予以谴责，另一方面呼吁人们在一份全州范围内流传的请愿书上签名，力促实施当地肉牛检验检疫制度。据贝克声称，“四大”对他的措施深感担忧，甚至表示愿意放弃进入底特律市场的打算；哈蒙德公司的一位代表曾与他有过接触，并表示，“只要你的人同意撤掉那些卡片，只要你同意收回正在传播的请愿……我就保证我们的白条牛肉绝不进入底特律，也不让阿默先生、斯威夫特先生进入。”[96] 关于哈蒙德公司的代表宣称有能力影响其他公司的说法，各大加工商都矢口否认——虽然贝克坚称代理的确如此说过，不过，能够主动提出不进入市场，这本身就是一个莫大的让步。

尽管肉类加工商竭力阻挠，州级、地方级检验检疫法规最终还是通过了，由此拉开了一系列司法大战的序幕，并一直打到联邦最高法院，成为同期旨在捍卫跨州商务活动整体运动中的一个有机组成部分。[97] 虽然各起诉案的具体细节各不相同，但各法院都明确裁定，活畜在当地接受检验检疫的规定违反美国宪法中有关“跨州商务的条款”。法官们普遍认为，当地检验检疫措施之所以遭遇失败，另一个原因是在确保食品安全方面，实行当地检验检疫制度并非必不可少的措施。[98] 牲畜完全可以在芝加哥接受检疫并完成屠宰，然后肉品可以在当地接受检验检疫。尽管屠户们声称集中化检疫极可能导致腐败——某些情况下这一问题也确实存在——但该方法“理论上可行”这一点便足以平息陪审团及立法者心中的担忧。此外，集中检验检疫制度也刚好符合当时已初露端倪的联邦官僚体系的作风，因为后者发现，与“大庄家”打交道远比跟零零散散的“小散户”打交道容易得多。最后，真正从屠户们的自保努力中受益的赢家却是这些联邦检验检疫官员。日后，联邦安全卫生制度将带来上述保护性联合会所竭力主张的公共福祉，但未能给屠户们带来相应的福祉。

法院裁定，对于源自美国其他地区的商品，各州均不得限制或控制其流通，由此推动形成了一个覆盖全国的自由贸易单元，而这一自由贸易单元对集约化大批量生产的增长而言尤为重要。[99] 然而，法院的这一系列裁决与其说是随着全国性市场的形成而出现的必然结果，毋宁说是围绕大批量分销这一议题展开的大大小小各场辩论的衍生产物，也是法官们在食品检验检疫问题上对相关论据接受与否的不同选择的结果。冷冻车厢或许提供了硬件条件，使将新鲜的芝加哥牛肉运往明尼苏达州成为可能，但如果想要真正在那里把它售卖出去，最高法院的裁决依然是个必要条件。

法律障碍被清除之后，“四大”在批发市场的占有份额开始不受任何限制地激剧增长，他们也因此可以恃强凌弱，对零售商屠户横加干涉。一则事关为华盛顿特区弗里德曼医院（Freedman’s Hospital）供应牛肉的联邦政府合同的故事，便是一个典型例子。1889 年，联邦政府发起招标，为该家医院征集肉类供应商。威廉·胡弗（William Hoover）是位零售屠户，主要从“四大”批发产品，然后进行销售。获悉招标信息之后，胡弗有意参加竞标。然而不幸的是，几家大型肉类加工商也有意直接参与弗里德曼医院供应合同以及其他几项大单的竞标，希望以此作为进军零售市场的初期试水项目。据胡弗介绍，芝加哥加工商的代理 C. C. 卡洛（C. C. Carroll）曾跟他说，假如他或他的其他同事“从政府这笔合同中拿到其中的任何一小部分业务，那么，以后就别再指望从芝加哥加工商们那里买到一块肉，他们会把我们逼到走投无路，直到彻底退出市场”[100]。显然，胡弗也是个硬茬，尽管同为屠户的弟弟竭力劝阻，他最终还是参加了投标。

尽管胡弗最终并未中标，芝加哥加工商们却将口头威胁付诸了行动。胡弗的主要供应商莫利斯公司及阿默公司宣布，只有将价格翻倍，才可以继续向他批发牛肉。他弟弟也遭到了抵制。威廉·胡弗发电报给芝加哥，希望找到一个解决办法，但加工商们统统一口回绝。阿默公司 1889 年 6 月发出的一份电报将这一奇高的价格解释为"一个误会"，声称公司绝不会以刻意提高价格的方式来宰客。[101]

然而，价格依然居高不下。莫利斯公司的销售人员乔治·欧姆衡杜罗（George Omohundro）作证说，自己确实曾收到过命令，要求提高给胡弗的报价，不过其中的原委自己并不知情。[102] 曾经在阿默公司供职的某位员工也提到了类似的信息，并解释道，据他本人"理解"，目的就是对胡弗参与竞标的行为予以惩罚。[103] 几个月之后，抵制令莫名其妙地被取消了，而时间节点刚好与美国参议院宣布将对肉类加工产业展开调查的时间大致巧合。

当地屠户固然无法抵抗芝加哥加工商们的不断蚕食和侵扰。不过，屠户们反抗芝加哥公司的过程也清楚地表明了社会矛盾和冲突在推动结构性变革过程中发挥作用的方式以及影响程度，例如全国性市场的兴起、白条牛肉大批量集约化生产方式的问世，等等。此外，肉类加工商们卡脖子式的经商策略也深刻地揭示，某些商务发展过程看似价值中立、不偏不倚（如因冷冻技术、组织创新以及基础设计建设等因素顺势而生的白条牛肉分销业务），但本质上并非如此，这些商务发展过程与掠夺性定价、合谋串通行为等往往如影随形，同时又发挥着推波助澜的作用——助长和巩固了这些行为。最后，透过屠户们未能赢得消费者之心，以及屠户们因"普通劳动者"的表现未如他们所愿而倍感沮丧等诸多事实，我们也可以清晰地看到一股精英主义思想作祟的暗流，表明了19世纪80年代牛肉消费民主化进程中的种种矛盾。这一点将构成本书最后一章探讨的重点。

早期监管理念及办法

虽然传统屠户权益保护联合会的努力多以失败告终，但来自牧场主和屠户的呼声确实也点燃了联邦政府对牛肉、肉牛价格等问题展开调查的火花。让我们把视线再次转回到本章开头部分曾提到的美国参议院韦斯特委员会1889年那场调查。当时，有人指控“四大”涉嫌参与某些旨在限制竞争的商务活动，而恰恰正是这一指控唤起了民选政府官员的共鸣。政府的核心关注点在于，肉类加工商中间是否确实存在“串通合谋”，也就是集体串通定价的某种制度。总体而言，调查人员相信，串通勾连、反对竞争等策略都是市场集中化现象的直接后果。也正是因为这点，他们才在其最终报告中写道，消费者物价相对稳定，但牧场主一方从市场上收到的价格明显降低，“主要原因”在于“某些人为因素致使市场集中化程度畸高，由此使少数大操盘手拥有绝对的控制权”。[104] 屠户、牧场主以及代理商各方也都持这一态度。正如养牛人塞缪尔·P. 凯迪（Samuel P. Cady）所言，“竞争才是这一行的生命之所在”，问题在于“大鱼眼看就有可能将小鱼全部吞光吃尽”。[105]

然而，至少在部分受访者看来，集中化现象——产业规模日益增加、由某单一城市市场所控制的地理范围日益拓展——本身未必就一定是个问题。某些肉牛养殖户对肉类加工商限制竞争的策略虽然也表示担忧，但依然认为集中化也自有其积极的一面。来自堪萨斯市的W. H. 莫瑞尔（W. H. Maurer）认为，竞争与集中化可以比肩并存。当调查人员问他串通合谋是否是“全美肉牛行业高度集中所导致的必然结果”时，莫瑞尔表示不同意这一看法，并解释道：“单从他们交易的东西品类齐全、买主众多这一点上来看，我也宁愿赌上全部的运气，把牛运往一个拥有众多买家的单一市场，而不愿意将其运往多个买家寥寥的市场。”他接着说道，如果像这一行早期时候那样，零零散散有很多市场，不同的市场因存在时间差而各有其优势，那么运输人在选择究竟运往哪一个市场的过程中就会面临巨大的风险。而一个规模庞大的市场则非常理想，只要它拥有“合理、健康的竞争机制”。不过，莫瑞尔也并不确定，即使买家较少，是否也有可能通过某些强制性措施要求他们开展公平竞争。在肉类加工行业的集中化（区别于市场）问题上，莫瑞尔坦言，“它该不该被拆分，或者该不该让更多人接手，这对我来说是个问题”。[106] 只要解决好了合谋勾连、价格串通等问题，集中化可能还是会有其优点的。这也就意味着，要想解决肉类加工行业集中化程度过高的问题可以从两个不同方向发力：要么将“四大”降服，要么将它们拆解。

尽管参议院调查人员总体认同针对肉类加工商的各种批评，也感觉集中化是个潜在威胁，但对于如何取舍各方所提出的解决方案有点犹豫不决。对于“四大”宣称自己推进了牛肉消费民主化进程的说法，这些立法者也表示接受，甚至心里或许还暗自感觉庆幸。[107] 这也就意味着，传统屠户必须努力让参议员相信，改革不仅将有助于提高牧场主卖牛所得的价格、让当地的批发屠宰行业再次恢复生机活力，而且还不会增加消费者所必须付出的价格。由于这几乎就是一项不可能完成的任务——集约化是降低价格的核心，行业批评者的努力似乎注定遭遇失败。

在提出对集中化肉类加工业的批评意见时，底特律批发商乔治·贝克便陷入了这一两难境地。一开始，贝克作证的过程进展得非常顺利。他有条不紊，娓娓道来，讲述了芝加哥加工商在美国东部地区系统性地压低价格、挤兑批发商、强迫零售屠户销售其产品的过程。除少数几位对白条牛肉明显持偏袒态度的人士之外，出现在参议院调查人员面前的大多数屠户所呈上来的故事基本都大同小异。当调查人员要求他列举几个具体名字，证明有哪些屠户因遭到排挤、难以为继而不得不退出了这一行业时，贝克开始支支吾吾——也许是因为他不想把别人拖进这场辩论之中，因为别人不一定愿意出面作证——但他辩解道，大多数屠户的境遇都岌岌可危。他解释说，“我们（屠户）做这一行基本没有什么赚头，而我们的经销商中相当大一部分人甚至还远不止没有赚头。我们只是不甘心就这么被赶出局，毕竟我们在这一行度过了一生中大部分的时光。”[108] 他接着开始讨论自己和当地其他几位屠户如何努力促成了州一级的立法，以限制芝加哥肉类加工商。等到调查人员开始质询贝克时，话题很快便转到了价格方面。

调查人员尤为担心推行当地检验检疫等措施可能导致肉价飙升。[109] 按照贝克的说法，芝加哥白条牛肉的兴起并未导致高端精制肉品价格升高，只是导致了低端糙制肉品价格大幅降低。这将他带入了一个极为不利的境地。质询人员中的一位评价说：“贫困群体确实从降低以后的价格中获得了实惠。”这时，贝克已别无退路，只得表示同意。[110]

参议院调查人员旋即清楚地表示，只有在不伤及消费者利益的前提下，贝克所提议的解决方案才可以接受。一位调查员总结道：“这一冲突是两种不同利益之间的矛盾……其中一方是肉牛生产方，他们认为，而且也完全有理由认为，己方收到的价格无法给自己带来合理的利润，因此希望能够找到一种弥补的办法。当然，无论他们希望通过法律手段得到的是什么，都必须与公众的广泛利益相一致。”由此延伸，屠户们提出的办法也是同样的道理。至此，贝克所能作出的唯一回答就是：恢复竞争性市场、打破“四大”垄断格局不会导致价格上涨。这时的场面就非常尴尬了，因为贝克不得不承认，消费者全新的期望值将致使传统独立屠户处于一个非常不利的位置：“如今的局势使得我们经常面临这样的情形，一天收入也就 1~1.25 美元的人，都会要求卖给他上等的红屋牛排。”[111] 从这里开始，贝克证词的质量急转直下，他不得不费九牛二虎之力来给自己圆场，为自己的观点进行辩解，与阿默顾左右而言他、避重就轻的证词别无二致。

就在韦斯特委员会就牛肉托拉斯问题展开研究的同时，《谢尔曼反托拉斯法》也正在接受政府审议，等待通过。[112] 这一法案在肉类加工行业的发展史上尤为值得关注。在涉及美国进步时代（Progressive

Era）政府监管情况的辩论中，学界当前主要关注的是消费者福祉与生产商利益之间的冲突。当时的各种措施究竟属于保护主义措施，还是的确对公共产品有利？就肉类加工行业而言，监管其实取得了双重功效，但为此也牺牲了某些特定群体的利益（小型牧场主以及批发屠户）。（联邦政府）保护跨州商务活动——如《谢尔曼反托拉斯法》、明尼苏达州诉巴伯案裁决等所示——旨在鼓励在有效监管的前提下将企业做大，因此对“四大”整体比较宽容，确保了质优价廉的牛肉供应。但这一状况同时也意味着，牧场主、批发屠户、屠宰场工人等都将面临极为不幸的遭遇。

直到1905年最高法院就斯威夫特公司诉美国政府一案做出最终裁决之时，意在规范和约束肉类加工行业的、具有决定性意义的国家行动才真正开始。法院裁决认为，加工商存在合谋串通压低牲畜围栏投标价格；操控市场价格，诱导牧场主将肉牛运出，等肉牛到达芝加哥后又故意将价格压低；串通白条牛肉定价，以控制市场；与铁路公司勾连合谋，限定运输费率等行为。[113] 截至1905年，上述行为已延续20年之久。最高法院肯定了下级法院的裁决，重申“（政府）固然无法强制命令被告参与竞争，却完全可以禁止他们下达指令不参与竞争，或共同商议不参与竞争。”[114]

不过该裁决也承认，监管健全的集中化经营是唯一可行的道路。因此，除了阻止他们之间协同、勾结之外，该裁决在打破芝加哥公司的寡头垄断方面并未起到太大作用。在肉类加工商的批评者看来，这一裁决颇有亡羊补牢的意味；因为及至1905年，肉类加工商在当地的竞争对手基本都已破产出局，牧场主们也都已俯首臣服。一项旨在阻止勾连串通的裁决无助于抹平他们以往通过这一手段获取的既得利益。由于法官、政客以及政府官员各方都普遍接受了平抑肉价才是最重要的目标这一观点，所以他们在对肉类加工行业进行监管的同时也力求确保平价牛肉的供给、促进集约化经营，对牧场主承受了巨大的风险与损失、工人遭到剥削等现象在一定程度上予以容忍。另外唯一一项与之相关的必要考虑事宜也与消费者的利益有关，即安全卫生问题。对此，我们将在本书最后一章予以详细讨论。

小结

1906 年，辛克莱的《屠场》出版发行，成为 20 世纪最负盛名的批判现实主义小说。这一作品被誉为 20 世纪版的《汤姆叔叔的小屋》（*Uncle Tom's Cabin*），进而促成了 1906 年《纯净食品和药品法》的通过。[115] 然而，对于某些更加关心自己吃的香肠中是否有老鼠屎的读者而言，辛克莱笔下有关屠宰场劳工工作环境极其恶劣、令人揪心的描绘，却似乎并未引起强烈的共鸣，而恰恰正是这艰苦、残酷的环境，构成了产业资本主义发展赖以立足的基石。辛克莱后来曾感叹："我本意希望触动公众的心扉，熟料阴差阳错却触动了大家的肠胃。"[116] 他本寄希望于能够引发一场社会主义革命，结果最终却只是促使主管机构出台了一纸规章，要求（生产商）必须在商品标签上"明确标注产品成分"。对于这个结局，他除了无奈接受，似乎也别无他法可施。

本章所讨论的种种斗争和冲突有助于解释辛克莱这部作品为什么会在公众之中呼声如此之高，产生的政治影响力却甚微。读者对主人公哲尔吉斯及其家人的遭遇之所以会产生如此深刻的同理心，根源在于对"他"与"我们"同为人类这一点的认识，而不在于哲尔吉斯是一名可怜的产业工人。即使辛克莱笔锋如剑，似乎也无法改变这一点。面对罢工工人、愤怒的屠户以及濒临破产的牧场主的纷纷声讨，肉类加工商抛出的辩解——新的产业生产体系提供了更高级的一种商品——与公众对《屠场》的反响如出一辙。读者需要的只是价格低廉的肉品，只要它清洁卫生就行。

本章的讨论表明，肉类加工企业巨擘的故事本质上具有政治属性。尽管如此，将市场、铁路以及冷冻技术等因素置于产业化食品生产体系的核心地位的叙事思路却依然流行甚广；而且，从阿默在参议院的证词以及肉类加工行业早期历史之中，便可以清晰地看见这一叙事思路。从 19 世纪 80 年代延续至今，牛肉产业已然进入一个全新阶段的观点，为该产业维持现状提供了合理的辩护理由。然而，这一点并不足以解释这一叙事思路何以流行至此。真相在于，这一叙事思路中强调冷冻技术及市场扩张的部分完全合乎逻辑。这一叙事思路之所以如此引人关注，部分原因是从俯瞰视角分析一套大型产业系统相对容易。屠户们的内斗、工人们的抗争，还有联合行政委员会的密谋，所有这些都是显而易见的，而如果纠结于这些因素，那么在通观全局分析这一体系时便很难保持非常有利的视角。

“冷冻冰箱及铁路”框架是将复杂历史叙事简单化处理的一种主观做法。它可以告诉我们往哪里看、分析观察哪些步骤，就好比俯瞰视角有助于我们宏观了解陆地生活的全貌，而各个具体细节却被扁平化为一个轮廓模糊的整体。同理，平地视角有助于形成某些具体的见解，却不足以据以了解系统全貌。如果说一叶障目、见树不见林是人们往往容易犯的错误，挂一漏十、见林而不见树恐怕也同样是常见的认知陷阱。

就肉类加工行业而言，涉及的因素包括集中化的市场、变迁的法律环境以及冷冻车厢等，但所有这些因素，各自却又都只是人类围绕食品生产究竟该如何进行这一问题而展开的斗争中的重要一面而已。但凡一个人能够牢记所有这些叙事思路的主观性本质及意识形态对它的影响，便有望对宏观历史大问题做出合理的回答，而不至于让自己沦落为一个冷漠无情的人，或者像阿默那样落入一套自说自话的老生常谈，将破坏罢工行为简单解释为新型食品生产体系这一“最伟大的经济形式”所必然导致的结果。[117]

在15年左右这样一个相对短暂的时间里，“四大”逐渐掌控了整个美国牛肉市场中绝大部分的份额。关注劳工、运输以及肉品销售不仅有助于解释肉类加工行业的监管方式及其产生的原因，同时也有助于解释，一套原本极不自然的关系——无论这套关系发生在屠宰场、牧场还是某家店铺之中——何以转眼间竟变成了一种不可逆转的趋势。只有在劳工组织遭到遏制的情况下，对屠宰场劳工极度去技术化的做法才变得可以接受，进而使得加工厂的工人至今依然总体处于一种默默无闻的状态。冷冻车厢固然堪称一项技术奇迹，但它之所以能够最终彻底取代活畜运输，恐怕还得感谢当初那条迂回曲折、绕道加拿大的铁路线路。一旦传统屠户权益保护联合会遭遇解散、立法者以及公众开始接受（而且接受得似乎也不无道理）新观点，认为需要这一套集约化产业体系来为民众提供价格低廉的牛肉，那么，在一地宰杀牲畜并将肉品运往他地销售的做法也便不再显得“不自然、逆常理”。以今天的眼光来看，上述每一项发展似乎都是理所当然，但无一例外都是无数次抗争和斗争的结果；而且，倘若不是当初的因缘巧合，今天我们所见到的牛肉生产体系所呈现出来的或许将是另外一副截然不同的面貌。一种看似不偏不倚、与意识形态并无关涉的演进过程——如某项新技术或某种全新组织形式的推广，抑或是对宪法解释的一场转向——与其他更加充满争议的事件之间，其实都存在着某种难以分割的关联。

第五章

餐桌

华盛顿市场曾是19世纪时纽约市规模最大的肉品及农贸产品市场，好几十年里一直坐落在一个周围环境惨淡凄凉的街区上。这座市场无论什么时间看上去都显得又脏又暗，延续着一种亘古不变的模式。据一段文章描述，“无论是漆黑的深夜、悠闲的休息时光，还是周遭祥和宁静的氛围，似乎都不能让这座庞大的给养库进入片刻的沉静时分。”[1] 自开业以来，彻底的大清扫只进行过一次，是为了配合当时市场开市百年纪念庆典，岁月痕迹斑驳的摊位之上，到处挂满了五彩缤纷的彩旗、横幅以及飘带。[2]

市场里的情况日复一日，绝大多数的日子都平平淡淡，一如昨日重现。晨曦拉开帷幕之前，最先到来的一拨客户是各大酒店以及其他高端场所的采购员，不久之后接踵而至的便是纽约市精英阶层的家仆。及至日上三竿，蒸腾的热意开始渐渐展露其威风气势之时，价格也开始逐渐回落。等到下午时分，屠户们开始将肉表面上片片“发乌变暗”的部分切去，以便让肉看起来显得又鲜亮又悦目。黄昏时分，穷人们则纷至沓来，希望赶在最后时刻捡个便宜，买到一块称心如意的剩肉。

尽管19世纪下半叶牛肉价格持续走低，消费者通常都能以较低的价格享用到品质上乘、数量充足的鲜牛排，但食品采购的程序基本依然承袭着悠久的历史传统，并无多大改变。你找到一个靠谱、可信的摊主，除偶尔在市场转一转、与人进行一番讨价还价之外，多数情况下基本都是熟悉的套路，按部就班。华盛顿市场最终发展成为纽约及周边地区的农产品及肉类批发集散地，但对于大多数个体消费者来说，他们依然习惯于选择频频光顾熟悉的摊位。1912年，家庭主妇联盟（Housewives' League）组织了一场大规模游行，主妇们臂挎白色菜篮子走上街头，以示对要求纽约市增加公共市场的民众的声援。[3] 那时，部分消费者已经开始惠顾专业的屠宰店，但即便是在这类新兴店铺中，购买食品的程序也基本与以前没有太大区别，多数消费者依然选择从自己熟悉，最好还是信得过的零售屠户处购买肉品。

然而，在熟悉的食品采购流程背后，却隐藏着一个巨大的变化。1870 年时，零售屠户基本都还是从当地屠宰场那里进货，还可以就价格以及自己心仪的肉品规格等讨价还价。及至 1900 年，大多数零售屠户都已经开始从芝加哥供应商处进货，而且通常只能有什么进什么，没有太多选择余地。零售屠户原先都曾是手艺娴熟的生意人，而进入 20 世纪初之后，却基本都已沦落为"肉类托拉斯的经手人或销售代理"。[4] 这一切都始自 19 世纪 80 年代初芝加哥肉类加工商开始在纽约及东部其他城市兴建大型冷冻设施之时。当斯威夫特公司 1882 年进军纽约市时，"强烈的恐慌情绪在该市众多批发屠户之中蔓延"，其后生意便再也未能恢复到昔日的荣光。[5] 屠宰业整体业态已然发生了翻天巨变，尽管普通消费者看到的景象依然平和宁静、一如往昔。

本章将同时探讨牛肉生产的产业化过程及牛肉消费的民主化进程。牛肉生产的产业化过程之所以能够在一种几近隐形的情况下悄然推进，一来是因为肉类加工商阴谋算计，消费者整体也（对其生产过程）缺乏兴趣；二来在一定程度上也是因为食品作为大宗商品的属性。与其他任何一种烹饪食材相似，从某种意义来看，消费者购买的牛肉多数都只是一种半成品。无论是在饭馆、酒店还是家庭厨房，厨师和食客在准备菜肴的过程中都赋予了牛肉特定的风味和意义。[6] 实际上，无论是在酒店里辅以独特酱料精心煨炙，还是在家里简单地烧烤，都正是牛肉这一可以灵活配搭的特性奠定了市场对芝加哥牛肉的巨大需求。就食品这一类商品而言，与烹制过程相关的各种因素通常才是“主角”，以至于人们往往忽略了它在被送进厨房之前、作为一种原始食材曾有过些什么样的经历，身上又发生过哪些故事。

肉类加工商对这一趋势持鼓励态度。白条牛肉从批发层面进入供应链，然后经由当地零售屠户销售。消费者面对的依然是自己熟悉的零售屠户。与其他多数产业化经营的产品不同，肉类产品销售时并不需要标注品牌。即使是某些产品源头很难掩饰的产品，比方说罐装牛肉等，肉类加工商也都会尽力淡化其产业化生产的特征。芝加哥肉类加工商在广告中竭力对罐装肉品进行自然化处理，建议家庭主厨们在开罐取出里面的肉时尽量从食客的角度来看待其产品。

本章也将同时关注牛肉的民主化进程。[7] 贫苦的美国人对牛肉赞誉有加，将牛肉供应的充裕程度视作经济进步的标志。移民群体在家书中经常大力称颂美国食品供应富足。[8] 对于19世纪的美国人而言，有关牛肉的积极联想往往可以回溯到好几个世纪之前，地点也各不相同：从意大利在某些宗教节日时的牛肉消费、再到盎格鲁－撒克逊人将牛肉与自由密切关联，如此等等追根溯源式的心理多种多样、不一而足。[9] 因此，“肉牛－牛肉联合体”的崛起，也就意味人们将有机会满足自身口腹之欲，实现各自对大餐、盛宴的强烈渴求。

充沛的供给促使精英阶层以及新兴的中产阶层开始不断发挥创意，想出了种种新颖独特的方式来消费其肉类产品。精英们食不厌精，频频光顾高档酒店及牛排屋。而上升潜力无限的年轻人们则热衷于举办形形色色的“牛排宴”，就着啤酒大快朵颐。美国中产阶层强烈要求增加餐饮的种类和花样，进而导致烹饪图书、食谱等各类书籍的数量井喷式增长。家家户户都希望主妇们能够拿得出几道与众不同的珍馐美馔。与以往任何时期一样，食品构成了人们个人身份的一个重要标志，牛肉消费的民主化既带来了全新的希望，也带来了新的负担。

危及牛肉民主化进程，或者说拉开了笼罩在产业化生产过程面前的纱帘的时刻，恰恰也是奠定“肉牛－牛肉联合体”业态的决定性时刻。假如某种牛排遭到了污染，或者说某种价格亲民的肉品出现了脱销现象，消费者也便失去了其餐饮世界中非常重要的一个有机组成部分，进而可能引发激烈的抗议。为了避免或减少这类愤怒抗议现象发生，相关各方可谓竭尽全力，这一点有助于解释为什么牛肉生产商对旨在确保牛肉价格低廉、安全卫生的监管制度总是热切欢迎。这一愤怒抗议的性质也有助于解释消费者们为什么对劳工剥削之类的其他问题似乎总是漠不关心，毕竟，如果花费时间和心思去关注并解决这些问题，所导致的唯一后果极有可能就是让肉价飙升。只要肉类供应充足、安全卫生能够得到保障，消费者就会心满意足。而对于芝加哥肉类加工商而言，消费者对牛肉生产过程的关注度越低，环境也便对自己越发有利。

本章讨论过程中将侧重探讨消费者政治的局限性。如果希望解决最终可能引发肉类价格上涨的问题，如劳工剥削、动物虐待等，就需要消费者付出较大程度的牺牲。随着牛肉在消费者生活中所占地位日渐提升，这一牺牲也会相应变得越大，而牛肉民主化就是一个很典型的例子。最后，正如牛肉的多种不同食用方法所示，在哪些食品（或物品）有助于提升自己的幸福感这一问题上，其实人们有意识的选择非常有限。牛肉是一个非常重要的社会身份标志，其重要地位很难用鸡肉、鱼肉，尤其不能用土豆等其他物品来简单取代。

如果说高昂的成本一度曾意味着高端牛排消费俨然只是精英阶层的专利，如今富足充裕的供应则引发了一系列全新的争论，例如：究竟哪些人可以享用何等品质的肉品，又该如何享用，等等。消费向来就是彰显等级高低的一种途径，无论这一等级制度具体的表现形式是男性高于女性，美国土生土长者高于移民，抑或是殖民者高于被殖民者，等等。19 世纪末期的社会精英们抽象地接纳了一种理念，以为只要通过社会进步这一途径，就可以让上等的红屋牛排变得人人可及；但与此同时，他们也对所面临的现实状况慨叹不已：对于某些移民或普通工人来说，明明消费便宜实惠的后腿肉相对而言更合适，他们却偏偏不顾现实客观条件，盲目追求购买品质更好、价位更高的上等肉品。

精英阶层近乎偏执（对上等牛肉）的兴趣，再加上贫困民众的饮食习惯，两者共同作用，最终对营养科学的兴起产生了重要影响。对于富裕阶层以及中产阶层而言，将消费当作一种文化习俗与将消费视为一种维生手段两者之间存在着一道截然的界线。贫困人口的饮食习惯被当作一个科学或者经济学问题（“营养”）来对待，而富裕阶层则将自己的消费行为视作一种审美关注。这一差异至今依然根深蒂固地存在。

本章开篇部分讨论人们购买牛肉以及食前准备阶段的相关情况。在生鲜牛肉方面，产业化牛肉给生产环节带来的改变总体居于幕后；人们购买牛肉的过程基本保持了与过往类似的程序，只不过价格变得更加划算。虽然对很多人而言“肉牛 – 牛肉联合体”的兴起是一个充满暴力与动荡的过程，但对消费者而言，牛肉的民主化进程则是一个疾风骤雨般，而且值得大加颂扬的过程。这一整体局面为审视消费者偶尔爆发的愤怒情绪，尤其是针对价格、食品污染等问题的愤怒情绪设定了相应的宏观背景。

消费者有时对产业化生产的牛肉也的确心存疑虑，当涉及全新且看似极不自然的生产方式时，这一疑虑情绪尤为突出。面对罐装牛肉这一产品时，他们的担忧尤为明显，因为单单是其包装方式，便足以引发人们普遍的怀疑。然而，罐装肉构成了世界各地士兵的主要食物来源，由芝加哥肉类加工厂源源不断输送到美国、英国以及法国部队的数以百万磅计的罐装牛肉，构成了这些国家军事野心以及帝国工程的坚实基础。相比冷冻牛肉而言罐装肉品不易腐烂变质，因此尤其适合于热带地区。

虽然极具实用性，但罐装肉品时不时也会成为丑闻的源头，美西战争期间所发生的一件事就是非常典型的一个例子。当时，内尔森・迈尔斯（Nelson Miles）将军曾指责低劣的肉品质量削弱了美国军队的战斗力。随之引发的公众愤怒情绪表面来看只关乎罐装牛肉，但实际上关乎整个食品产业化生产行业。这件事清晰地表明，在一个大规模食品生产地远在他方的时代里，对安全卫生问题的担忧自然成为食品政治中的核心问题。[10] 此外，这一丑闻的解决方式也充分揭示了牛肉的产业化生产以及包装是如何成为人们日常生活中习以为常的一部分，或者至少开始为人们所容忍和接受的。

相关讨论凸显了文化意义以及安全卫生问题在牛肉商品化过程中起到的重要作用。[11] 每当因对污染问题的担忧或因价格上涨而引发消费者的愤怒从而进行抗议之时，监管制度方面的变革也便随之出现，目的是避免类似情况再次上演。随着消费者（对于牛肉卫生问题）的担忧逐渐消退，对相关生产体系的态度也越来越满意。这一倾向继而进一步使得“肉牛－牛肉联合体”的生产活力和韧性日益强化。

有关牛肉以及饮食结构问题的讨论难免夹杂着事关种族、阶层以及性别等问题的诸多假设或先入为主的观点。透过围绕生鲜牛肉整体的宏观讨论，或者透过有关红屋牛排的具体讨论，这一点表现得尤为显著。[12] 红屋牛排被普遍视为出现得最早，且属于真正意义上的美国本土生产的一类牛肉产品，可以用多种不同的方式对它进行加工和烹制，以满足各类不同场合的需要。富裕阶层对这一产品尤其情有独钟，家庭经济学家甚至慨叹，就连家境至为贫寒的普通劳工也坚信，享用红屋牛排乃是自己的应得之份。T. C. 伊斯特曼（T. C. Eastman）身兼肉类加工商及牛肉运输商双重身份，当有人就牛肉成本上涨问题提出质疑时，他曾感慨地说道："但凡家境贫困的消费者愿意将选择范围局限在价格相对较低的肉品上，其他各类肉品的价格自然也就会相应回落。可惜他们并不愿意这么做。"[13] 与此同时，处于普通打工阶层的美国人则另有一套他们自己的见解，以说明牛肉与身份地位之间的关系。在针对排华问题的辩论中，这些工人往往从肉菜与米饭之间的文明冲突角度出发，以此来构建自己的话语体系。

消费在塑造"肉牛－牛肉联合体"形态的过程中发挥了非常关键的作用。口味——比如对生鲜牛肉的偏爱，或者对某一特殊种类肉品的喜好明显胜过另一种类等——决定了芝加哥肉类加工商生产的哪些肉品容易销售、价位又将如何。消费者要求价格低廉，同时对食品污染问题又非常担忧，因此使生产环节必须紧紧围绕这两个必要条件进行组织。此外，牛肉民主化进程将产生深远的社会影响。较以往任何时间相比，食品作为审美享受源泉的理念被提升到了前所未有的高度，却也为家庭主厨带来了全新的负担，同时也为 20 世纪围绕这一供应充沛、味道鲜美的食品展开广泛讨论、探讨其健康及环境负担奠定了总体基调。

牛肉采买

城市消费者通常或者直接从零售屠户处采买肉类产品，或者采取预订加送货上门的形式。在送货上门的模式下，销售人员通常一大早上门征订，在大城市里，消费者通常当天就可以收到所订货品。[14] 虽然很多人预订肉品是为了方便，或者是为了节省时间，但这一方式也并非没有其弊端。正如某位批评者所述："假如买主在家里预订的是'后腿肉'，实际给她送上门的也许是不知从哪个部位割下来的所谓‘后腿肉’，而且还极有可能非常老、非常柴。”[15] 而假如实地到店采买，则不仅可以挑选到自己心仪的肉品，而且价格还可能相当划算。[16]

顾客走进屠户店铺后，只要是在中心城市，从各家店铺所看到的肉品质量基本都比较统一。不过也会有些细微的差别。比方说，波士顿、费城等地称为“后臀排”（rump steak）的肉，到了纽约则往往称作“西冷牛排”（sirloin）。一些全国性的采购指南偶尔会给顾客提供一些示意图，说明不同肉品部位以及名称之间的地域差异。[17] 这一地区差异表明了肉类加工商进军批发行业的优势。肉产品通常都是将整牛“一分为四”，或者更进一步切分，然后由芝加哥直接运出。运达肉类加工商在各地的分支机构（批发分销点）后，这些“一分为四”的肉就会由零售屠户买走，然后再次切分进行售卖。如此一来，芝加哥肉类加工商也就将地域差异的问题交给了零售屠户来处理。因此，加工和分销环节的集中化未必就一定意味着产品一定会出现同质化倾向。

让我们将视线拉回到零售屠户，消费者在这里往往可以找到讨价还价的余地。据《持家好手》（*Good Housekeeping*）杂志解释，“没有哪位自尊自爱的女士愿意斤斤计较地讨价还价，但如果精打细算，谨慎比较，往往还是可以省下一笔不菲的开支。”[18] 更何况，“淑女固然无论在什么情况下都该表现出淑女的模样，但假如觉得跟屠户或杂货店店主多聊一分钟很可能让自己每磅省下好几分钱，那就绝不该犹犹豫豫错过机会。”[19] 对于家庭经济学家们而言，市场经济的要则所主打的一张王牌就是：性别不同，期待也自然有所不同。

信任是食品采买过程中最关键的。消费者的诀窍就在于找到一位声誉较好的商家，然后寄希望于商家的专业技能和操守。然而，这一理念往往也会构成导致心里不安的根源。某消费指南就曾警示“某些商家爱做一锤子买卖，不负责任”，并告诫道，“某些看似非常

‘划算’的买卖，结果却很可能沦为最糟糕的投资”。[20] 尽管如此,《帕罗小姐烹饪全新指南》(*Miss Parloa's New Cook Book*)的观点则相对乐观，主张说:“很多人以为（菜）市场不是一个淑女该去或令人愉快的地方，但这一观点大错特错。根据我的个人经验,(菜）市场中的谦谦君子不比其他任何一个行业中的少。”同一份指南甚至建议,“假如你不懂如何判别肉品好坏”，不妨尊重屠户的权威意见。[21] 从商家角度而言，他们当然更愿意与老主顾打交道，有时为了留住稳定的客户，适时主动给予一定程度的优惠完全值得。[22]

从家庭内部来看，理想的安排是由主妇负责采买和准备食材。牛肉采买指南、家庭理财图书的主要受众通常都是中产家庭的主妇。举例而言,《持家好手》就包含一个“年轻商务男的好妻子”专栏。[23] 很多指南都建议，妈妈们一定要及早教会女儿采购。据《成家与持家》(*The Home, How to Make and Keep It*)介绍，在食材采买问题上,“知识传授必须从女孩时期就抓起。”[24] 在这个世界上，会买、善买乃是身为人妻的职责所在，相关教育必须及早开始。

当然，具体情况因社会阶层和家庭状况不同而各不相同。富裕家庭自有用人打理食品采购和烹制事务。单身男子在多数情况下，甚至主要都靠酒吧、饭店解决餐饮需求。某些贫困家庭主要从沿街叫卖的摊贩处购买肉品。在更广阔的农村地区，有时需要依靠流动售货车才能买到需要的肉品。

19 世纪末期食品采买的情况与芝加哥白条牛肉兴起之前的情况并无本质不同。自 19 世纪早期以来，随着运输及分销条件的大幅改善，发生了所谓的市场革命，由此形成一个个规模庞大、却缺乏人情味的城市市场，信任问题也便随即成为人们高度关注的话题。[25] 围绕食材准备和烹制过程所产生的性别期待差异堪比美国内战之前的情形。这也就意味着，本书通篇探讨的食品生产革命与食品采购及消费背后所涉及的场景高度契合。然而，随着时间推移，高品质肉品价格不断降低，由此产生的影响堪比消费者在期待值方面的一场巨大变革。从生产角度来看，围绕信任这个话题引发的问题从来就不曾消失；消费者心目中对食品的信赖度取决于（同零售屠户之间的）关系的密切程度。当肉类产品的生产地远离最终消费地时，风险也便随之产生。只要公众可以相信自己所买到的食品是安全卫生的，这就不是个问题。从大型肉类加工商的角度来看，只要信任问题关乎的主要内容只是消费者与零售屠户之间的关系，那么一切也便都可以平安无事。然而，实现这一点并非总能如愿，如果所售商品是罐装肉，情况将尤其如此。

罐装牛肉及相关批评

从国外视角来看，1898 年的美西战争堪称一场巨大胜利，但如果从国内视角来看，美国在这场战争中却是虽胜尤败。尽管与战斗相关的伤亡人数不过 500 上下，但因疾病、事故或食物中毒等原因导致的伤亡人数高达 5000 有余。面对来自公众的汹涌质疑，美国陆军总司令内尔森・迈尔斯将军将问题归咎于部队食品补给体系。他声称，以配给制方式分发给士兵的腌制牛肉罐头遭到了污染；而且，供应数量原本就非常有限的冷冻白条牛肉中还充满了化学添加剂，简直如同经过了“防腐处理”。虽然几乎没有任何实实在在的证据支持，但迈尔斯将军的指控却与民众对罐装肉心存已久的疑虑遥相呼应。[26] 军需主任查尔斯・伊干（Charles Eagan）随后指责内尔森撒谎，并对他发出威胁，由此引发了一桩军事法庭诉讼，继而使得这桩丑闻随之发酵。军方及美国参议院随后展开一系列调查。[27] 这桩丑闻揭示了民众对产业化食品生产这一全新事物的担忧，也揭示了食品污染问题在有关大规模食品生产的政治议题中的核心地位。

要想了解这一丑闻引发的冲击强度，就必须首先了解民众对罐装肉的担忧程度。[28] 消费者对廉价牛肉的新时代大加颂扬，但对其生产过程始终心存戒备。作为食品生产以及存储技术创新的一款全新产品，罐装牛肉尤为令人心感不安。这一牛肉丑闻彰显了人们心中对产业化肉类生产由来已久的隐忧。

即便在这桩丑闻曝出之前，社会上也已早就氤氲着对罐装牛肉品质以及安全问题的深深担忧。报纸上时有耸人听闻的消息曝出，声称某某全家在餐桌上当场中毒。据一位名叫史密斯太太的人介绍："变质的毒肉犹如死神的魔爪，牢牢地将我控制在其掌心，连续好几个小时的时间里，那种痛苦和绝望简直难以形容。"在俄勒冈，数位户外野餐的人食用了受污染的罐头肉之后，"差一点就丢了性命"。[29] 虽然人们都在大量食用罐装肉——因为其价格低廉——但层出不穷的中毒传言令人们深感不安，即便这些报道中的很多都并没有肯定性结论，无法证明罐装肉确实该对相关事件负责，对整体局势似乎也依旧于事无补。

对于肉类加工商而言，罐装牛肉是一笔利润极为丰厚的业务，因此，他们想尽一切办法，采用各种机智的营销策略来抚平消费者心中的担忧。相关广告要么着重强调产品品质上乘，要么着力渲染产品与拓荒、美国西部地区之间的关联，以营造出一种催人奋进的浪漫氛围。芝加哥加工商利比－麦克尼尔－利比公司（Libby, McNeill & Libby）创作了一系列极具冲击力的广告，有些堪称脑洞大开、构思奇妙——一头母牛，身躯被做成牛肉罐头的模样……"被塞进罐头瓶子里时，胸脯自豪地一起一伏"；有些则质朴写实、简洁明快——辽阔的西部背景下，一群肉牛在饮水点悠闲地喝水。

单靠广告显然无法打破人们心目中有关罐装肉与贫困两者之间的联想，借助夸张讽刺、将优雅端庄的形象与罐装肉堆叠并置等手法，却可以起到为产品洗脱污名的效果。帕拉贡牛肉干公司

（Paragon Dried Beef）的一则广告情节如下：一对衣着端庄得体的男女，“当被问及想要点些什么时，两位不约而同地脱口而出，如果店里有罐头，他们愿意试试帕拉贡牛肉干。”[30] 另一则广告也大体与此类似，画面上是一位身披华服的女士与她的女儿，配图文字写道：“虽然她热衷于口福之乐，却拥有一颗节俭的心，因此只选择利比－麦克尼尔－利比牌熟制腌牛肉。”[31] 还有一则广告则采取量重于质的思路，描写一名男子劈波斩浪，驾着一艘载满牛肉罐头的小船，要亲自前往送给心中的某位女王。[32]

将罐装牛肉浪漫化是此类广告主打的另一策略。利比－麦克尼尔－利比公司的广告刻意彰显罐装肉在户外探索及长途旅行中不可或缺的角色。显然，“多亏了熟制腌牛肉，失事的水手才得以免于挨饿致死”。[33] 另一则广告上，一位拓荒者目光炯炯，凝望着画面右侧的远方。[34]

广告同时也侧重强调罐装牛肉广销全球以及与军方关联密切这一特征。其中一则广告画面如下：山姆大叔手持礼帽，侧面是一只口衔腌牛肉罐头的秃鹰，对面则是一位面色圆润、雄狮侧侍的英国绅士。配图文字显示：“美利坚致英格兰的供奉。”[35] 另一则与此相关的广告更是豪气地宣称，“唯一可以让英国雄狮保持安静的东西”就是该公司的罐装牛肉。[36] 除影射自身为军方供应牛肉之外，帕拉贡牛肉干公司的一则广告还刻意描述其产品销路畅通、价格低廉，从画面可见，山姆大叔递给一位饿得奄奄一息的农夫一罐牛肉罐头，配图文字写道：“拯救中国的饥民，还得靠帕拉贡牛肉干公司的‘佳肴’。”[37]

尽管营销人员费尽心机，这些广告却无可避免地揭示了一个事实，即该产品是产业化生产体系的衍生物品。只有在一个某公司一家独大、可以确保将其产品广泛、深入地行销各地的情况下，定向广告投放，而且是日益品牌化的定向广告投放才值得。诀窍就在于尽可能让消费者心中意识不到这一点。因此，广告总是尽可能地将罐装肉融入人们生活，将之宣传为一种大宗商品。这些广告不仅竭力避讳直接提及生产方法，反而诉诸牛肉广义的文化关联，以诱导消费者相信罐装牛肉是种适口、宜人的食材。

罐装牛肉最大的客户——军方——并不会为广告所左右。军队对罐装牛肉的兴趣可以回溯到该产品开发之初。早在19世纪初，拿破仑就曾重金悬赏，鼓励开发一种低成本的罐装技术。尼古拉·阿培尔（Nicolas Appert）接受这一挑战，开发出了最早期的设计雏形，这一做法不久之后便开始腾飞。内战期间，罐装食品成为北方盟军食品配给制中的重要组成部分，发挥了至关重要的作用。随着19世纪不断推进，各国军队不断膨胀，欧洲各国为了满足各自帝国扩张的野心，对罐装肉食的需求也持续增加。[38]

这一需求真正得到满足则要等到芝加哥大型肉类加工厂崛起之后，因为后者庞大的产能满足了军队对牛肉几乎无休无止的需求。19世纪80年代，订单数量井喷式激剧增长。1885年，莫利斯公司的一家合作加工公司先是收到一份来自法国的订单，订购量接近200万磅的罐装牛肉，随后又收到一份英国订单，订购量约400万磅。[39]阿默公司收到的订单数量也基本不相上下，其中一份的订购量超过60万磅罐装肉。[40]及至19世纪末期，士兵们已经几乎每餐都可以吃到牛肉。虽然人们普遍认为这一食品口味欠佳，但它构成了士兵摄取蛋白质的主要来源。按照当时的标准，牛肉对确保部队军事行动成功发挥着核心的作用。

这一事实表明，牛肉与帝国主义扩张之间的联系极为普遍。《牛排功不可没》（*Credit It to Beefsteak*）等不少作品宣称："老话说'牛排的疗愈功效胜过奎宁'，这点从远征刚果的很多白人士兵身上得到了很好的验证。"在刚果博马（Boma）地区的欧洲人定居点，"（肉牛）不断繁殖，直到（当地居民）每天餐桌上都能见到新鲜的牛肉，对他们来说，相比装在铁皮盒里的肉品和罐装蔬菜而言，新鲜牛肉实在是个很大的进步，而当初，史丹利（Stanley）和他的手下就是靠着前者补充体力，由此奠定了他们开拓刚果大业的基石”。[41] 如果说，是殖民军队首先平定了当地社会，然后再由殖民官员重建了当地社会，那么在活畜数量增加并且食品质量大大改善之前，为殖民统治者提供了食物保障的则是罐装牛肉。

美国陆军的牛肉丑闻表明，公众一方面对罐装肉食充满担忧，同时却又对它无限着迷。对罐装肉品质量的怀疑，再加上民众普遍对它不看好的事实，使得迈尔斯将军的指控产生了无比巨大的威力。不仅民众早已对罐装牛肉心存疑虑，这一指控更是表明，腐烂变质的肉品不仅会危及身体健康，甚至对美国的国家实力以及男子汉的阳刚气概也会产生负面影响。迈尔斯怒气冲冲地指责，供应给士兵们的罐装烤牛肉“无异于将牛肉精华萃取殆尽之后剩下来的残渣碎屑”。[42]

第一次调查结果证明，由于计划不当，某些肉品在热带阳光强烈照射下出现了腐败变质现象。但除此之外，并未获得多少实质性证据。1899 年 2 月，时任美国总统麦金莱（McKinley）下令，由军事调查法庭就迈尔斯将军的指控再次展开调查。然而，由于缺乏实锤性证据，该丑闻使迈尔斯面临颜面尽失的危险。[43] 调查人员最终未能得出任何明确的结论。等到同年 3 月，媒体率先得出了自己的结论，对迈尔斯将军的指控表示认同，并再次呼吁将军需主任查尔斯 · 伊干送上军事法庭。[44] 尽管如此，针对这则丑闻的正式调查最终发现，仅凭迈尔斯所提供的证据，似乎无法得出最终结论。

相比于实实在在的证据，消费者对产业化生产以及加工方法的焦虑在更大程度上推动了这一丑闻持续发酵升级。从实际情况来看，迈尔斯将军很可能在很大程度上夸大了事实，但究竟是牛肉本身就有问题，还是因为保管不当发生了变质，再或是烹制方法不当，这一切都无从得知。证明食品遭到污染的证据非常模糊。某位医生和殡仪馆的某位员工表示，他们的确从某些肉品中闻到了防腐剂的气味。[45]但军方的调查结论却认为，迈尔斯将军的说法缺乏充分的依据。然而，这一丑闻给迈尔斯带来了严重后果，致使他与自己职业生涯的最终目标——白宫椭圆形办公室——失之交臂。

这一丑闻引发的反响，与当时民众围绕牛肉产业化生产问题广泛存在的各种或积极或消极的文化假定之间存在着不可分割的联系。此外，民众的担忧究竟是出于对污染及其可能引发的健康隐患的顾虑，还是深深植根于宰杀过程与终端消费场所分隔所导致的不适应情绪，在两者之间似乎很难画出一个明确的界线。就在消费者对污染问题表达深深的担忧的同时，关于有人在用“马肉”冒充罐装牛肉的各种谣言也似乎时有所闻。[46]

官方调查虽然最后无果而终，却揭开了产业化牛肉生产这一全新领域的神秘面纱。比方说，牛肉罐装之前烹煮过程中剩下的汁水会被用于制作牛肉萃取液，也就是一种类似牛肉浓汤宝的产品，据称有“抵抗疲劳、治病强身的功效”。[47]相关广告宣称该产品具有堪比药物的效果，甚至暗示萃取液俨然就是一种浓缩的食物。[48]所有这些说法，都提出了一系列近似玄学的问题。萃取液和煮牛肉怎么可能同时都是实实在在的食物？阿默公司一则广告宣称，“阿默牌萃取液是唯一一种充分保留了牛肉营养成分的肉类精华萃取液。”某调查人员拿出这一广告，向被调查人员质问道，一边是罐装牛肉、另一边是牛肉萃取液，两者来自同一块原肉，却何以能够同时都包含了其中的营养成分呢？针对这一灵魂拷问，阿默公司的一位雇员面露尴尬，只得勉强搪塞，声称广告发布之后公司又对萃取液的生产方法做出了某些改进。[49]

这一辩解疲弱无力，激起了公众的强烈嫌恶。某医学文章直言不讳地评论道，“牛肉萃取液中根本不包含任何营养成分，罐装牛肉几乎无法消化，然而，前者被当作一种增强活力的伟大产品在市场上大肆兜售，后者则被当成军需补给物资提供给了我们最需要具备强健体魄和旺盛精力的士兵”，进而将民众的愤怒情绪导向了高潮。文章作者总结认为，“罐装‘烤牛肉’与‘牛肉萃取液’，一个是骗子闹剧，另一个则是假冒伪劣产品。”[50] 对于产业化肉品生产这一新兴的体系而言，这可谓是其发展史上所经历过的为数不多，却生死攸关的挑战之一。

不过，问题的关键在于，民众这一普遍的不安情绪为什么未能转化成为一种对产业化食品生产行业更为根本的批判和质疑呢？答案在于，这场美国陆军的牛肉丑闻实际上反而促进了产业化牛肉的自然接受过程。由于公众普遍的担忧仅仅聚焦于对污染问题的关注，反而使肉类加工商可以针对性地采取一系列具体的措施来予以回应。媒体的愤怒发挥了某种净化机制的功效，随之而至的各种调查，再加上针对肉类加工行业的一系列监管措施相继出台，公众对这一新兴生产体系的信任很快就恢复了；同时，公众的视线无意间也被转移了，进而忽略了对垄断、劳工剥削等问题的担忧和关注。[51]

牛肉消费“鄙视链”

军队中有一则与牛排相关的老笑话流行甚广。与每一位意气风发、胸怀壮志的男子汉一样，某位年轻的上尉想要来份红屋牛排，好好地享用一番，然而偏偏事不凑巧，所有屠夫都刚好有事外出了，没有一个人在营房可以为他效劳。事情很明显，“所有的红屋牛排都得归某某上校；全部西冷肉都要留给这位或那位中校，不过，第一刀切下的例外；例外这一刀非某某少校莫属。”最后留给这位上尉的只剩下了后腿肉，也就是贫苦打工人通常吃的主食。这位年轻军官抱怨道：“我这一辈子都在排排坐、吃果果，连买个牛排都得论资排辈，简直让人受够了。”[52]

牛肉民主化进程引发了有关牛肉消费意义的全新争论。比方说，随着公众对肉类品质以及低价的期待日益高涨，人们也开始就性别与食材烹制两者间的关系等议题展开了热烈讨论。精英阶层对研究工薪阶层的饮食习惯表现得尤其兴致勃勃。工会领袖则将牛肉消费的普及誉为工运活动大获成功的显著标志。就连前文提及的那位倒霉的上尉也忍不住开始琢磨，什么时候军阶、头衔等才能与肉类消费脱钩。从很多方面来看，餐饮本质上只是个事关个人口味和喜好的话题，但现实情况是，一个人的餐饮选择却始终都与种族、阶层、性别、等级观念等宏观问题之间存在着某种剪不断、理还乱的瓜葛和关联。

在美国，有关牛肉“鄙视链”的故事实际上随着红屋牛排的问世也便拉开了序幕。与有关美食佳肴的各种传奇故事类似，红屋牛排的诞生也可谓集神乎其神的传说、老生常谈的套路与半真半假的实情于一身。马丁·莫里森（Martin Morrison）是19世纪时某家船员餐吧的老板。苦于肉类供应短缺的现实，他决定在食材加工方面稍加改进，将当时主要用于烤食的西冷末端肉当作牛排来烹制，不料结果竟一炮走红。据故事介绍，负责为莫里森供应牛肉的屠户每次都要在订单上写“按给红屋（餐吧）供货的方式切牛排”，终于有一天，他实在厌倦了这一烦琐的程序，于是就专门给这种切法起了个名字——“红屋牛排”。[53]不久之后，这一名字便开始响彻大西洋两岸。[54]

说到牛肉，英式烹饪传统始终都是个绕不开的话题，其中尤以西冷肉最为著名。根据一则流传了好几个世纪的逸闻趣事，历代国王都对牛身上某个部位、曾经默默无闻的一块肉特别情有独钟，甚至专门给这块肉起了个名字，就叫作“西冷先生”（Sir Loin）。[55]年轻的英国绅士热衷于参加“牛排宴”——一种高度程式化的聚会，宴会上肉类食材的消耗量高到令人瞠目结舌的地步；而且，“牛肉与自由”这句战斗口号的起源据说也可以追溯到17世纪时的英国。说起烤牛肉大厨，恐怕没有其他任何一个国家可以与英国相提并论。红屋牛排的兴起则帮助美国的牛肉食客成功创立了一种全新的餐饮身份，但这一身份真正得到认可和正名，却是这一新式烹制方法开始火遍大西洋两岸之后的事情。

为家人采买和烹制肉食通常都被视作女人的职责，尽管如此，牛肉却始终都是一个由男性主宰的领域。这一点从调侃女性在采买、烹制，甚至是餐饮选择品位等方面的问题的众多趣闻轶事中便可见一斑。在《男人的方式》（*The Masculine Way*）一文中，某位男士诲人不倦，对身旁的女士谆谆教诲，指导她该如何如何选购牛肉，他侃侃而谈："在女人选购一磅牛排的工夫里，男人就可以收进一车皮的小麦，并且转手再把它卖掉。"然后接着冲她解释道："你真该看看我是怎么买肉的，保证让你受益良多。"[56]在另外一个场合，某位大夫也曾对一位女士严词批评，因为她选择早餐的品位"实在是过于怪异"。他对所谓新派食品痛加抨击，"比方说燕麦粥……虽然人们都说这种食材有利于健康，但实际上，它给人们带来的肠胃消化问题比糖果、煎饼、面包卷等各种食材加起来都还要多。"事实上，"对于一个身体健康的普通人来说，这世上最棒的早餐就应该是一块牛排或大棒骨，外加一杯棒棒的咖啡、几块热面包卷、几个鸡蛋。"[57]在有关食物这个问题方面，女人们往往陷入了一个又尴尬、又无奈的境地：人们一方面指望着她们采买和烹制牛肉，另一方面又总是调侃她们在这一问题上实在是缺乏天分。

指责女人不擅于烹制牛排的文章多得不胜枚举。《纽约先驱报》（*New York Herald*）刊发的一篇文章被《费城问询报》（*Philadelphia Inquirer*）等多家媒体广泛转载，其中就曾大发感慨："很多男人，职业的也好、业余的也罢，都能烹制出非常棒的牛排大餐，但拥有这一禀赋的女人恐怕少之又少。"显然，成就一道出色的牛排的秘诀在于刀工，而“女人们在刀工方面的品位实在不怎么样，而且这一技艺是融入血脉中、与生俱来的。”[58] 尽管如此，人们却寄希望于女性，要求她们提供上等品质的肉食。在《牛排：毁家大元凶》（*Beefsteak as a Home Breaker*）中，一位失去配偶的女士感叹道：“在其他任何问题上，男人们都可以表现得像个乖宝宝；但一说到牛排，我还没见过一个不挑三拣四、吹毛求疵的。”她这段评论说得不无道理，不过这位女士也说道，她过世的丈夫“总是在这事上大发脾气，经常说他不管别的男人怎么样，但他决不能忍受天天嚼皮鞋后跟，并要求我必须马上换一家肉铺买牛排”。[59] 白条牛肉的兴起改变了这些心理预期。

按照当时人们的心理，如果说牛肉是男人的食物，那么，上等牛肉就是有文化的白人男子的专享。19 世纪 60 年代末期，因在神经衰弱研究方面的成就而享誉甚广的乔治·米勒·彼尔德（George Miller Beard）大夫曾执笔就“脑力劳动者的饮食”撰写了一篇长篇大论的“雄文”，其中就糅合了社会达尔文主义思想（充斥着有关“野蛮族群”的观点）、江湖郎中式营养学分析（鱼“尤其适合于滋养大脑”）以及大段大段独白式絮叨（“餐馆都是碍眼的玩意”）。[60] 这篇文章最初发表在一本名为《居家时光》（*Hours at Home*）的自助式期刊上，将食品摆在了其各种激进理论观点的核心位置，宣称“种族、气候以及饮食结构等构成了决定一个民族性格及发育的关键因素”。这篇文章专为全世界“脑力劳动者”而著，堪称一部加长版反驳檄文，以回敬当时普遍存在的一种观点：“与那些舞镐弄锹的体力劳动者相比，脑力劳动者——尤其是文人——需要的食品以及睡眠相对较少。”

针对“即使是最深居简出的书虫”在饮食方面的需求也大于“没文化的劳工阶层”这一观点，作者进行了一番不遗余力的辩护，随后又围绕不同历史文明对餐饮的需求问题展开了论述。“有确切资料显示，在一次又一次紧要关头，对这个世界里人类历史命运起过决定性作用的统治阶层，似乎向来都是好食之人。”他就孔武强健的英国人、德国人的大脑，还有“大脑相对不灵光、创意性相对落后的”意大利人、西班牙人做了一番对比。对于“以稻米为主食的印度人”、其他非北欧族群及其餐饮结构，作者的态度更是不屑一顾。继浮光掠影地分析了爱尔兰人的饮食习俗之后，作者感慨道：“相较欧洲社会中任何一个以牛肉为主食的阶层而言，南美原住民、非洲蛮人、格陵兰愚昧的岛民，还有欧洲各地的农民阶层，所有这些人全都加起来，对人类文明又做过些什么样的贡献呢？”纵观该文通篇，作者始终在围绕职业、社会阶层的讨论与围绕种族、国家的讨论之间来来回回、不断游离反复。[61]

正如明眼的读者至此已经发现，彼尔德坚信肉食才是关键，因为“经验告诉我们，脑力劳动者的饮食主要应该由肉类食品构成，当然，也应辅以适量不同种类的水果及谷物”。生鲜肉类理当优先，因为“它包含了最适合于滋养大脑的物质成分”。作者虽然也承认鱼类食品的魅力，在为鱼类食品作了几句简单辩护之后，却得出结论：“食鱼者对文明的贡献，恐怕并不比素食者更加显著。”

多家报纸及期刊对该文进行了节选转载，并附加了编者评述。大多数转载者都对文中观点持支持态度，并概括了作者的核心结论。[62] 不过，《生产者及农人》（*Manufacturers' and Farmers' Journal*）杂志则持不同意见，批评作者证据不足、主观臆断，进而总结认为，“我们很难从其论述中发现真相。”[63] 这一杂志的主要读者群体是劳动者阶层。因此，对于前文作者轻视“体力劳动者”的观点，字里行间满满的嫌恶之情。

围绕餐饮习俗的讨论多数从一开头便持一种先入为主的假定观点，认为偏重牛肉的饮食结构对成功至关重要。《堪萨斯城市之星》（*Kansas City Star*）首发，并被其他媒体转载的一篇文章提到，歌德、约翰逊、华兹华斯等多位“脑力劳动者”都是“著名的美食家”，并列举了一系列“最美食品”，其中牛肉荣列榜首。[64] 这一榜单可与后来问世的另一篇文章比拟，后者对本杰明·富兰克林（Benjamin Franklin）、托马斯·杰斐逊（Thomas Jefferson）等曾有意接受素食主张却终告失败的思想家提出了批评。托尔斯泰（Tolstoy）晚年倒是的确成了一位素食者，但显然，究其最不朽的作品，无一例外都问世于这一改变发生之前。[65]

这种有关食品的社会达尔文主义思想反映了肉类食品，尤其是牛肉在 19 世纪消费者心目中至高无上的地位。这一重要地位既保证了对牛肉的旺盛需求，同时也有助于解释为什么美国人，无论贫穷还是富裕，都希望买到的牛排越来越大、价格越来越便宜。此外，对餐饮结构与社会地位两者关系的重视程度也引领了 20 世纪的人们对食品、阶层等问题的态度。20 世纪期间，尽管很少有人会以如此粗泛的视角来考虑餐饮习俗问题，但时至今日，认为某些特定人群对某些特定食品的需求相对较低这类观点依然流行甚广，这一点从精英阶层食不厌精的审美化倾向、从他们近乎偏执地希望改变贫困人口的饮食习惯这两个现象中便可以清晰地显现出来。[66]

让我们暂时将目光再次转回 19 世纪，对餐饮习俗的执着，与饕餮大餐相关的种种所谓文明的讲述和记录，其实都是针对当时蓬勃兴起的移民潮做出的一种回应。对于很多移民而言，如果搁在以往，享用生鲜肉食的机会很可能一年也不会有几次。[67] 美国充沛的生鲜牛肉供应意味着，以前只有在特别节庆日才有缘解解馋的这一美食，如今已然成为一道家常便饭。尽管很多贫苦的移民开始时还只能满足于后腿肉这类价格低廉的肉品，但逐步也开始追求能买到些上等品质的好肉。[68]

围绕肉类消费及移民问题的阶级矛盾在《肉食与米饭》（*Meat vs. Rice*）一书中体现得尤其明显。这是有关美国劳工联合会（*American*

Federation of Labor）要求对华人采取排斥措施的一个宣传小册子。[69] 手册副标题《美式男子汉气概与亚洲苦力式生活方式：谁更容易生存？》便清晰表达了肉食消费与阶层身份之间的密切联系。虽然手册包含了对生活成本、劳工问题等一系列话题的宏观分析，但归根结底，肉食成了美国成功工人的终极标志，而米饭则成了挥之不去的低廉薪酬、资本（家）的胜利的代表。手册从头至尾都将华工与奴隶劳动相关联，借助种族主义论调来渲染华人逆来顺受、惯于吃苦、“几乎不需要什么条件”也能生存等特征，以炒作美国工人的竞争能力，吸引人们的眼球。[70]

手册结尾部分援引排华法案的积极支持者詹姆斯·G. 布莱恩（James G. Blaine）的观点，认为如果放任移民涌入，其结果将只能是让美国工人进一步沦入贫困境地。布莱恩辩称，“所有这些冲突、斗争最后的结果不是让那些依赖米饭维生者的生活水平上升到牛肉加面包的水平，而是让早已习惯于牛肉加面包生活方式者的生活水平也降落至米食者的标准”。[71] 虽然《肉食与米饭》这一例子过于极端、令人发指，但其中将肉食与美国劳工的男子汉气概相互关联起来的观点，却被一批批工人以及改革倡议者频繁借用、反复炒作。工人往往将经济方面的成功与肉类消费的增加联系起来，肉类成了（而且至今依然经常是）为数不多的具有如下作用的几种产品之一：其消费水平的提高被当成了反映收入增加状态的直接指标。[72]

这一趋势成了引发精英阶层惊慌的直接诱因，因为后者担心工人阶层对于肉类食品的期待过高。一批文献崭露头角，主张贫困人口应该减少牛肉消费。比如，1875 年发表的一篇文章评论道，“人喜欢肉食，就好比猫儿喜欢鱼”，尽管如此，他们必须“遵循事情的发展逻辑”。世界上最强壮的运动员恐怕要数中国人，但“他们吃米饭的数量远胜于烤牛肉”。在同一篇文章里，某英国教授辩称，“靠土豆维生的爱尔兰人肌肉比主要靠燕麦维生的苏格兰人更强壮，而后者则比主要吃面包加肉的英格兰人更健壮”。[73] 早期与食品营养有关的研究主要聚焦于工人阶层的饮食习惯，而很少关注精英阶层的习惯，这点恐怕绝非偶然。对于美国人而言，无论家境贫富，都喜爱味道鲜美的牛肉——也是成功的标志；精英们却认为，工人阶层的饮食结构是一个有待于依靠科学手段予以优化的因素。

改革派为贫困人口规划出了一系列全新餐饮结构。19 世纪 80 年代，美国公共卫生协会（American Public Health Association）发起一场征文大赛，鼓励参赛者为生活条件一般的家庭以及“贫寒人家”提供食谱及烹饪指南。这一援助计划将主要通过女性发挥作用，因为参赛作品主要可以为“家庭主妇”提供相关资讯。[74] 获奖作品“对于数量庞大的打工一族人口而言将是一份非常实用、非常珍贵的贡献，而这一切之所以成为可能，还要感谢某位公民慷慨、慈爱的人道主义精神。”[75] 这次征文大赛构成了早期阶段的一个具有代表性例子，开启了精英改革派孜孜不倦教导美国贫困人口该如何吃饭这一悠久传统的序幕。

玛丽·欣蔓·艾贝尔（Mary Hinman Abel）基于当时通行的营养科学知识设计了几套代表性食谱，获得大家一致认可，并最终斩获大奖。[76] 艾贝尔在征文开篇首先分析了五种典型的“营养元素”：水、蛋白质、脂肪、糖类以及盐或矿物质。[77] 至于口味问题，艾贝尔分析如下：“如果（主妇）不懂得‘如何让人流口水’，那么，她所付出的一切辛劳基本也就相等于一种白白付出。假如她手头不宽裕，那将更是如此。她就尤其有必要慎重对待这一问题，因为这是唯一的办法，可以让人将原本平淡无奇的食物当作一种美味来享用。”[78] 在满足经济适用、健康营养这两个条件的前提下，尽力确保食品美味适口也是一个非常重要的因素。

在致力于改造贫困人口饮食结构这一近乎偏执的热情背后，位居核心地位的一个原因就是精英阶层心中一种根深蒂固的执念：打工阶层消耗的牛肉超出了他们的实际需要，因此致使生活成本经历了不必要的升高。这一执念与“什么人都觉得自己理当有资格享用红屋牛排”的慨叹遥相呼应。[79] 艾贝尔在其文章中反复影射到这一观点，并且多次说道：“只要其他食物中包含了足够数量的植物蛋白和脂肪，即使不吃那么多肉，也可以保持良好的健康状况和充沛的体力。但如果你这么跟他说，美国打工阶层中的很多人估计都会感觉很奇怪。”[80] 不过，这同时也有赖于家庭主妇们都学会“自律自戒、学会节俭持家……（因为）尽管我们深知手头钱并不富余，有其他很多必需品等待着我们去购买，却往往过度纵容自己、纵容孩子，沉迷于美味可口的东西而不能自拔。”[81] 在艾贝尔看来，贫寒人家对食物的消费欲望远远超出了必要的程度。

精英改革派苦心孤诣，一心希望说服工薪阶层以及贫寒人家尽量多吃品质略微次之的肉品，特别是多吃后腿肉。当时的食品科学家们频频强调，像后腿肉这种价格相对低廉的肉品，虽然吃起来略显粗糙，却同样富含营养。《卡拉马祖日报》（*Kalamazoo Gazette*）在报道这一发现时曾向读者解释：“后腿肉丝毫不逊色于里脊肉。”[82] 其他一些报道则补充认为，价格相对便宜、纹理略显粗糙的肉只不过烹制起来需要的时间稍微长点而已。[83]

改革派认为，即便不吃上等精肉，贫困人口也基本不会有什么损失；而且，在他们看来，穷人本来也就没那么高深的品鉴能力，根本品不出不同类型牛排之间的差别。报道克利夫兰一家屠宰店失窃案件时，记者甚至调侃道：“窃贼置近在手边的红屋牛排于不顾，专门挑那些柔嫩、悦目的后腿肉。”[84] 在此，“专门挑”是个委婉的措辞，言外之意就是，这位窃贼要么是愚蠢无知，要么就是缺乏鉴赏肉质好赖的本领。

有关穷人在饮食问题方面存在超水平消费倾向的这个执念，最具代表性的一位宣扬者或许当属时任美国农业部部长的朱利斯·莫顿（Julius Morton）。莫顿本人有段时间曾做过农场主，对全民平等的主张素来颇有微词，而且还与多家铁路公司存在合作关系。[85] 当有消费者投诉牛肉价格过高，并含沙射影对广义的生产体系提出批评时，莫顿在回应中将责任归咎于消费者一方。一位家庭主妇曾向莫顿发问："是否可以采取些措施，好让自己以及千千万万其他贫困人口能够以合适的价位买到肉，让自家餐桌上有肉可供家人食用？"莫顿的回答是，"在这个国家里，即使是穷人、短工，都以为自己顿顿必须有西冷牛排享用。后腿肉都会让他感觉亏待了自己。"他在结尾处讲了一则趣闻轶事，说一位愚笨的女人从慈善机构得到一笔钱，好给家人买些吃食，结果，这位女士"出门去买东西……刚好看见一些罐装龙虾，于是便拿全部钱都买了龙虾"。显然，"我们的主妇们……得首先学会精打细算，学会如何财尽其用，用手头有限的钱购买尽可能多的东西"。[86]

对贫寒人家饮食习俗的批评，大多都建立在有关节俭、成功等话题的老生常谈基础之上。W. O. 阿特沃特（W. O. Atwater）教授在谈及"贫困人口的食物"这一问题时，所沿用的基本就是这样的思维套路。从一开始，他就首先抛出一套老掉牙的观点，说什么富人之所以能够致富，是因为他们懂得节俭；而穷人之所以受穷，是因为他们过于浪费。在食品问题上，"在市场上，花得最不值当的钱，恰恰正是穷人手里的钱；烹制得最糟糕的食物，就是穷人家里餐桌上的食物"。他引用某屠户的话，"有人跟我说，住在纽约市（相对）贫困地区的人，在百货店里偏偏喜欢买价格最高的产品。这位卖肉的屠户告诉我，他们可以将纹理质地相对粗糙的肉卖给富人，但家境平平的人断然不会愿意接受这样的肉。"[87] 尽管这位屠户的话一听就是套路，并不完全值得采信，但其中的观点并非全然没有道理。富人固然通常喜欢大量购买精肉，但家境优渥的顾客偶尔买些价格相对便宜的肉品也完全可能，部分原因是他们没必要承受那么重的社会压力，并不认为非买上等肉品不可。当一个人的社会地位根本就不是问题时，身份标志也就可能变得不再那么重要。家境一般的人则往往有更大的动力，一定要购买上等好肉，以之作为证明自己成功的明显标志。[88] 整体而言，不管贫富，不管是移民还是原住民，几乎所有人都将牛肉消费视作地位高人一等的标志，因此导致对牛肉的需求居高不下。

除特别热衷于对贫苦人家的饮食习惯指手画脚之外，美国精英阶层以及中产阶层也热衷于探索全新的烹饪方法，以显示自己的牛肉消费习惯与众不同。养尊处优的美国人开始走出家庭，到外面享用美食、进行社交，“饭店”一词就是在这一期间开始广泛使用的，各种高档饭店开始在全美各大城市迅速蔓延。[89] 法式烹饪以及精美考究的晚宴开始成为巩固精英阶层身份的重要途径。据亚伯拉姆·戴顿（Abram Dayton）介绍，“到（纽约）戴尔莫尼科餐厅（Delmonico's）参加午宴或晚宴成了所有渴望成名者的头等心愿。”[90] 与此同时，美国中产阶层也纷纷选择外出就餐，并且“拥有”属于他们自己的餐馆。[91] 当然，牛肉并非驱动这一进程的唯一因素，但绝对是重要驱动力之中的关键一项。

就在餐饮变得日益精美、日益讲究的同时，还出现了另外一种回归简单、重拾餐饮本质的趋势，这一趋势在处于上升通道的男人中间尤为流行。在一次“让人不由自主回想起乔治·华盛顿（George Washington）、联想到人类始祖的重大事件中”，20 余名男士于 1881 年 3 月的某个夜晚齐聚纽约，共同探讨当时的政治大计。他们就着啤酒胡吃海塞，消耗掉了数量惊人的牛排。[92] 19 世纪末期，无数的“牛排晚宴”成了美国社会精英以及中上阶层男士们狂饮豪爵、交游结社的重要途径，而这次聚会，只不过是其中一个小小的例子。

1908 年某牛排晚宴照

美国国会图书馆收藏。

虽然牛排深深扎根于 18 世纪的餐饮习俗，它在 19 世纪末期的回归和复兴，却是对当时不断变化的烹饪习俗的一种回应。截至 19 世纪八九十年代，牛肉价格已经相对低廉了很多，供应也更加充沛，美国各地的男士都有机会可以参与到一项古老的传统之中，“像旧时的纽约人那样，随随便便就可以加入一场聚会，一边享受牛排，一边讨论与亚当斯、杰斐逊、麦迪逊等相关的政治大事”。用手指直接抓食是个必备条件：“刀叉、餐桌，传统餐厅那些浮华无用的器皿工具，统统被弃之不顾。”一则关于牛排晚宴的记录如此写道。[93] 一则流传甚广的笑话讲，就连餐后甜点都是羊排。

这一返璞归真的热潮与当时美国在性别理念方面更广泛的运动相契合——摆脱所谓儒雅绅士教条的约束，回归激进，乃至崇尚暴力的男人气概。理想的男子汉应该能够在原始质朴、高雅得体的两种不同场合氛围下相机应变，自如切换。[94] 基于这一理念，真正重要的不仅在于牛排晚宴上返璞归真的氛围——即使只是一只倒扣过来的木箱，豪放不羁之士也可以把它当作一张餐桌，在上面无拘无束地食用一道简朴的牛排便餐——而且还在于，即使转天环境切换到戴尔莫尼科餐厅这类高雅讲究的场合，参加牛排宴之人也同样可以自如应对。

透过当时流行的烹饪图书，美国人在餐饮习俗方面追新逐异的这一冲动也同样清晰可辨。19 世纪末，集中收录于所谓“食谱大全”，或零星散落在女性“居家指南”等各类图书中的各色食谱变得日益繁复考究。19 世纪前半叶，美国的食谱类图书大多数充其量不过算是英式食谱的衍生品而已，但及至 19 世纪中期，便已呈现出鲜明的美式风格。曾经一度风格非常简朴、主要旨在教会人们如何烹制饭菜的小册子，如今动辄包含数百道精美菜肴的详细制作说明，还包括形形色色的成分和佐料详注。即使居家吃饭，人们也开始希望随时可以吃到一些新颖独特的花样，而不是只有在特别场合才能享受这一特别待遇。1890 年出版的《餐桌美食》（*The Table*）专门推出了“涵盖终年的每日菜单”，几乎每餐都给出了多种不同选择。单牛肉烹制方法就包含了“凤尾鱼乳酪酱牛排”（Beefsteak with anchovy butter）、“法式焖弗拉蒙德牛肉”（braised beef à la flamande）等。[95] 该书作者为戴尔莫尼科餐厅首席大厨亚历山大·菲利皮尼（Alexander Filippini），尽管它面向的主要读者对象是专业大厨，但内容布局和设计同时也非常适合日常家居饮食。除家境富裕、雇有专业厨师的家庭之外，繁复讲究的新菜谱对很多女性都构成了一种沉重的负担，因为给家人煮菜做饭的任务通常都落在她们头上。[96]

牛肉民主化进程对烹饪习俗产生了意义深远的影响，同时也引发了围绕饮食与身份地位两者之间的关系的全新对话。无论对美国穷人还是富人而言，经济适用的牛肉都使他们得以将难得兑现的高远理想变成了司空见惯的日常现实。对于家境富足者来说，这意味着可以频频外出就餐，意味着豪华考究的欧式菜谱。对于工薪阶层来说，这意味着每天都可以有一份牛肉菜肴犒劳自己，偶尔还可以享用一次红屋牛排。所有这些改变迫使人们就身份地位问题展开了一系列对话，反映了当时人们在事关种族、社会等问题上的思想和认知，同时也引发了有关餐饮习俗问题的诸多调查研究和探讨，为20世纪营养科学的发展设下了伏笔。

尾声：一块牛肉引发的骚乱

1902年3月，肉类价格骤然飙升。芝加哥肉类加工商将问题归咎于肉牛供应短缺、西部地区粮食价格攀升，而零售屠户则怀疑是加工商为了增加利润而有意设下的局，因为他们已经完全控制了全国的肉类供应链。[97] 自19世纪80年代中期韦斯特委员会就牛肉以及肉牛长期价格问题展开研究以来——上一章“早期监管理念及办法”一节曾对此做过介绍——有关这一问题的争议就一直悬而未决。短期内的价格高企向来都会引起消费者的不满，但1902年这一次情况非常糟糕，甚至引发了一场骚乱。

争端因犹太洁食问题而起。1902年年初，由芝加哥肉类加工商所有，或与这些加工商站在同一阵营的肉类批发公司开始不断提升给零售屠户的报价。[98] 纽约东区1600余家洁食屠户一开始时曾在店门口竖起格栅，宣布歇业以示抵抗。这一行动赢得了公众的支持，但当举步维艰的屠户们于1902年5月15日调高了价格重新开张时，民众的态度却骤然发生了改变。“发了疯的女人们”开始打砸橱窗，并往肉上倾倒“水、煤油，据某些屠户介绍，还倾倒石碳酸”。她们抢下顾客手中的肉，扔在地上用力踩踏。警方出动了500余名警员，才最终驱散了聚集的人群。[99]

然而，无论是高涨的价格还是愤怒的群情，却都并未就此缓解。1902 年 5 月 24 日，大批人群开始在联合牛肉公司（United Beef Company）各家门店外聚集，同时开始威胁顾客、打砸橱窗。在布鲁克林门店前，聚集的人群开始攻击洁食店老板乔治·戴维斯（George Davis），因为他拒绝闭店，还“卖肉给意大利人”。戴维斯发现，自己已被愤怒的男人、女人以及孩童密密地包围了起来，后者人数达好几百、甚至上千，情势非常紧迫。[100]

混乱之间，屠户和抗议者双方各执一词，你来我往相互攻击和辩解。抗议者声称零售商利欲熏心，而屠户们则将问题归咎于肉类加工商或中西部地区居高不下的价格。[101] 价格问题始终都是各方关注的焦点。希伯来零售屠户洁食保障及慈善联合会（Hebrew Retail Butchers' Kosher Guarantee and Benevolent Association）主席“将动荡局面的原因归结为两方面：其一，受影响地区存在大量社会主义者及无政府主义分子；其二，主妇们希望买到价格低廉的肉品。”[102] 但顾客们则回应称，她们只是希望价格保持在自己业已习惯的水平。

自 E. P. 汤普森（E. P. Thompson）以来，不少学者已就愤怒的人群以及围绕价格的广泛抗议展开了诸多研究。[103] 在这次事件中，尽管有面包、鸡肉等价格相对低廉的其他选择，但顾客们认定就要牛肉。鱼贩们“信誓旦旦表示，愿意帮助东区的贫困妇女，她们需要多少鱼，就一定卖给她们多少鱼”，但牛肉才是王道。1906 年，继某次价格暴涨之后，一位几近绝望的女士解释道，“我们明明放着价格便宜的鱼不买，却偏要高价买肉，这是多么傻呀。鱼远比肉好，营养也更丰富。如果你不懂怎么用鱼做出好吃的菜品，我可以教你……假如你按照不同的风格烹制鱼，就会发现它跟肉之间几乎没有什么差别。”[104]

然而，这次暴乱绝不简单只是一个事关热量的问题。学会以全新的方式烹制鱼肉，并甘之如饴地享用鱼类美食，这也绝不是一夜之间就能发生的改变。就算有这种可能，人们也不愿意接受鱼，他们需要的只是牛肉。在寄回故国、旧土的家书之中，没有任何人会跟家人和亲朋吹嘘美国的鱼肉供应如何充沛富足。

19 世纪末期带来了牛肉消费的民主化。临近 19 世纪末期的几十年里，肉类产品价格持续降低，工资薪酬也有所增加，因此牛肉成了贫困劳工及移民每日都可以享受到的食品。与此同时，对于精英阶层而言，这一系列改变意味着他们有更多的机会享用到由欧洲引进的高端烹饪，各种晚宴聚会也变得日益奢华讲究，虽然同时也出现了像牛排宴这类追求返璞归真的倾向，部分男子热衷于重拾人类原始时期粗犷、自然的餐饮习俗。尽管如此，民主化并不等同于平等化。牛肉供应变得日益普及，但不同种族、阶层以及性别之间的差别依然一如既往，并未随之消失。

无论你吃进嘴里的是高端红屋牛排，还是相对低调实惠的后腿肉，消费与其所发生的场所及环境之间都始终存着一种难以分隔的关系，既反映你本人所处的社会地位，同时也反映你对周围同胞、同伴的态度。虽然男人、女人同样都是牛肉的消费者，但消费对两者的意义大不相同，从清一色男性参加的牛排宴，到“女人做不出好牛排”这类频频入耳的感叹，这一性别差异几乎随处可见。此外，精英阶层之所以对干预普通工薪一族的餐饮习惯近乎偏执地热衷，只是因为他们一直坚信“后者的社会地位与他们对饮食的期望值不相匹配”。所有这一切因素，使围绕牛肉而引发的种种问题和争议更加错综复杂，也使社会对这一商品的需求居高不下，进而为它罩上了一种“几乎无可替代”的属性。

“肉牛 – 牛肉联合体”的崛起得到了消费领域变革的有力支撑。消费者沿袭着熟悉已久的牛肉采买习惯，维护着在牛肉采买、烹制方面由来已久且男女有别的期待，而隐藏在这一切背后的，却是产业化牛肉生产商的庞大势力。除了价格不断降低以外，牛肉采买的程序几乎没有发生任何改变。然而，这一看似一脉相承的现象背后，掩盖的却是生产环节革命性的剧变。正如美国陆军牛肉供给丑闻所示，罐装肉等产品的问题更加复杂。将肉食从铁皮盒子中取出的这一简单过程，便足以让人们意识到这是一种全新的、高度产业化的产品。正因如此，士兵们才会对罐装牛肉心存戒惕，军需官们才会再三强调，将罐装肉从包装中取出时应尽量避开士兵们的视线。此外，借助食品安全卫生改革以及广告营销策略等一系列措施，生产商也力求平息消费者在这一方面类似的担忧。

危机来临时刻，牛肉生产的历史自然也不容忽视。毕竟，无法买到牛肉、担心染病、不得不与某种全新的营销方式打交道，所有这些因素都可能对牛肉在消费者各自心目中所拥有的不同意义构成威胁。每当有改革提案出台，有助于将这类冲突和矛盾降至最低的选项自然将赢得广泛支持，从而顺利击败其他候选方案并脱颖而出。20 世纪初期，对肉类加工行业加强监管的两项主要举措分别为：1906 年出台的《联邦肉类检验检疫法》（*Federal Meat Inspection Act*）、1921 年出台的《肉类加工及畜牧围栏法》（*Packers and Stockyards Act*）。鉴于这一背景，上述特征体现得尤为明显。如果说前者意在安抚继《屠场》出版之后民众心目中对食品安全卫生问题普遍存在的愤怒情绪，后者则旨在打破牛肉托拉斯，应对牛肉价格上涨的危局。[105] 有关消费者在这一故事中所担当的角色，最重要的倒不在于他们推动了如何监管牛肉生产环节，而在于推动了监管的两个根本目标的实现——清洁安全、价格低廉。只要生产商能够满足这两个目标条件，那么公众将很少有兴趣对当地屠户能否保住自己的工作，以及屠宰场的工作环境是否足够安全这些问题予以关注。这一冰冷的现实既彰显了消费者政治的核心力量，也暴露了其致命的弱点。

对于“肉牛 – 牛肉联合体”的崛起而言，牛肉作为一种大宗商品的灵活属性至关重要。芝加哥牛肉既可以出现在“小意大利”地区某一个家庭的餐盘上，也可以现身于位于波多黎各的某军营之中，既可以摆在旧金山市某高档餐馆的餐桌之上，也可以在波士顿某场晚宴的大厅里款款登场。正是因为牛肉这一无所不在、无所不适的特征，才保证了市场对它的需求居高不下，进而促成了牧场经营以及肉类加工产业的蓬勃发展。此外，伴随着食品生产集中化、集约化经营的兴起，人们的饮食结构也日益复杂多变，烹饪方式日益花样翻新。这一现象绝非巧合。随着人们心仪的食材供应日益普及，采买日益便捷，它们自然会在日益多元化的餐饮大环境中占据越来越核心的位置。就牛肉而言，生产环节的同质化，依赖的却恰恰正是其消费环节的异质化。

每当消费者担心所购买的食品存在污染风险，或者担心价格过高，便会竭力推进改革。而一旦消费者的愿望得到了满足，最终导致的结果便是一种全新体系的问世，这一新体系虽然有利于保障安全卫生、价格亲民的肉类产品的生产，但除此之外基本处于隐形状态。由此一来，牛肉也便演变成为一块空白黑板，每个人都可以依据个人口味在上面投射出属于自己的独特图案。这一隐形状态不仅助长了至今依然持续存在的对于人类、动物的剥削现象，也有助于解释当今的人为什么会频频感慨：如今买到的牛肉，要么是真空包装，要么是用肉铺专用包装纸包裹得严严实实，那种活生生、能喘气、会流血的牲口，离开我们的日常生活早已经太远、太久！[106]

第六章

牛背上的美国

西奥多·罗斯福总统短暂地做过一段牧场主。1884年妻子过世以后，他迁往西部，希望能从丧妻之痛中恢复过来。在其所著《牧场生活及狩猎之路》（*Ranch Life and the Hunting Trail*）、《一位牧场主的狩猎之旅》（*Hunting Trips of a Ranchman*）以及《旷野猎人》（*The Wilderness Hunter*）三部作品中，罗斯福对自己在北达科他州埃尔克霍恩（Elkhorn）牧场的生活作了非常详细的描述。他对奶油小生们竞相追逐的那种“娘味十足、感伤矫情的所谓伦理道德”嗤之以鼻，对牛仔们身上那种阳刚之气磅礴、激进自立的品质却赞誉有加。[1] 无论按照何种标准衡量，罗斯福都可谓是名副其实的精英，而他却在狩猎、驯牛等活动以及牛仔的粗茶淡饭中寻找到了内心的平和与安宁。不过，即使在东部上流社会的晚宴之上，他的行为举止也同样依然从容若定，如鱼得水。与第五章所述那种豪华牛排晚宴上的贵宾们一样，罗斯福特别欣赏原始蛮勇与文明修养并蓄者身上洋溢的那种力量之美。不过，具体到他本人来说，这种兼容并蓄的状态似乎略略偏向于美国西部地区的价值观，尤其偏向于对自立自强等品质的崇尚和嘉许。

罗斯福崇尚西部式独立个性这一品质为其经济发展观提供了重要的启示。据他本人讲：“组成国家的每一位公民的集体福祉，离不开每一个人身上所展现出节俭、勤劳、勇气以及才智等品质。没有任何一种东西可以取代人人身上都独有的这种能力和品性。”国家的职责就在于借助“诚实可靠、睿智开明的管理体系”来确保每个人身上的独特品性都能够“有机会”生根发芽、繁荣兴盛。[2]

这一崇尚个性的价值观使罗斯福总统对大企业心存疑虑。如果说一个独立的个人是成功社会的奠基石，那么，由数以千万计、可以随时彼此替换的员工组成的庞大企业很可能就是社会走向腐朽和衰落的触媒。而如果这些企业恶意挤垮小生产者，那么上述说法便将尤为切中肯綮。因此，罗斯福总统对其当政期间主导着整个商界的各种托拉斯组织都是严词批判，牛肉托拉斯自然成为其首要目标。芝加哥肉类加工商挤垮了全美各地数以万计的当地屠户。更何况，他们还将榨取利润的魔爪伸向了罗斯福本人高度仰慕的小型肉牛牧场主们。就任总统一职不久之后，他便将对肉类加工行业展开调查确立为新成立的公司管理局（Bureau of Corporations）的首项要务。尽管这次调查组织管理得非常糟糕，整体也基本很不成功，却极具标志意义，表明了罗斯福总统对不受制约的公司利益心存疑虑。企业利益必须从属于个人利益。

虽然他从不避讳对大企业的批评态度，但高度崇尚个性的价值观也意味着，罗斯福绝非社会主义制度的追随者。实际上，在他看来，不受任何约束的商业与国家社会主义分别构成了两个极端。在其《以史为文》（*History as Literature*）一书中，他曾解释道，“我们反对国家所有制，因为它遏止个人创意、不利于个人责任意识的健康发展；出于同样的原因，我们也反对假任何私人之手实行不受任何制约、不受任何监管的垄断性控制。我们呼吁实施国家监管和控制，以此作为应对国家社会主义运动倾向的手段。”[3] 罗斯福曾用“歇斯底里、不够中立、不说真话”等词汇来描述厄普顿·辛克莱，不过，这一点却并未阻碍他从后者的《屠场》一书中获得启示，呼吁对芝加哥肉类加工商展开新一轮调查。

罗斯福对大企业以及社会主义的态度并不相同，具体表现为，他承认产业现代化乃是大势所趋。1902 年，罗斯福曾将大企业描述为“现代产业体系不可避免的发展趋势”，并评论说试图摧毁它的努力注定“徒劳无功”。[4] 再往前一年，他曾解释说，据他本人理解，“为

20 世纪早期某报刊登的一幅漫画

作者为查尔斯·刘易斯·巴索罗缪（Charles Lewis Bartholomew）。图中的西奥多·罗斯福总统手举猎枪，准备射向一头身上写有“牛肉托拉斯”的母牛。该报当日头条新闻题为《牛肉价格高企》（*Beef Is Way Up*）。透过这一新闻，也便不难理解图中的母牛为什么会坐在月亮上。国会图书馆收藏。

了做成大事，资本的结合非常有必要”，因此，“合并和集中化不应被完全禁止，而是应该对它妥善监管，将之控制在合理的范围之内。”[5]政府的职责在于驯服企业，使之成为促进个人进步的一种工具。这一观点让罗斯福成为资本主义改良派理想的代表。

罗斯福的改良派思想并非个例，而是有着更加广泛的宏观背景，因为当时很多人都普遍认为，国家只是个工具，其使命在于驯服而不是重塑资本主义。[6]经济繁荣以及整体福祉是当时政治圈的核心关切，这一点从第四章所述的韦斯特委员会证词中便可见一斑。在由罗斯福总统主导改革的大环境下，核心的议题就是既要拥抱接纳大企业，同时也要加强对它们的监管。

1906 年，随着《纯净食品和药品法》及《联邦肉类检验法》获得通过，这一重视监管的社会氛围也达到了顶峰。这两部法律堪称美国立法史上的革命性成果，至今，专家学者们对其性质依然争论不休——它们究竟代表着政府对于企业监管的成功，还是代表着消费者的胜利？答案或许是两者都有一定的道理。从“肉牛 – 牛肉联合体”角度来看，这两部法律承认了截至 1906 年肉类加工产业的既有现状。既然决定开始对集约化食品生产行业加强监管，也就意味着主管机构已经将其存在视作了既成事实。虽然其形成过程充满暴力动荡与抗争，但大型肉类加工企业的存在已经不再受人质疑，唯一需要的，就是加强对它的监管和约束。

拥抱和接纳受到妥善监管的集约化生产形式虽然并未完全平息这一体系内部固有的对峙张力、焦虑以及矛盾冲突，但确实让这些杂音喑哑了许多。土地征用过程基本已经完成，传统屠户也早已被排挤离开了这一行。屠宰场的工作依然艰苦、残酷却薪酬微薄，虽然厄普顿 · 辛克莱为之付出了艰苦的努力，但似乎没有几个人对这一现状真心在意。牧场经营行业将日渐去集中化并变得疲弱无力，极度依赖于牛肉加工商，因此，牧场主不得不甘心臣服，接受自己在该产业链条中的从属和次要地位。

“肉牛 – 牛肉联合体”将随着 20 世纪的隆隆车轮不断演进。货运的兴起使牛肉加工业务逐渐从中西部城市走出来，迁至邻近牧场以及饲养场的乡村地区。[7] 以麦当劳为代表的快餐行业的兴起将带来人们餐饮方式上的巨大变革。牛肉消费于 20 世纪 70 年代期间达到顶峰，随后又因人们对健康问题的担忧而缓慢回落。然而，红肉与男子阳刚气概之间剪不断、挥不去的联系却似乎可以解释，高度偏重于牛肉的阿特金斯健康饮食法、充满吊诡气息却又似乎对产业 – 农业非常友好的穴居人 / 原始人（caveman/paleo）餐饮习俗等，何以能够如此深得人心且长盛不衰。

虽然历经上述诸多变化，这一体系的总体线条却基本依然如故。牛肉加工行业之中，在 19 世纪时便已傲视群辈的四大巨擘直至 20 世纪都依然仍在经营，而且还以某种形式幸存至今。[8] 少数几个大企业依然主导着全球牛肉生产。[9] 牧场经营依然呈现去集中化特征，并从属于肉类加工业。屠宰场工人群体中，多数都依然是默默无闻的移民，只不过如今多数都来自拉美地区，不再以来自中、东欧地区的为主。[10]

当代食品政治依然体现了其 19 世纪肇始之初时的特征。肥胖率大幅增加、"吃货"文化现象等均表明，有关食品的辩论依然深受社会阶层、性别等因素的影响。同样，人们对自己个人的食物喜好及审美特征赞誉有加，而在讨论穷人、肥胖人口等群体的饮食结构时却又对此全然不顾，这一双标倾向至今依然还在延续。素食主义（反对食用动物肉）、纯素食主义（全然拒绝食用一切动物制品）各种理念大为流行，理由也各不相同，从对健康的关注到对动物权益的保护五花八门。尽管与第五章中所提及的论据不同，这些理念中也包含了对生产过程的关注，但支持这些理念的人往往并未充分意识到自己选择的背后所包含的社会阶层启示意义。

与 20 世纪初的情形一样，"肉牛 – 牛肉联合体"今天的活力以及韧性依然都只是某种特定叙事方式导致的结果，因为按照这一叙事方式，无论是这一联合体，还是本书自始至终所探讨的各种空间、经济变革都是自然选择的结果。人们对现代产业化生产依然深感不安，这一点可以从 2013 年欧洲某些牛肉产品被曝含有马肉之后所引发的社会恐慌中可见一斑。然而，从公众反应来看，这类丑闻事件往往被归结为个别人不当行为的后果——比方说某非法食品加工作坊违规生产，或监管制度存在漏洞等——而不是劳工剥削、动物虐待、成本降低等结构性因素共同作用的结果。[11] 与此同时，从结构视角提出批评的人士则往往容易一叶障目，不关注全局，却只关心其中的某一个侧面，不管这一侧面涉及的是环境、劳工、公共健康，抑或是其他某一因素。[12]

有关产业化肉品生产的上述两种理解方式均有其缺陷。将关注焦点狭隘地放在个别坏人或企业之上可能导致对结构性问题的忽视。针对某一食品污染事件或侵害劳工权益行为的广泛调查及披露往往反而构成一种干扰，将公众视线从某些几乎无法明确追责，但后果可能极为严重的深层次问题上转移开来。同理，持结构性批评视角的人必须同时考量产业化农业经营中的成本和收益，也必须从整体视角综合分析粮食生产体系中的诸多方面。各批评方与其画地为牢，人为地分割出动物权益圣战者、劳工组织等彼此敌对的阵营，将改革努力狭隘地理解为零和游戏，不如结成广泛的政治同盟，就该产业整体全貌展开对话。

让我们把视线拉回到“肉牛 – 牛肉联合体”的历史，其兴起过程所产生的影响远远超出了食品生产行业。如第一章所述，美国政府在得克萨斯州以及西部相当大范围内的势力都有赖于肉牛牧场经营，有赖于后者在征用美洲印第安人土地过程中所充当的角色。同理，规制型国家的扩张深深植根于它与相关各方广泛的接触，不仅包括与肉类加工商、牧场主等的接触，还包括与铁路公司的广泛接触，而后者的运输革命更是建立在农产品运输的基础之上的。从棉花到小麦，再到牛肉，大宗农产品构成了美国经济的基石。这一事实进而表明，美国经济实力的崛起既是一则事关产业兴衰的故事，同时也是一则牵涉生态兴替的故事。

19 世纪后半叶，上等鲜牛肉成为日常餐饮中的重头角色。多元并存的区域性食品市场融合成为单一的全国性市场；西部农村的牧场如今成了供养东部城市的食品来源地。屠户转眼成了屠宰场工人，牲畜加工琐事变成了工厂的固定作业环节。四大进程促成了这一系列变革：一是通过对印第安人土地的暴力征占，大平原地区的生态系统由牧草 – 野牛 – 游牧模式转向牧草 – 肉牛 – 牧场主模式；二是西部地区空间格局的标准化，以及旨在促进流动性的监管制度的兴起；三是围绕牛肉加工、分销以及零售问题一系列冲突所产生的结果；四是与牛肉的文化内涵错综交织的消费者政治的动态张力。而驱动这一系列进程的根本动力，则是人们围绕经济、政治以及社会权力等问题展开的种种纷争和斗争。

重塑大平原地区生态系统所产生的影响后果至今依然存在，只不过牧场主先是被农场主取代、随后又被富饶的城市郊区所取代。然而，真正使“肉牛 – 牛肉联合体”得以形成的却是美国西部早期的历史。假如事实果真如史学家阿尔弗雷德·钱德勒（Alfred Chandler）所言，现代化公司最主要的成就在于它打造出了一套供应链内部管理制度，那么，假如没有肇始于苏珊·纽康姆等牧场主的丰饶、充裕的商品，也便不可能产生激励企业如此行动的原动力。[13] 将大平原地区与商品市场有机融合，绝不只是一个与自然讲和的简单过程。如第一章所述，大自然神秘莫测的特征构成了利润的一个重要来源。得益于一系列人为刻意行动与历史巧合的共同作用，食品加工商逐渐开始主导一套建立在自然进程基础上的食品生产体系。这使得供应链不再需要简单依赖于与大自然讲和，而是成为一个主动去经营和管理大自然的过程。承担这一风险的是牧场主，而肉类加工商则可以无视旱涝、坐收盈余。这一体系日后成为20世纪农业发展的模本。现代化农业生产过程中，价值来自人、畜与土地的关系，而利润则来自将气候、牲畜以及微生物界变化莫测的风险转嫁到牧场主、农场主的头上的行业惯例。[14]

全国牛肉市场整合的过程是一则事关技术变革的故事，也是一则事关各种政治、经济斗争的故事，而斗争的焦点则在于商品、人口流动等多种因素。这一系列的斗争既导致了标准化空间（例如，使商品流通得以实现的肉牛小镇、牲畜交易集市、铁道路线等）的大规模扩展，也导致了各种规章制度的问世，增进了相距遥远的不同人群彼此间的互信和稳定。地方性纷争先是带来了区域性监管解决方案，随后又带来了全国性监管解决方案。虽然背后主要的驱动力通常都是当地力量，不管具体是肉牛小镇的强力拥护者，还是举步维艰的肉牛商人，但推动标准化、普及监管这一进程最终所惠及的对象是大型肉类加工商，因为在开展商务活动的过程中，增进对当地社会、社区了解的必要性已日渐降低。

这么说并不意味着芝加哥肉类加工商的生存就不需要依赖于牧场主或者大平原地区当地特有的权力配置方式。事实上，商品流通的速度才是产生“肉牛 – 牛肉联合体”的决定因素，在这一综合体之中，饮食结构的变化、牧场经营方式微观层面的做法等都可能产生意义深远的影响。“肉牛 – 牛肉联合体”虽然诞生于某一个特定的地域范围，其影响力却远超任何一个单独的地区。即便是被誉为这一体系神经中枢的芝加哥，在很大程度上甚至还可以说，即便是 19 世纪时期整个的美国，到了 20 世纪之后，其重要地位也将不免黯然失色。[15]

当然，我们也不应低估有关肉类加工行业巨擘兴起历史的传统叙事思路。冷冻车厢的问世的确是一项伟大的技术成就，其推广应用为商界经营管理方式带来了意义深远的影响。本书的目的不是颠覆这一叙事思路，只是意在提醒大家，上述叙事框架并未反映事件真相的完整面貌，而且它之所以被一再重复讲述，往往只是为了给既存食品生产体系辩白和正名。集约化生产固然是技术变革的产物，但同样也是机构制度发展以及社会矛盾冲突的产物。

此外，这也不只是一则事关生产的故事，牛肉（消费）的民主化进程也至关重要。放眼当今时代，牛肉在美国国民生活中占据着一个非常重要的地位，这一重要地位为现行食品生产体系提供了存在的合理依据，因为这一体系基本满足了消费者在自己最看重的一些方面——味道鲜美、安全卫生——的诉求，尽管在劳工工作环境、环境退化这些时而引发公众关注和担忧问题方面，这一体系并未能够提出一套圆满的解决方案。消费者有意让自己与产业化肉品生产过程保持距离，以此来寻求与这一体系达成和解。

本书剖析了产业化牛肉生产的源起，并解释了这一产业为什么虽然广受诟病却依然可以历经百余年时光而总体保持其基本格局不变。不过，这本书同时也旨在提醒读者，有关我们的食品生产的这一方法，其实事关政治以及政治经济，而不仅仅关乎技术与人口。虽然舍此之外究竟还有哪些方案可供选择目前尚无法明确答案，但只要真正理解了这一体系背后的政治经济学本质，我们也就完全有可能将阿默公司的愿景切实付诸实现——“让这个世界餐食无忧！”（we feed the world）——而且还是以一种更加公平、更加合理的方式将之付诸实现。

注释

导论

1. 厄普顿·辛克莱,《屠场》。

2. 罗素,《世界最大的托拉斯》(*Greatest Trust*)。

3. 阿默,《肉类加工厂》(*Packers*)。

4. 威廉·克罗农所著的《自然中的大都会》是这方面的开山之作，对于芝加哥而言尤其如此。然而，书中有一种倾向，认为市场和资本起到的作用过大。在书中讨论肉类包装的部分，克罗农也确实讨论了屠夫们的斗争，但更多的是以之作为例子，以说明人这一因素在结构改变过程中所发挥的作用，而不是将批发商肉铺与大型肉类加工商之间的冲突作为故事中的一个有机环节。这一淡化人性一面的倾向也正是彼得·科克兰尼斯(Peter Coclanis)在其巨著《霍托的城市》(*Urbs in Horto*)第14页中针对《自然中的大都会》一书提出批评的主要原因。关于农业生产和资本主义转型的近期著作包括贝克特的《棉花帝国》(*Empire of Cotton*)、克拉克的《农耕背景》(*Agrarian Context*)、吉森的《棉铃象甲蓝》(*Boll Weevil Blues*)，以及约翰逊的《黑暗梦想之河》(*River of Dark Dreams*)。

5. 没有任何一个现成的词语能够完整地概括从牧场经营、肉类加工到终端消费的全部过程，这一事实反映了以整体视角讨论这一主题的难度，也反映了其重要性。

6.《联邦肉类检验法》和《纯净食品和药品法》于1906年同一天签署，这部分是为了回应辛克莱和罗素作品出版后在消费者中引起的强烈抗议。

7. 相关概述可参见尼莫等人所著《牧场及牧场牛》(*Range and Ranch Cattle*)一书。相关详细统计数据可参见芝加哥贸易委员会年度报告。

8. 我所谓的“民主化”，既指牛肉消费的普及度，也指“坚信牛肉理应成为每个人都能够享用到的一种东西”这一流行甚广的观点。

9. 19世纪牛肉消费量的确切增长幅度是一个非常复杂的问题，部分原因是几乎根本没有精确的统计数据可以参考。19世纪末，肉类消费略有上升，但有证据表明，牛肉消费的增长尤为强劲。正如本书第四章和第五章分析所示，大量质性证据也证明了这一点。关于这一主题，最权威翔实的资料出自霍洛维茨所著《让牛肉走上美国人餐桌》（*Putting Meat*）中的第 11~13 章，以及沃伦所著的《庞大的包装机器》（*Great Packing Machine*）。

10. 本书第五章将对此进行详细探讨。

11. 克莱曼,《美国牲畜及肉类产业》（*American Livestock*）。该书获《美国历史评论》（*American Historic Review*）期刊的高度好评。在该期刊的一篇评论文章中，作者清楚阐述了技术不可回避的论点："国家铁路网是（一切的）基础；聚集于工厂中的城市居民创造了不可或缺的市场，而制冰机和冷藏车是必不可少的技术条件。"具体参见 F. 帕克森（F. Paxson）在《美国历史评论》一期中的第 360 页。

12. 阿默,《肉类加工厂》（*Packers*），第 38 页。阿默在书中讲述了其父菲利普・丹佛斯・阿默在利用冷藏车将肉品分销出去方面所做出的开创性贡献，随后又介绍了他本人为推广（并进而主导）鲜果分销行业而做出的努力。

13. 麦考伊,《西部及西南部肉牛贸易历史概况》。有关麦考伊本人影响力的讨论及以其作品作为参考资料的相关评述，请参见 D. 沃克（D. Walker）所著《克里奥的牛仔》（*Clio's Cowboys*）一书。尽管如此，对于了解早期历史，麦考伊的著作仍然是一份非常实用（虽然说问题也比较多）的参考资料，本书作者在写作过程中便多次引用了他书中的信息。

14. 为表达清晰起见，我贯穿书统一使用了"火车车厢"这个词。为避免混淆，我尽量不使用各个不同历史时期曾广泛使用过的其他词汇，如"铁路车厢""运畜车"等。

15. 美国企业管理局《专员报告》（*Report of the Commissioner*）第 18 卷。

16. 在财务方面，阿默曾密切参与小麦的经营，并在 19 世纪 70 年代末从这一市场的某一角落获得了一笔不菲的利润。1897 年至 1898 年，他曾成功阻止了另一位竞争对手以同样的方式获利。

17. 阿默公司,《阿默公司食品原料来源地图》（*Armour's Food Source Map*）。

18. "农产业"一词的发展历史非常有趣，而且政治色彩极为丰富。参见汉密尔顿（Hamilton）的《农产业》（*Agribusiness*）一文。

19. 引自克里斯托弗・伦纳德（Christopher Leonard）的《肉类加工行业的暴利》（*Meat Racket*）一书中对此做出的详细讨论。如欲从历史视角了解通过生产者合同将风险和成本转移给家禽养殖户的相关信息，请参见吉索尔菲（Gisolfi）的《大收购》（*Takeover*）。

20. 如欲更多了解相关概况，可参见麦克塔维什（McTavish）等人所著《新大陆肉牛》(*New World Cattle*)。关于原牛(牛的祖先)驯养的历史，可参见阿杰莫内－马桑(Ajmone-Marsan)等人所著《肉牛的起源》(*Origin of Cattle*)。

21.《兴起、衰落与重生》(*Rise, Fall, and Rebirth*)一书中对此有过探讨。

22.《长角牛最后的足迹》(*The Longhorn Strikes His Last Trail*)，1927 年 3 月 27 日《纽约时报》(*New York Times*)。

23. 这里存在将文化互动这一极为复杂的过程简单化之嫌。关于这一问题以及牧场起源问题最权威翔实的文献，可参见约旦 (Jordan) 所著《畜牧业的前沿地区》(*Cattle-Ranching Frontiers*)。其核心观点在于，尽管当地人普遍如此认为，但畜牧业并不是起源于得克萨斯，而是从国外引进的一种产业。

24. 参见斯吕特(Sluyter)所著《黑人牧场前沿》(*Black Ranching Frontiers*)。

25. 拉丁美洲的美国牛肉有自己的全球故事。英国公司率先在阿根廷开始了肉类加工业务，但芝加哥的公司最终也参与了进来。参见汉森(Hanson)的《阿根廷肉》(*Argentine Meat*)。关于南美洲牧场的历史，尤其是综合平衡当地环境与区域和全球进程的历史，请参见 R. 威尔科克斯(R. Wilcox)《边远地区的肉牛》(*Cattle in the Backlands*)。

26. 澳大利亚牛肉(和羊肉)贸易也很活跃。这方面的活动相对独立于美国贸易。有关这一方面非常精彩的介绍，可参见伍兹(Woods)所著《牛群》(*Herds*)。

27. 本书参与了资本主义史和环境史领域的交叉研究。近年来，这一趋势中最重要著作包括安德鲁斯(Andrews)的《为煤炭而杀戮》(*Killing for Coal*)；库什曼(Cushman)的《鸟粪》(*Guano*)；J. W. 摩尔(J. W. Moore)的《资本主义》(*Capitalism*)；梭卢瑞(Soluri)的《香蕉文化》(*Banana Cultures*)。另外关于这个话题也有一些非常深入的文章，比如巴卡(Barca)的《地球劳动》(*Laboring the Earth*)；布朗(Brown)和克鲁博克(Klubock)的《环境与劳动》(*Environment and Labor*)；J. W. 摩尔的《现代世界体系》(*Modern World-System*)；佩克的《劳动的本质》(*Nature of Labor*)。本书扎根于上述成果，强调其研究广度(生态变化的故事与工业生产的故事一样重要)的重要性，并将之理论化，同时也探索了冲突在带来结构变化的过程中的作用。后一点有助于将偶然性引入该过程中，在环境历史和资本主义历史中，这些过程往往似乎是资本或市场力量作用的必然结果。

28. 抛开少数几个值得注意的例外情况，大多数商业史和资本主义史都低估了空间和经济发展的问题。这少数值得注意的例外情况包括：贝克特的《棉花帝国》、克罗农的《自然中的大都会》；理查德·怀特的《铁轨所到之处》（*Railroaded*）。即使是那些强调循环过程的作品，也往往只是倾向于关注最广泛的互连层次，而没有怎么关注流通性是如何重塑了其所发生的空间（同时也被后者强化）。

29. 越来越多的新文献表明，消费者选择发生在前理性或非理性水平。这是消费心理学领域所关注的焦点。有关这类问题简明易懂的概述，请参阅卡尼曼（Kahneman）所著《思考的快与慢》（*Thinking, Fast and Slow*）。

30. 这方面的研究文献非常丰富。例如，可参考洛夫特斯（Loftus）等所著的《两次独立驯化》（*Two Independent Domestications*）以及贝贾·佩雷拉（Beja-Pereira）等人的《欧洲肉牛的起源》（*Origin of European Cattle*）。

31. 大卫·尼伯特（David Nibert）将动物驯化称之为“驯离化”（domesecration），以突显动物驯化与随之而至的针对人、针对动物，乃至针对环境的暴力行为之间的关联性。尽管我对人类和肉牛之间的历史关系持相对乐观的看法，但本书确实探讨了类似的主题：大规模牛肉生产的兴起为什么不仅与剥削动物相关联，而且也与滥用生态系统、对人的剥削相关联。参见大卫·尼伯特《动物压迫》（*Animal Oppression*）。有关从人类学视角研究人类与动物关系的最新成果，请参见戈文德拉詹（Govindrajan）所著《动物亲密关系》（*Animal Intimacies*）及维特布斯基（Vitebsky）所著《驯鹿人》（*Reindeer People*）。

第一章

1. 这一曾经在美国绝大部分地区游荡的体形硕大、浑身披着厚厚绒毛的动物学名叫“野生牛”，或者在相对更正式的场合，则被称作“美洲野生牛”。不过 19 世纪时的美国人多数情况下称之为“野牛”，如今，这两个名字都依然在使用。在本书中，我多数情况下都将用“野生牛”这个词，不过，考虑到其出现的语境，假如相关引文中原文使用的是“野牛”一词，那么我偶尔也会使用这个名称。

2. 图片中所传递的信息并不十分明确。沃豪想要表达的意思究竟是他们的族人都积极拥抱肉牛以及定居农业，还是意在表达保护野牛免于侵扰这层意思？如欲更多了解本幅作品，可参见兰德（Rand）所著《基奥瓦族人》（*Kiowa Humanity*）第 104~105 页。

3. 我在本书中将笼统地分析和考察基奥瓦人、科曼奇人、夏延人、拉科塔人及苏族人的故事。然而，这些民族只是广袤平原地区印第安人之中规模最大，也最有名的几个代表。由于我参考的资料主要出自欧美人之手，而这些人对印第安人政体及文化之间细微的差异通常不够敏感，因此很难准确界定其所属的具体政体或民族。多数情况下，我将笼统地使用"印第安人"这个概念，但如果确有可能，我会尽量更具体地对他们进行区分。

4. 美国军方究竟在多大程度上直接支持了猎杀野牛行为，有关这一方面的问题存在争议。我比较认同历史学家戴维·斯密茨（David Smits）的观点，即军方与野牛群落的毁灭之间有着十分密切的关系，所采用的战术侧重于美国内战期间北军所首创的战术，也就是摧毁敌人的补给基础（这里也就是野牛种群）。有关这一问题相关争议的更详细介绍，请参见戴维·斯密茨所著《边防军》（*Frontier Army*）一文。

5. 参见曼德利所著《加利福尼亚的于基印第安人》（*California's Yuki Indians*）第 315 页。曼德利在同一页还引用了某观察人士的话："印第安人屠杀牲畜，而白人则屠杀印第安人。"也可参见他有关这一话题的专著《美国的种族灭绝》（*American Genocide*）。

6. 美国大沙漠所涵盖的具体意思究竟是什么，这一观点的普遍性又怎样，围绕这一问题依然存在某些争论。详情可参见莫里斯（Morris）所著的《观念》（*Notion*），或参见鲍登（Bowden）近期所著的《美国大沙漠》（*Great American Desert*）。

7. 参考尼莫等所著《牧场及牧场肉牛》（*Range and Ranch Cattle*）第 49 页。

8.《残酷的牛肉发放现场》（*The Brutal Beef Issue*）刊登于 1886 年 7 月 30 日的《哥伦布每日问询报》（*Columbus Daily Enquirer*）。这一分发牛肉的场面当时被称之为"牛肉发放场景"，其野蛮程度往往被与西班牙斗牛现场相提并论，大概是为了在当时所面临的两大劲敌之间建立起某种关联。参见前述文章，也可参见 1885 年 2 月 19 日号《大福克斯每日先驱报》（*Grand Forks Daily Herald*）所载《童子军剃光头》（*Scout Shave Head*）一文。

9. 我虽然使用了"家长制作风"这个词，但同时也承认戴维·西姆（David Sim）的反对意见，他认为这一概念范式存在缺陷，部分原因是因为 19 世纪末联邦政策并不连贯一致，见戴维·西姆《和平政策》（*Peace Policy*），尽管存在这种反对意见，但我确实看到国家政策制定者之中普遍存在的一种观点，认为印第安人政策的制定应该以一个抽象（但并非完全符合实际）的印第安人的利益为出发点，不必与这些人本人进行协商。"家长制作风"一词尽管有瑕疵，却很简明地概括了这一观点，因此非常有用。关于联邦政策的经典著作是普鲁查（Prucha）的《伟大的父亲》（*Great Father*）一书。至于新近出版的关于联邦印第安人政策的学术观点综述，请参阅卡特（Carter）所著《美国联邦印第安人政策》（*U.S. Federal Indian Policy*）。

10. 尼莫,《牧场及牧场肉牛》，第 18~19 页。有关美国和中亚地区在这一进程中不同之处的很有意思的对比，请参阅萨博尔（Sabol）《美国和俄罗斯的内部殖民》（*American and Russian Internal Colonization*）。

11. 理查德·斯洛特金（Richard Slotkin）《致命的环境》（*Fatal Environment*），尤其参见第 1~3 章。

12. 有关这一过程的有力例子，参见盖瑞·安德森,《征服得克萨斯》（*Conquest of Texas*），该书将小规模暴力、准军事活动以及美国南部平原上的暴力描述为种族清洗行为。

13. 见《平原地区苏族人》（*Plains Sioux*），第 40 页。

14. 杰基·汤普森·兰德（Jacki Thompson Rand）将定居者描述为“冲突持续的根源”。兰德《基奥瓦人》（*Kiowa Humanity*），第 39 页。

15. 尽管早在 1931 年就已出版问世，但关于大平原地区这一话题影响力最大的作品仍然非韦伯（Webb）所著《大平原》（*Great Plains*）一书莫属。虽然韦伯在很大程度上很有说服力，但他郑重地声称“大平原扭转并塑造了英裔美国白人的生活”，这一说法不免让他背负上轻率相信环境决定论之嫌疑（8）。虽然韦伯的立场比较极端，但本章的一个关键论点是，尽管英裔美国白人强制推行了一个与平原印第安人截然不同的社会、法律和政治制度，但该制度最终产生的生态上的结果与原有制度非常相似。这表明，即使在看似大相径庭的社会组织形式之间，环境历史也往往会导致高度的相似性。

16. “约翰·波普少将的报告。”尽管波普的观点很明确，但并非所有美国人都认同“贫瘠之地”这一说法。一些人很早时候就认识到了平原地区的富饶程度，并意识到了在这里从事牧场经营的可能性。尽管如此，许多人都如波普一样，开初时曾对此十分怀疑。有关这些不同观点的详细信息，可参见莫里斯所著《观念》以及鲍登所著《美国大沙漠》。

17. 有关平原地区的人类社会以及继马匹到来之后这些社会在几个世纪间的变迁状况，请参见詹姆斯·谢罗所著《美国的草原》（*Grasslands of the United States*），特别是第 2 章。

18. 关于这一主题，具有开创性意义的著作包括弗洛雷斯（Flores）的《野牛生态学》（*Bison Ecology*）、谢罗的《大地测量学的工作原理》（*Workings of*

the Geodialectic）。相对近期的则包括 E. 韦斯特（E. West）的《有争议的平原》（*Contested Plains*）、哈梅莱伊宁（Hämäläinen）的《科曼奇帝国》（*Comanche Empire*）。尽管马匹力量强大，但它们确实也自有其局限性，给骑手带来了新的挑战。谢罗在其《大地测量学的工作原理》中对马有如下描述："既是一种创新和补充，也是烦恼的缘由"。

19. 见伊森伯格（Isenberg），《野牛的毁灭》（*Destruction of the Bison*），第 16 页。

20. 同上。另见弗洛雷斯，《野牛生态学》，第 482 页。

21. 有关这场漫长辩论的概述，请参阅伊森伯格《野牛的毁灭》，第 1 章，特别是第 24~25 页。丹·弗洛雷斯（Dan Flores）也做出了类似的估计，即数量介于 2800 万到 3000 万之间，其中大约 800 万头生活在南部平原。关于这一主题及加拿大猎杀野牛生态状况的介绍，请参阅多巴克（Dobak）的《在加拿大猎杀野牛》（*Killing the Canadian Buffalo*）。

22. 见 E. 韦斯特，《通往西部之路》（*Way to the West*），第 2 章。

23. 有关马匹传播阶段的这一划分法出现于许多作品中，包括 E. 韦斯特的《有争议的平原》、伊森伯格的《野牛的毁灭》，以及哈梅莱伊宁的《科曼奇帝国》。

24. 这些贸易网络相当复杂，一直都是密集研究的重点。见贾布罗（Jablow）的《夏延人》（Cheyenne）；勒孔特（Lecompte）的《普韦布洛人、哈德斯克拉伯人、格林霍恩人》（*Pueblo, Hardscrabble, Greenhorn*），以及哈梅莱伊宁的《西部科曼奇贸易中心》（*Western Comanche Trade Center*）。

25. 见哈梅莱伊宁所著《科曼奇帝国》。

26. 有关这一观点，最精彩的分析和讨论就是弗洛雷斯的《野牛生态学》。

27. 最近，研究者就马匹、枪支等欧洲商品对当地本土贸易网络的影响作了广泛研究。早在美国白人首次到达西部某些地区之前，这些商品就已引发了难以置信的暴力，并经常造成社会和政治不稳定局面。参见内德·布莱克霍克（Ned Blackhawk）《围绕土地问题的暴力》（*Violence over the Land*）。威士忌等其他商品的流动和贸易一直持续到保留地制度时期，往往构成持续暴力和冲突的根源。参见昂劳（Unrau）《白人的邪恶之水》（*White Man's Wicked Water*）。另见勒孔特的《普韦布洛人、哈德斯克拉伯人、格林霍恩人》第 9 章和第 10 章。

28. E. 韦斯特，《通往西部之路》，第 62 页。

29. 正如 E. 韦斯特所言，"从某种意义上说，所谓和平，就是猎杀野牛。"见 E. 韦斯特《通往西部之路》，第 63 页。当然，问题的关键在于，人类社会的和平以及对野牛袍日益增长的需求共同导致了狩猎现象急剧扩大。可以说，是和平和资本主义共同扼杀了野牛种群。

30. 见尼莫等所著《牧场及牧场肉牛》，第 73 页。拥护者所讲述的故事大多都很相似。沃尔特·冯·里希霍芬男爵（Walter Baron von Richthofen）解释说，“（定居者们）看到成群的野牛在平原上生活，在没有牛棚遮风挡雨的情况下也能长得又肥又胖。鉴于如此有利的环境，养牛一定是一项有利可图的业务。还有什么比得出这一结论更自然而然呢？”沃尔特·冯·里希霍芬所著《肉牛养殖》（*Cattle Raising*），第 4 页。

31. 这一说法与 E. 韦斯特在《有争议的平原》（*Contested Plains*）中的观点相互呼应，即黄金在改变美国人占领西部土地的欲望过程中发挥了重要作用。

32. 从抵达北美开始，殖民者就与他们所发现的动物之间产生了冲突。如欲更全面了解这一冲突关系，了解个体动物是如何在偶尔的情况下战胜了人类，可参见斯莫利（Smalley）所著《天性狂野》（*Wild by Nature*）。

33. 苏珊·纽康姆未注明日期的日记，约写于 1866 年 9 月 27 日至 10 月 20 日之间。详见西南地区馆藏部《安妮·瓦茨·贝克文集》（*Anne Watts Baker Collection*）第 2 卷。

34. 这些记录同样出自苏珊·纽康姆的日记。

35. 塞缪尔·纽康姆 1866 年 1 月 17 日日记，收录于《安妮·瓦茨·贝克文集》第 1 卷。苏珊·纽康姆对同一事件的描述如下：“今天基本没什么大事发生，只是傍晚时经历了一件与野牛有关的小趣事。迈克尔·安德森（Mich Anderson）把一头野牛赶了过来并关在爸爸的牛棚里。男孩们用绳子把它的头和脚跟绑起来并放倒在地。男人、女人和孩子们都纷纷围拢过来，都想一窥这种毛茸茸的庞然怪物。男孩们狠狠地砍了它一刀，然后放走了它。野牛径直朝城堡走了出去，差一点闯进麦卡蒂（McCartys）先生的房子，麦卡蒂朝它开了一枪。然后，它掉头向河边走。至此，男孩们觉得跟它玩够了，于是在河床上结果了它的生命。”摘自 1866 年 1 月 17 日日记。

36. 摘自苏珊·纽康姆 1867 年 6 月 22 日日记。

37. 同上，1866 年 9 月 27 日。

38. 摘自塞缪尔·纽康姆 1865 年 7 月 30 日日记。

39. 同上，1864 年 2 月 12 日。

40. 苏珊·纽康姆 1867 年 4 月 6 日日记。

41. 同上，1867 年 4 月 1 日。

42. 塞缪尔·纽康姆日记，具体日期不详（大约记于 1864 年）。

43. 摘自苏珊·纽康姆 1866 年 10 月 19 日日记。

44. 同上，1866 年 11 月 18 日。

45. 人们中间长期以来流传着一种迷思，以为这一时期在得克萨斯几乎没有女性。有关女性及牧场经营行业极富启发性的实证研究，可参见马雷（Maret）《牧场上的女人们》（*Women of the Range*）。

46. 摘自苏珊·纽康姆 1866 年 9 月 27 日日记。

47. 有关野牛种群数量减少所发挥的作用（及减少程度）是一个极富争议的话题。其中的一种观点可参见弗洛雷斯的《野牛生态学》。

48. 有关得克萨斯移民状况及其与美洲印第安人之间的战争的背景，请参阅盖瑞·安德森《征服得克萨斯》（*Conquest of Texas*）。书中，安德森将得克萨斯移民与印第安人之间的斗争置于前景之中，为我们理解美墨战争奠定了基础。

49. 盖瑞·安德森,《征服得克萨斯》，第 3 页。

50. 平原印第安人在这一故事中的中心地位是迪莱（DeLay）所著《千漠之战》（*War of a Thousand Deserts*）中的核心议题。同时也构成哈梅莱伊宁《科曼奇帝国》中的重要组成部分。这场战争又称“美国与墨西哥的战争”。参见查韦斯（Chavez）《美国与墨西哥的战争》（*U.S. War with Mexico*）。

51. 摘自迪莱所著的《千漠之战》，第 13 页。

52. 参见盖瑞·安德森,《种族大清洗》（*Ethnic Cleansing*）及《征服得克萨斯》。

53. 梅森·马克森（Mason Maxon）1878 年 5 月 19 日书信，摘自西南地区馆藏部所藏《本杰明·H. 格里森文档》（Benjamin H. Grierson papers），收藏于第 2 柜第 11 箱。

54. 证人宣誓书（理查德·弗兰克林·坦克斯利），摘自西南地区馆藏部所藏《考金兄弟会记录》（*Goggin Brothers and Associates Records*），收藏于 1 号档案柜第 2 箱。

55. 来自第十骑兵团中尉的信件，收录于考金兄弟会记录，1 号档案柜第 2 箱。

56. 得克萨斯州总部第 106 号特别令，1875 年 5 月 31 日，收录于西南地区馆藏部所藏《威廉·鲁弗斯·沙夫特文档集》（*William Rufus Shafter papers*），1 号文件柜。

57. 学者们长期以来一直认为，财产概念的核心并不是其作为一个客体的固有属性，而是它上面所附带的一系列权利。然而，学界对财产的这一理解与大众的理解几乎没有关系。真正关键的问题就在于这一理解，即肉牛本质上就是牧场主的固有财产，其产权的重要性甚至远远高于联邦、州或地方政府的权威。

58. 有关美国早期类似过程的研究，请参见 V. 安德森（V. Anderson）《帝国的生物》（*Creatures of Empire*）。

59.《与基奥瓦人和科曼奇人的条约》(*Treaty with the Kiowa and Comanche*)，1867 年 10 月 21 日，摘自卡普勒（Kappler）《印第安人事务》(*Indian Affairs*)，第 977~982 页。有关该条约的框架、问题以及促成该条约的冲突的概述，请参见查尔凡特（Chalfant）《汉考克的战争》(*Hancock's War*)，尤其参考其中第 465~522 页。

60. 卡普勒,《印第安人事务》，第 978 页。

61. 条约中特别对这一定量配给制度做了具体规定。正如本章后文将讨论，美国白人后来将这一配给制视为一种施舍或慈善行为，而实际上，这部分内容在合同中有明确规定。

62. 卡普勒,《印第安人事务》，第 981 页。

63. 谢尔曼致谢尔丹书信，1872 年 9 月 26 日，引自阿瑟恩（Athearn),《谢尔曼将军》(*General Sherman*)，第 45 页。

64. 卡普勒,《印第安人事务》，第 980~981 页。

65. 有关猎杀野牛具体操作过程的概述，请参见 M. 舒尔茨（M. Schultz）的《解剖学》(Anatomy)。据舒尔茨（154）介绍，商业性野牛狩猎活动“效率很高”，分工非常复杂（具体包括厨师、猎人、剥皮工等）。

66. 从国际贸易的角度来看，请参见 M. 泰勒（M. Taylor）的《猎杀野牛》(*Buffalo Hunt*)。显然，因为它比牛皮更厚、更坚韧，野牛皮特别适合做鞋底革和机械工业皮带。同上，第 3169 页。关于野牛皮的使用及国家在这一贸易过程中的作用，可参见汉纳（Hanner）《来自政府的回应》(Government Response)。

67. 哈梅莱伊宁（Hämäläinen),《科曼奇帝国》(*Comanche Empire*) 第 329 页。

68. 有关帕克和伊萨泰的更多信息，请参阅哈梅莱伊宁（Hämäläinen)《科曼奇帝国》(*Comanche Empire*) 第 337 页。关于军队规模，参见 J. 泰勒（J. Taylor）《印第安人战役》(*Indian Campaign*)，第 3 页。

69. G. 德雷克·韦斯特,《土坯墙之战》(*Battle of Adobe Walls*)，第 11~16 页。

70. 同上，第 18 页。

71. 约翰·韦斯利·莫尔（John Wesley Mooar）1874 年 7 月 7 日信件。摘自西南地区馆藏部所藏《约翰·韦斯利·莫尔文档》(*John Wesley Mooar papers*)。

72. 参见戴维·斯密茨,《边防军》，第 323 页。

73. 关于从考古学角度对这场战争及整体战役的概述，请参见克鲁斯（Cruse）的《战争》(*Battles*)。有关这场战争的引人入胜的叙述，请参见 J.L. 哈利（J. L. Haley）的《野牛战争》(*Buffalo War*)。

74.《第四骑兵队关于 1874 年事件的记录》(*Records of Events, 4th Cavalry,*

1874），收藏于阿尔尚博平原地区锅把地带历史博物馆。这本事件记录的是美国国家档案和记录管理局94号记录组所保存的1874年9月《团报》（*Regimental Returns*）的复印件。

75. 基奥瓦人和科曼奇人代理人之间的信函，1878年1月17日。收录于西南地区馆藏部缩微胶片，印第安人事务办公室《代理人信函》（*Agency Letters*）。

76. 同上。值得注意的是，这段引文摘自原文的翻译稿，而采用夸张性的语言是政治运作中非常普遍的一种现象。

77. 库克，《边境和野牛》，第115页。

78. M. 舒尔茨（M. Schultz），《解剖学》（*Anatomy*），第142页。

79. 这段引文在帕洛杜洛州立公园的员工中非常流行。我本人对其真实性存疑，但它几乎无处不在，也出现在奥基菲的传记中。见赖莉（Reilly）《乔治亚·奥基菲》（*Georgia O'keeffe*），第237页。

80. 有关这场战争的一组有趣的视角，请参见格林（Greene）《战斗和小冲突》（*Battles and Skirmishes*）以及《拉科塔人和夏延人》（*Lakota and Cheyenne*）。

81. 司徒吉斯，《常识及1879年尤特战争》（*Common Sense, and Ute War of 1879*）。

82. 司徒吉斯，《常识及1879年尤特战争》，第52页。

83. 谢里登语，摘自库克《边境和野牛》，第113页。库克把这个故事描述为第一手资料，但学者们往往质疑其真实性。然而，就我而言，这无关紧要。这句话究竟出自谁口并不重要，重要的其背后所传达出来的态度和情感。

84. 莫尔1879年3月5日寄给母亲的信件。摘自《约翰·韦斯利·莫尔文集》（*John Wesley Mooar papers*）第2卷。

85.《勇者的牛肉》（*Beef to Braves*），摘自《阿伯丁日报》1889年10月30日号。

86. C. C. 弗棱奇，引自亨特（Hunter）和普莱斯（Price）《得克萨斯赶牛人》（*Trail Drivers of Texas*），第742页。

87.《立石印第安人代理处：印第安人牛肉分发场景》（*Standing Rock Agency: Scenes at the Distribution of Beef among the Indians*），刊登于《俾斯麦每日论坛》1888年1月11日号。

88. 内德·布莱克霍克也提出了类似的观点，"原住民不是古代的遗迹，他们的悲惨遭遇是世界历史上最迅速的领土扩张的产物。然而，用种族和文化差异来解释印第安人的悲惨生活相对更容易。"布莱克霍克《围绕土地问题的暴力》，第11页。

89. 沃克尔，《印第安人问题》，第14~15页。

90. 虽然这两个阵营大致都解释了联邦政府之于印第安人的政策方针，但总体而言，针对印第安人的政策相当混乱，且往往自相矛盾。大卫·西姆（David Sim）认为，“和平政策”显著的特点就是“严重的不连贯、不和谐”。西姆《和平政策》（*Peace Policy*），第 244 页。

91. 就连格罗弗·克利夫兰（Grover Cleveland）总统也认识到了这一点：“如今，白人农学家和经验丰富、智力超群的畜牧业者也都发现自己维持生计很艰难，我们不应该指望印第安人……在通常分配给他们的小块土地上能够养活自己。”引自哈根（Hagan）《私有财产》第 135 页。

92. 参议院特别委员会，《印第安部落状况》（*Condition of the Indian Tribes*），第 87 页。

93. 同上，第 59 页。

94. 同上，第 63 页。

95. 同上，第 261 页。

96. 威廉·尼克森警长写于 1877 年 9 月 26 日的信函。收录于《基奥瓦人和科曼奇人事务署公函》（*Kiowa and Comanche Agency Letters*）。

97. 哈根《基奥瓦人、科曼奇人与养牛人》，第 334 页。有关养牛人是如何操纵北部平原保留地制度的研究，请参见桑德森（Sanderson）《我们都是入侵者》（*We Were All Trespassers*）。

98. 向美国军队提供物资的合同非常有利可图，构成了牧场主和西部地区其他人的重要生意来源。有关军购合同中所发现的腐败问题非常之少的观点，请参见米勒（Miller）《平民与军方供应》（*Civilians and Military Supply*）。

99. 1885 年，南达科他州几家牛肉供应机构的中标合同价从每 100 磅 3.45 美元到 3.57 美元不等，而芝加哥的价格从大约 5.50 美元的高点到 3.00 美元的低点不等。《印第安人牛肉合同》（*Indian Beef Contracts*），刊于 1885 年 6 月 19 日号《阿伯丁周刊》（*Aberdeen Weekly News*）。有关合同示例，请参见参议院特别委员会《印第安人部落状况》（*Condition of the Indian Tribes*），第 300~301 页。

100. 埃博内·泰勒 1889 年 10 月 18 日致 A. G. 博伊斯的信函，收录于《XIT 牧场文集》（*XIT Ranch Collection*）中“芝加哥办事处发函”第 4 卷，现存平原地区锅把地带历史博物馆。这是我所发现的有关这种做法的唯一确凿证据，但牧场主不太可能公开讨论这事。基于关于腐败的信件以及关于处置难以出售的肉牛的其他泛泛讨论，我的感觉是，这一做法远比表面上看起来的情况更普遍。

101. 斯图尔特，《四十年》（*Forty Years*），第 153 页。

102. 桑德森，《我们都是侵入者》，第 62 页。

103. 约翰·泰伊尔 1870 年 10 月 17 日信函，收藏于纽伯里图书馆《艾尔手稿集》(*Ayer Manuscript Collection*) 第 882 号文件柜。

104. 桑德森,《我们都是入侵者》，第 61 页。西奥多·罗斯福总统本身也曾是一位知识渊博的养牛人，在视察松岭保留地时曾就这一问题发表过评论。参见罗斯福《报告》(*Report*) 第 6 页。

105. 有关冬末供应合同的详细分析，可参见参议院特别委员会《印第安人部落状况》(*Condition of the Indian Tribes*)，第 171~173 页。

106. 同上，第 159 页。

107. 同上，第 139 页。

108. 参众两院印第安人事务委员会 (Congress and Senate Committee on Indian Affairs)《土地租赁协议》(*Leases of Lands*)，第 20 页。

109. 奥斯特勒 (Ostler),《平原苏族人》(*Plains Sioux*)，第 140 页。

110. 桑德森,《我们都是入侵者》，第 56 页。

111. 哈根,《基奥瓦人、科曼奇人及养牛人》，第 338~339 页。

112. 桑德森,《我们都是入侵者》，第 60 页。

113. 特莱尔向参议院调查人员解释,"(白人定居者) 放牧肉牛的权利只是基于一种许可而不是租约。它不意味着将所占土地权益进行了转让。的确，印第安人曾试图在一个固定的期限内订立租约，在这个期限内——倘若其真有权力这样做，双方将拥有承租人的所有权利。但我对订立这种租约的权力和政策的合法性存疑，因此拒绝了将其作为租约予以批准，但确实把它视作一种许可，印第安人有权随时吊销。" 参众两院印第安人事务委员会 (Congress and Senate Committee on Indian Affairs)《土地租赁协议》(*Leases of Lands*)，第 542 页。

114. 有关切洛基地带 (也称切落基山口) 的更多详细信息，请参见萨维奇 (Savage)《切洛基地带》。萨维奇对切洛基地带以及联邦政府在这一问题上的参与情况做了很好的描述。他强调，联邦政府机构在试图管理或干预牧场主与切落基人之间订立非正式租约的过程中表现得既无能又低效。我虽然在很大程度上同意这一点，却也认为萨维奇过于推崇养牛人与切落基人之间的这一系列安排，而忽视了这些租约出台的宏观背景以及它们对切落基居民个人 (区别于切落基政治精英) 的影响。

115. 参众两院印第安人事务委员会,《土地租约》(*Leases of Lands*)，第 61 页。

116. 与围绕租赁争议的许多证词一样，牧场主们全都表现得躲躲闪闪，但这一说法 (低价格在一定程度上是因为租赁法律地位不明确所引发的后果) 似乎意在为

R. D. 亨特及其他人辩护，尽管 R. D. 亨特本人声称他相信自己得到了联邦政府的默许。见 R. D. 亨特的证词，出处同上，第 61~65 页。

117. 同上，第 108~109 页。

118. 理查德 · 怀特在《信息、市场和腐败》(*Information, Markets, and Corruption*) 中提出了类似的论点。怀特辩称，一些商界领袖认为，我们今天看起来属于腐败行为的事情，在 19 世纪末的商人眼里却是完全可以接受的行为，只要他们所做的事最终符合大家的共同利益，比如说符合股东的利益。

119. 参众两院印第安人事务委员会,《土地租约》，第 114 页。

120. 同上，第 119 页。

121. 同上，第 6~7 页。

122. 同上，第 505 页。

123. 阿姆斯特朗在一封信中声称自己无罪，并因对其所遭受的待遇感到厌恶而辞职。很难说清他是否有罪。同上，第 507 页。有关印第安人代理施加压力的说法，在其他地方也有出现。负责调查"基奥瓦族、科曼奇族和威奇托族印第安人事务署"情况的一位特别调查员有如下描述："印第安人代理在与印第安人的交往过程中表现得有些轻蔑、疏远、排斥。"出处同上，第 670 页。

124. 关于这一事件，在同一出处的文献中也有记录。同上，第 632~633 页。

125. 同上，第 654 页。

126. 同上，第 655~656 页。

127. 在一个实际支持租赁的案例中，一位叫迪克 · 赖斯 (Dick Rice) 的人的名字出现在一张声称反对租赁协议者的名单之中，但他告诉印第安人检察官罗伯特 · S. 加德纳 (Robert S. Gardner)，自己不仅没有在文件上签名，而且实际上还非常支持这一租赁协议。出处同上，第 733~734 页。

128. 尼莫等《牧场及牧场肉牛》，第 19 页。

129. 认为私有财产制是解决印第安人问题的关键这一观点由来已久。参见哈根《私有财产》。

130. 虽然该地区及其居民最初不受《道斯土地占有法》的管辖，后来国会却通过了另一项特别措施 [也就是 1898 年的《柯蒂斯法案》(*Curtis Act*)]。

131. 哈根《基奥瓦人、科曼奇人与养牛人》。有关牧场主反对《道斯土地占有法》的更多信息，请参见桑德森《我们都是非法入侵者》第 65~69 页。关于围绕土地占有法更宏观的斗争以及俄克拉何马州这一地区日后的变迁状况，参见琳恩 · 谢罗 (Lynn-Sherow)《红土地》(*Red Earth*)。

132. 关于平原苏族保留地制度及其与美国殖民主义关系的详细分析，请参见奥斯特勒《平原苏族人》。

133. 古德奈特诉科曼奇族案，美国司法部《第 9133 号印第安人掠夺案记录》（*Record of Indian Depredation Case No.* 9133），摘自西南地区馆藏部所藏缩微胶卷。

134. 有关这些案件的概述，见斯科根（Skogen）《印第安人掠夺索赔》（*Indian Depredation Claims*）。

135. 同上。

136. 见乔塞·皮埃达·塔福亚（Jose Pieda Tafoya）在“古德奈特诉科曼奇族案”中的证词。

137. 古德奈特在“古德奈特诉科曼奇族案”中的证词。

138. 在寄给提出掠夺索赔申请的某客户的一封信中，艾萨克·希特重点强调了睦邻友好这一观点。见艾萨克·希特 1893 年 5 月《致客户的信》（*Letter to Client*），考金兄弟会记录 1 号文件柜第 2 号箱。

139. 斯科根,《印第安人掠夺索赔》。

140. 艾萨克·希特，见艾萨克·希特 1893 年 5 月《致客户的信》，考金兄弟会记录 1 号文件柜第 2 号箱。

141. 弗兰克·柯林森的证词，考金兄弟会记录 1 号文件柜第 2 号箱。

142. 查尔斯·古德奈特在“古德奈特诉科曼奇族案”中的证词。

143. 证词，摘自考金兄弟会记录 1 号文件柜第 2 号箱。

144. 查尔斯·古德奈特在“古德奈特诉科曼奇族案”中的证词。

145. 曼纽尔·冈萨利兹（Manuel Gonzales）在“古德奈特诉科曼奇族案”中的证词。

146. 索赔法庭证词,《第 2996、2997 和 3000 号掠夺案卷宗》（*Depredation Case Nos.* 2996, 2997, *and* 3000），摘自西南地区馆藏部缩微胶片。

147. 艾萨克·希特,《有关证据的信函》（*Letter on Evidence*），摘自考金兄弟会记录 1 号文件柜第 2 号箱。

148. “约翰·希特森印第安人掠夺诉讼”（*John Hittson Indian Depredation Suit*）中《查尔斯·亚当斯代理的报告》（*Report of Agent Charles Adams*）。摘自西南地区馆藏部缩微胶卷。

149. 艾萨克·希特 1893 年 5 月《致客户的信》，摘自考金兄弟会记录 1 号文件柜第 2 号箱。

150. 关于这一事件的重写反映了人们在关于美洲印第安人与美国政府及美国白人之间的冲突的回忆方面普遍存在的纷争。参见科特拉（Cothran）《莫多克战争回忆录》(*Remembering the Modoc War*)；格鲁（Grua)《受伤但幸存下来的尼伊》(*Surviving Wounded Knee*)；凯尔曼（Kelman)《误置的大屠杀》(*Misplaced Massacre*)。

151. 详细分析参见斯科根《印第安人掠夺索赔》，第152页。

152. 证词，摘自考金兄弟会记录第1号文件柜第2号箱。

153. 从某种意义上说，本章探讨了人类与动物之间的关系在西进运动中的作用。想要了解早期动物在陆上旅行中的作用，请参阅艾哈迈德（Ahmad）的《胜利》(*Success*)。

154. 希瑟·考克斯·理查森（Heather Cox Richardson）在《从阿波马托克斯向西》(*West from Appomattox*）中对这一主题做了探讨（她称之为“悖论”)。她强调要了解“真正的美国人”，也强调这一得到政府支持的追求解释了这种心态，对此我也非常赞同。同时这也是一个很好的例子，反映了叙事方式以及自我理解是如何推动了西部地区的定居。有关这一问题，我也做了分析。与此类似，强调联邦政府在西部历史中的中心地位是理查德·怀特在《这是你的不幸》(*It's Your Misfortune*）一书中的核心目标。

155. 关于戴维斯堡和军队在西南地区扩张过程中所发挥的作用，见伍斯特(Wooster)《边境十字路口》(*Frontier Crossroads*)。

156. 有关边疆神话在整个美国历史中的作用，构成了理查德·斯洛特金作品的核心内容。见斯洛特金《致命的环境》以及《通过暴力再生》(*Regeneration through Violence*)。将牛仔和牧场置于新西部神话核心的一个关键人物是作家赞恩·格雷(Zane Grey)，同时他也是将西部小说作为一个流派予以推广普及的代表人物。请看布莱克（Blake)《赞恩·格雷》(*Zane Grey*)。

157. 司徒吉斯，《1879年尤特战争》，第25页。他在《常识》(*Common Sense*）一书中也提出了类似的观点，声称西部人基本上都是“洋基血统”。

158. 暴力是西部（和美国）历史的中心主题，本章对此表示赞同。关于这一观点最有力的辩护，请参见布莱克霍克的《围绕土地问题的暴力》。我同意布莱克霍克的观点，并在他的观点的基础上进一步指出，这些暴力过程不仅构成了美国建国过程中的核心内容，而且也是产业化农业和畜牧业的核心。

159.“红皮肤人被赶出……”这句歌词取自1910年约翰·洛马克斯的版本。见洛马克斯《牛仔之歌》(*Cowboy Songs*)。这首广受欢迎的歌曲有一段奇特的历史，其中包括两名亚利桑那州人提出的50万美元的诉讼，他们声称早在1905年就创作了这首歌，尽管洛马克斯声称这首歌的历史可以追溯到更早时候（并且有有力的证据证明这一点)。见米切姆（Mechem)《牧场上的家园》(*Home on the Range*）。洛马克斯对这起诉讼的描述也很有趣，称之为“一首价值 50 万美元的歌”。值得注意的是，歌曲这一部分的主题是消失的美国印第安人，这是一个流行的比喻，正是这一比喻，为强占土地和持续的剥削提供了合理的理由。尽管有这些说法，但美洲印第安人并未消失，而且仍然是西部社会中非常活跃而且非常重要的组成部分。

第二章

1. 沃尔特·冯·里希特霍芬（Von Richthofen），《北美大平原肉牛养殖产业》第九章，第 11 页。沃尔特·冯·里希特霍芬的目的固然是卖书，但他可能也的确有意促进美国西部的商业利益。他是科罗拉多州丹佛市的一位重要商人，甚至帮助建立了该市的商会。他也是德国著名王牌飞行员曼弗雷德·冯·里希特霍芬（Manfred von Richthofen）“红男爵”的叔叔。

2. 同上，104 页。

3. 布里斯宾，《牛肉宝藏》（*Beef Bonanza*），第 194 页。

4. 沃尔特·冯·里希特霍芬（Von Richthofen），《北美大平原肉牛养殖产业》，第 70~71 页。

5. 布里斯宾假定，“在商业管理表现良好的前提下”，牛群增长率将相当乐观，每年有望达到 25%。参见布里斯宾《牛肉宝藏》，第 36 页。这一乐观的估测不仅出现在布里斯宾的书里，也出现在 B. C. 基勒（B. C. Keeler）那本（书如其名的）《哪些行业有利于致富》（*Where to Go to Become Rich.*）中。如欲更多了解有关“忽悠派”（booster）乐观估算的内容，亦可参考格雷斯利（Gressley）《银行家与养牛人》（*Bankers and Cattlemen*）第 47~49 页。

6. 沃尔特·冯·里希特霍芬，《北美大平原肉牛养殖产业》，第 7 页。

7. 布里斯宾，《牛肉宝藏》，第 48 页。

8. 格雷斯利，《银行家与养牛人》，第 63 页。

9. 这则故事颇为曲折有趣。参见格雷斯利所著《特舍马赫和德比里尔》（*Teschemacher and deBillier*）。

10. 布雷耶尔，《英国资本的影响》（*Influence of British Capital*），第 92 页。据 J. 弗雷德·里皮（J. Fred Rippy）称，19 世纪 80 年代是英国资本海外投资最重要的时期之一。有关英国投资的范围和额度，他提出的估测数据与布雷耶尔的基本相似。详见里皮（Rippy）《英国投资》（*British Investments*）。

11. 这基本上也是斯图尔特《四十年》一书的核心观点。

12.《美国的牧场》（*Cattle Ranches in America*），刊于1888年5月12日《经济学人》。

13. 巴恩斯（Barnes），《牧场故事》（*Story of the Range*），第7页。

14. 麦克费林和威尔斯（McFerrin and Wills），《谁说牧场……》（*Who Said the Ranges*）及其后续报告《（肉牛）大规模死亡》（*Big Die-Off*）。

15. 具体到土地和肉牛养殖繁荣期问题，数项历史研究特别提到了牧场过牧问题，如奥斯古德的《养牛人的一天》（*Day of the Cattleman*）、米切尔与哈特（Mitchell and Hart）的《1886—1887年的冬天》（*Winter of* 1886–1887）。从更广义的角度看，克罗农的《土地的变化》（*Changes in the Land*）和理查德·怀特的《依赖的根源》（*Roots of Dependency*）等作品则更重视景观和经济系统交织融合的过程，人为将景观纳入商品市场的做法导致了生态灾难。就怀特和克罗农等的作品而言，他们的描述非常准确，但在景观和经济系统的交织程度问题上，尤其是一个地区融入商品市场早期阶段情况的问题上，他们的描述似乎有所夸大。

16. 换句话说，做到事事都确定无疑的代价过于高昂。

17. 斯卡格斯（*Skaggs*），《上等好肉》（*Prime Cut*），第70页。

18. 斯卡格斯指出，“有充分理由认为，美国历史上的牧场在当时和现在都受到了过度的关注”（同上，第69页）。虽然斯卡格斯的观点不无道理，但我仍然认为，分析企业化牧场的繁荣对于理解产业化牛肉生产的崛起非常有必要。原因有三：第一，正如第三章将要讨论的那样，到19世纪80年代中期，肉牛市场已经完全一体化，企业化牧场的兴衰与全美肉牛市场息息相关。中西部地区的牧场主和养牛户不仅需要与他们展开竞争，而且还要从西部购买大量由他们饲养的肉牛。与此类似，虽然小规模养殖户控制了西部肉牛中的绝大部分，但大牧场主拥有很大的政治权力，大小牧场主之间的冲突推动了该行业的发展。第二，我强调叙事在支持或为产业化畜牧经营方面的作用，而围绕企业化牧场经营的一系列斗争滋生了有关畜牧业以及西部地区的诸多重要神话和迷思。繁荣过后，对企业化牧场的批评成为主流观点，往往将牧场经营与独立自主性、男子阳刚气概、真诚品格等主题相互关联起来。第三，本章探讨不同于“肉牛–牛肉联合体”的另一种可能。随着19世纪80年代红极一时的大型牧场相继走向失败，肉类加工商渐渐成为主角，以一种小牧场主无法比拟的方式掌握了对供应链的主导权。大牧场主一度不仅控制着生产，还控制着西部地区的政治权力，这代表着一种截然不同的财产制度，本有可能对芝加哥肉类加工商构成巨大挑战。

19. 布雷耶尔,《英国资本的影响》，第 90 页。

20. 格雷斯利,《特舍马赫和德比里尔》，第 127 页。如本章前文所述，除了从特舍马赫的父亲处获得一笔资金支持之外，该公司还从创始人在哈佛大学的数位同学那里也获得了投资支持，其中就包括西奥多·罗斯福。

21. 这段描述尤其适用于围栏大范围推广之前的那段时期。有关带刺铁丝网的推广及其对该行业的影响，本章后文将予以讨论。

22. 见大草原肉牛公司 1884 年 6 月 12 日公司临时股东特别会议通知及其董事会声明，第 7 页，第 15 号文件柜第 26 格。收录于西南地区馆藏部、邓迪档案（Dundee Records）、斗牛士土地和肉牛公司档案（Matador Land and Cattle Company Records）。

23. 莫顿·弗雷文（Moreton Frewen),《散牧：致鲍德河肉牛有限公司股东的报告》(*Free Grazing: A Report to the Shareholders of the Powder River Cattle Co. Limited*)，第 11 页。邓迪档案 24 号文件柜第 23 格。

24. 这也正是大草原肉牛公司濒临破产之时投资者们心中的疑问。向股东发表讲话时，J. 格思里·史密斯（J. Guthrie Smith）问：“什么才是一家肉牛公司的‘利润’来源？”并由此展开了一场有关如何根据牛群规模计算营收的讨论。《大草原肉牛公司告股东书》(The Prairie Cattle Company Limited to the Shareholders）第 1 页。《邓迪档案》第 15 号文件柜第 26 格。

25. 大草原肉牛公司“特别股东大会”(Extraordinary General Meeting)。

26.《美国肉牛公司 1885 年经营状况分析》(*American Cattle Companies in 1885*),《经济学人》，1886 年 3 月 20 日。

27. 萨默维尔 1888 年 1 月 16 日致麦凯函（Sommerville to Mackay，January 16, 1888)，邓迪档案第 2 号文件柜第 1 格。萨默维尔在多封信函中都流露出了这一担忧，比如，在萨默维尔 1888 年 4 月 6 日致麦凯函中，他就曾建议必须采用合适的公牛清点方法，并相应对账面数值予以修正。收藏于邓迪档案第 2 文件柜第 2 格。

28. 参见萨默维尔 1883 年 12 月 4 日致 H. H. 坎贝尔函（Sommerville to H.H.Campbell，December 4, 1883)，收录于《斗牛士土地与肉牛公司档案》总部分册，第 8 文件柜第 13 格。信中，萨默维尔一再提到畜群清点册：“我等着你的官方报告，另希望你务必记住随带或派人送来烙印清单，因为实际上这是我们唯一的正式记录。我另外还必须提醒你，你多次答应给我提供一份畜群分类清单，但至今没有收到。我们很难相信，距离开业 12 个月已经过去，但我们仍然还没建起自己的牲口登记簿；希望你能为我提供一些翔实的数据，以便作为参照的依据。”

29.《土地及肉牛公司》（*Land and Cattle Companies*），致《经济学人》编辑的信，1883 年 4 月 7 日。

30.《土地及肉牛公司》，致《经济学人》编辑的信，1883 年 4 月 14 日。

31. 同上。

32. 约翰·克莱（John Clay），转引自米切尔和哈特《1886—1887 年冬天》，第 4 页。

33. 弗雷文（Frewen），《散牧》（*Free Grazing*），第 8 页。

34. 斯图尔特，《四十年》，第 144 页。

35. 迈克尔·D. 怀斯（Michael D.Wise）基于人类与狼的关系史重新思考了北落基山脉的重建过程。他在书中提出并回答了事关产业化农业、人与动物关系等话题的诸多重要问题，还讲述了很多趣味纷呈的故事，介绍了人们意欲彻底清除狼群（而不得）的种种尝试。参见怀斯《打造捕食者》（*Producing Predators*）。

36. 泰恩 1887 年 4 月 1 日致福斯特信函（Tyng to Foster，April 1，1887）第 4 文件柜。锅把地带 – 大平原历史博物馆（Panhandle-Plains Historical Museum）弗兰克林土地与肉牛公司档案（Francklyn Land and Cattle Company Records）。

37. 同上。

38. 经理们对有关狼群的说法持怀疑态度。参见 1891 年 1 月 13 日《致法维尔的信》（*Letter to Farwell*）。锅把地带 – 大平原历史博物馆（Panhandle-Plains Historical Museum）《西特公司 1889 年报》（XIT Annual Reports—1889）。

39. 转引自尼莫等，《牧场及牧场肉牛》（*Range and Ranch Cattle*），第 103 页。

40. 同上，第 133 页。

41.《养殖人报》第 7 期（1885 年 5 月 28 日），第 819 页。

42. 尼莫等，《牧场及牧场肉牛》，第 43 页。

43. 得克萨斯州南部的情况尤其如此；参见《养殖人报》第 4 期（1883 年 8 月 30 日），第 264 页：“由于所有饮水口以及大部分溪流都已干涸，牲口大批死亡。”

44. 风车是《养殖人报》上经常出现的话题；比如，第 4 期（1883 年 7 月 12 日）：第 42 页；第 7 期（1885 年 3 月 19 日）：第 433 页。有关汉斯菲尔德肉牛公司的报道，参见《养殖人报》第 3 期（1883 年 6 月 21 日）：第 794 页。

45. 洛马克斯，《牛仔之歌》，第 24 页。

46. H. H. 坎贝尔致约翰 · 法维尔函（H. H. Campbell to John Farwell），1886 年 11 月 1 日;《西特牧场年度报告——1886》（*XIT Annual Reports—1886*）。

47. 梅拉尔斯（Mellars）,《火灾生态学》（*Fire Ecology*）；派恩（Pyne）,《美国火情》（*Fire in America*）第 2 章;《火灾简史》（*Fire: A Brief History*）。

48. 斯派希特（Specht）,《崛起、衰落及重生》（*Rise, Fall, and Rebirth*）。蒂莫西 · 莱肯（Timothy LeCain）在其《历史问题》（*Matter of History*）中也持类似观点。有关另一种不同家禽的情况，请参见博伊德（Boyd）《制作肉类》（*Making Meat*）。关于家禽养殖情况，加布里埃尔 · 罗森博格（Gabriel Rosenberg）认为，家禽养殖受种族、政治观念等多种不同因素影响。参见罗森博格《种族自杀》（*Race Suicide*）一文。

49. H. H. 坎贝尔致约翰 · 法维尔信函，1886 年 11 月 1 日;《西特年度报告——1886》，第 18 页。

50. 莫瑟尔,《平原上的强盗》（*Banditti of the Plains*），第 13 页。

51. 萨默维尔 1887 年 6 月 24 日致麦凯函（Sommerville to Mackay, June 24,1887），第 10 号文件柜第 1 格，邓迪档案。

52.《养殖人报》第 7 期（1885 年 3 月 12 日）：第 392 页。今天的产犊季节通常开始得相对较早，1 月到 3 月通常被认为是最理想的时期。

53. 泰恩 1887 年 2 月 17 日致 P. 福斯特信函（Tyng to de P. Foster, February17, 1887），弗兰克林土地和肉牛公司档案，第 4 格。

54.《约翰 · 斯图尔特 · 史密斯先生 1889 年 8 月 17 日报告》（Report by Mr. John Stuart Smith, August 17,1889）第 5 页。邓迪档案，第 15 号文件柜第 26 格。

55. 安德伍德 1882 年 11 月 4 日致弗莱明信函（Underwood to Fleming, November 4, 1882），邓迪档案第 1 号文件柜第 1 格。

56. 麦凯 1882 年 11 月 16 日致罗伯特 · 弗莱明信函（Mackay to Robert Fleming, November 16,1882），邓迪档案第 1 号文件柜第 1 格。

57. 戴夫 · 威尔 1887 年 3 月 5 日致萨默维尔信函（Dave Weir to Sommerville, March 5，1887），邓迪档案第 1 号文件柜第 9 格。

58. 1889 年第四届年度股东大会议事录（Proceedings at the Fourth Annual General Meeting 1889），第 4 页。西特股东议事录（XIT Shareholder Proceedings），锅把地带 – 平原历史博物馆（Panhandle-Plains Historical Museum）。

59. 阿兹泰克土地与肉牛公司 1885 年 1 月 5 日出版的宣传手册（Aztec Land & Cattle Company Pamphlet, January 5, 1885），第 5 页，邓迪档案第 24 号文件柜第 23 格。

60. 同上，第 10 页。

61. 约翰·斯图尔特·史密斯先生 1889 年 8 月 17 日报告（Report by Mr. John Stuart Smith 17 August 1889）第 8 页。邓迪档案第 15 号文件柜第 26 格。

62. 同上，第 6 页。

63. 经理 1886 年 9 月 30 日来信，埃斯普埃拉土地及肉牛公司（斯普尔牧场）档案，西南地区馆藏部，第 1 号文件柜第 4 格。

64. 当然，什么样的路线算是"既有放牛路线"是一个极具争议的话题。

65. 洛马克斯 1885 年 7 月 15 日至马修斯及雷诺兹信函（Lomax to Matthews & Reynolds，July 15，1885），埃斯普埃拉土地及肉牛公司（斯普尔牧场）档案，第 6 号文件柜第 5 格。

66. 洛马克斯 1886 年 2 月 1 日致摩尔兄弟信函（Lomax to Mooar bros，February 1,1886），埃斯普埃拉土地及肉牛公司（斯普尔牧场）档案，第 6 号文件柜第 5 格。

67. 洛马克斯 1886 年 6 月 5 日致凯奇、拉德和斯莫尔诸先生信函（Lomax to Messrs Cage, Ladd & Small，June 5, 1886），埃斯普埃拉土地及肉牛公司（斯普尔牧场）档案，第 6 号文件柜第 5 格。

68. 埃博内·泰勒 1887 年 4 月 5 日致 W. L. 旺德信函（Abner Taylor to W. L. Wand, April 5，1887）第 1 卷第 168 页。西特致芝加哥信函（XIT Letters to Chicago），锅把地带 – 大平原历史博物馆（Panhandle-Plains Historical Museum）。

69.《养殖人报》第 9 期（1886 年 1 月 21 日）：第 75 页。

70. "1877 年 2 月 15—16 日格雷厄姆（Graham）得克萨斯西北部地区养殖人大会《会议纪要》"，1 号文件柜，得克萨斯西北部地区养殖人协会,《西南地区馆藏部》。

71. 康格（Conger),《麦克伦南县围栏分布状况》(*Fencing in McLennan County*)，第 219 页。

72. 有关经济学家对带刺铁丝网对农业发展影响的观点，可参见霍恩贝克（Hornbeck)《带刺铁丝网》(*Barbed Wire*)。霍恩贝克认为，带刺铁丝网对美国边境地区十分重要，因为在这里,"国家"除了授予牧场主正式的土地所有权之外，基本没有能力完全保护后者的财产所有权，因而很可能会对农业发展产生限制作用（第 767 页）。他总结道:"解决制度缺陷靠的不是法律改革，而是技术变革：也就是铁丝网围栏的引入。"（第 807 页）虽然我在某种程度上同意这一说法，但本章随后几页论述表明，在维护财产权方面，国家权力和铁丝网之间在很大程度上是相互依赖的，而霍恩贝克低估了这一相互依赖关系的程度。

73.《养殖人报》第4期（1883年8月9日）：第169页。

74. 摘自《蒙大拿牲口杂志》（*Montana Live-Stock Journal*），转引自《养殖人报》第10期（1886年9月9日）：第370页。反对围栏的呼声，尤其是出于道德原因而反对的呼声不免让人想起卡尔·雅各比（Karl Jacoby）对当地人抵制保护法和实践的研究。雅各比借用"道德生态学"一词，以描述农村人基于历史视角而提出的土地、动物和人之间合理（以及公平）组织的理解，这点尤其令人印象深刻。参见雅各比《针对自然的犯罪》（*Crimes against Nature*）。

75. 关于带刺铁丝网与干旱现象紧张关系的研究，请参见加德（Gard）的《剪网者》（*Fence-Cutters*）。我基本上同意加德的观点，不过，他认为铁丝网作为一种技术解决方案只是引发了短期内的社会动荡，而我则更看重带刺铁丝网帮助促成的财产制度，而不仅仅是它技术性的一面。

76. 加德,《剪网者》，第7~10页。

77.《养殖人报》第5期（1884年3月6日）：第348页。

78. 转引自同上，第4期（1883年10月11日）：第490页及第4期（1883年10月18日）：第525页。

79. 加德,《剪网者》，第4页。

80. 同上，第13~14页。

81. 威廉·H. 基特雷尔（William H. Kittrell），莫瑟尔《平原上的强盗》前言。

82. 斯卡格斯,《上等好肉》，第65页。

83. 这则离奇的故事见于康格《麦克伦南县围栏分布状况》，第221页。

84. 有关这场战争的很好的描写，以及围绕这场斗争在产权方面所产生影响的深入探讨，可参阅麦克费林（McFerrin）与威尔斯（Wills）合著的《正午》（*High Noon*）。有关环境历史学家的观点，请参见贝尔格勒（Belgrad）所著《权力的宏观意义》（*Power's Larger Meaning*）。

85. 关于怀俄明畜牧业与该州政治权力之间关系的概述（不可否认，这一概述存在明显偏见），请参见莫瑟尔《平原上的强盗》。

86. 在这场冲突中，这两人是唯一的死者，不过在冲突发生之前的几年间，两起臭名昭著的私刑案件也与这一紧张局势有关。有关西部地区暴力事件的优秀研究成果，请参见戴克斯特拉（Dykstra）《量化狂野的西部》（*Quantifying the Wild West*）。针对某些研究声称19世纪时西部地区凶杀事件高发的说法，戴克斯特拉提出了有力的批评。然而，他刻意将与美洲印第安人之间的战争排除在外，而这是西进运动中的核心，从文化上认定西部是个充斥着暴力的地方，在很大程度上也与这一系列战争密切关联。我认为，西部并非暴力之地。之所以会得出西部充满暴力的结论，在很大程度上是因为白人通过强行征用印度土地而成功确立了白人至上主义的政权。此外，戴克斯特拉低估了暴力神话的文化力量，而暴力神话不仅是 20 世纪的现象，也是当今时代的现象。尽管如此，他在这一问题上的研究成果堪称一次重要的纠偏。另见戴克斯特拉《矫枉过正的道奇城》（*Overdosing on Dodge City*）。

87.《纽约时报》1892 年 4 月 14 日头版。

88. 莫瑟尔,《平原上的强盗》，第 76 页。

89. 同上，第 7~8 章。

90. 兰迪·麦克费林（Randy McFerrin）和道格拉斯·威尔斯（Douglas Wills）认为，这场斗争是一场彼此对立的财产制度之争，而我认为，这一说法或许过度强调了牧场主在这场冲突中的作用。为了反对大牧场主，小牧场主或许愿意接受土地个人所有权，但我不确定这是否是他们最关心的问题。有关从产权视角分析的观点，请参见麦克费林和威尔斯的《正午》。

91. 萨默维尔 1886 年 2 月 26 日致麦凯信函（Sommerville to Mackay，February 26, 1886），第 1 卷,《公函汇编》（*Office Letter Press Book*）总部分册，斗牛士土地和肉牛公司档案，第 1 格。

92. 格雷斯利,《银行家与养牛人》，第 54 页。格雷斯利认为，东部地区的投资者往往依赖于其家族的人脉关系。

93. 莫尔多·麦肯兹 1890 年 8 月 16 日致亚历山大·麦凯信函（Murdo Mackenzie to Alexander Mackay, August 16, 1890），邓迪档案第 5 号文件柜第 2 格。

94. 亚历山大·麦凯 1888 年 10 月 9 日致斗牛士董事会信函（Alexander Mackay to Matador board，October 9, 1888），邓迪档案第 3 号文件柜第 2 格。

95. 萨默维尔 1884 年 3 月 25 日致麦凯信函（Sommerville to Mackay, March 25，1884），邓迪档案，第 3 号文件柜第 1 格。

96. 萨默维尔 1884 年 12 月 11 日致麦凯信函（Sommerville to Mackay, December 11，1884），邓迪档案，第 6 号文件柜第 1 格。

97. 与坎贝尔的这场争端最终是如何收场的并不清楚。参见约翰斯通 1892 年 1 月 6 日致麦凯信函（Johnstone to Mackay, January 6, 1982），邓迪档案第 8 号文件柜第 2 格；以及麦凯致罗斯信函，查普曼和罗斯档案，邓迪档案第 2 号文件柜第 11 格。外国人持有土地是个极具争议的问题，因此导致政治暴怒的例子层出不穷，但尚不清楚它对商务活动的实际影响有多大。有关这方面引发的愤怒情况的概述，请参阅里皮《英国投资》。

98. 大草原肉牛公司《第五届股东年度大会会议记录报告》（*Report of*

Proceedings at Fifth Annual General Meeting)，第 13~14 页，邓迪档案第 15 号文件柜第 26 格。

99.《调查委员会致股东报告》(*Report of Committee of Investigation to the Shareholders*)第 1 页，邓迪档案，第 15 号文件柜第 26 格。

100. 同上，第 11 页。

101. 厄普德格拉夫 1885 年 11 月 6 日家书。第 1 号文件柜。伟·哈姆林·厄普德格拉夫档案，收藏于西南地区馆藏部。

102. 厄普德格拉夫 1886 年 9 月 24 日致母亲信函。第 2 号文件柜。伟·哈姆林·厄普德格拉夫档案。

103. 厄普德格拉夫 1887 年 1 月 12 日致母亲信函。第 3 号文件柜。伟·哈姆林·厄普德格拉夫档案。

104. 厄普德格拉夫 1886 年 9 月 24 日致母亲信函。第 2 号文件柜。伟·哈姆林·厄普德格拉夫档案。

105. 厄普德格拉夫 1886 年 3 月 5 日致母亲信函。第 1 号文件柜。伟·哈姆林·厄普德格拉夫档案。

106. 伊斯特警长(Sheriff East)，转引自鲁斯·艾伦《得克萨斯州有组织劳工》(*Organized Labor in Texas*)，第 37 页。据吉恩·格雷斯利(Gene Gressley)的说法，这一时期的典型薪酬水平是每月 25 至 40 美元;《银行家与养牛人》，第 151 页。

107. 参见克莱顿(Clayton)等,《瓦克洛斯、牛仔及牧童》(*Vaqueros, Cowboys, and Buckaroos*)；格拉斯路德(Glasrud)和西尔斯(Searles),《黑人牛仔》(*Black Cowboys*)；艾弗森(Iverson),《当印第安人成为牛仔》(*When Indians Became Cowboys*)；梅西(Massey),《得克萨斯黑人牛仔》(*Black Cowboys of Texas*)。如欲更深入了解牛仔综合社会历史，请参见达里(Dary)《牛仔文化》(*Cowboy Culture*)。

108. 奈特·洛夫,《生活和冒险》(*Life and Adventures*)。

109.《孤星赶牛道》(*The Lone Star Trail*)；洛马克斯,《牛仔之歌》，第 311 页。

110.《约翰·加纳的放牛路》；同上，第 114 页。

111.《公牛杀手》(*The Bull-Whacker*)；同上，第 69 页。

112.《忧郁的牛仔》(*The Melancholy Cowboy*)；同上，第 263 页。

113.《牛仔的沉思》；同上，第 297 页。

114.《碎片》(*A Fragment*)；同上，第 306 页。

115.《一位牛仔的祝酒词》；洛马克斯《放牛小路之歌》(*Songs of the Cattle*

Trail），第 176 页。

116.《篝火已然熄灭》；同上，第 322 页。

117.《老牛仔》（*The Old Cowman*）；同上，第 165 页。

118. 洛马克斯《牛仔之歌》，第 22 页。

119.《最后的长角牛》；同上，第 199 页。

120. 由于牧场主更青睐利润高但依赖性相对较高的品种，因此长角牛数量不断减少。这也是一场更广泛的变革中的一部分，由本章所述的大撒把式牧场经营方式向精心牧养（规模也相应较小的）方式转变。

121.《听他讲述这一切》；洛马克斯《放牛小路之歌》，第 39 页。

122.《失意的新人》（*The Disappointed Tenderfoot*）；同上，第 183 页。

123.《凄凉悲苦的生活》；洛马克斯《牛仔之歌》，第 233 页。

124. 有关约翰·洛马克斯及其同为民族音乐学家的儿子艾伦·洛马克斯（Alan Lomax）的文献非常丰富。有关约翰·洛马克斯的更多信息，请参阅奥尔瑞德（Allred）《针线》（Needle）；菲雷讷（Filene）《我们的歌咏之国》（*Our Singing Country*）；穆伦（Mullen）《民俗研究代表》（*Representation in Folklore Studies*）；波特菲尔德（Porterfield）《最后的骑士》（*Last Cavalier*）。有关牛仔歌曲更广泛的研究，参见斯洛维克（Slowik）《捕捉美国的过往》（*Capturing the American Past*）。

125. 威廉·海伍德（William Haywood），转引自鲁斯·艾伦《得克萨斯有组织劳工》，第 34 页。

126. 有关罢工及其背景、后果的长篇研究，请参阅劳斯（Lause）《牛仔大罢工》（*Great Cowboy Strike*）。

127. 这些记录中，部分素材来自（对罢工者）持有偏见的新闻报道，尽管工人反对工贼这一观点完全合理。事实证明这次罢工是全国性的。参见：《芝加哥每日论坛报》（*Chicago Daily Tribune*）1883 年 4 月 19 日《牛仔罢工》（*Cowboys on a Strike*）；《纽约先驱报》（*New York Herald*）1883 年 4 月 20 日《牛仔罢工》等。

128. 参见鲁斯·艾伦《得克萨斯有组织劳工》以及底特律自由报（*Detroit Free Press*）1883 年 4 月 20 日刊发的《劳工问题："新手" 理当回避之处》（*Labor Troubles: A Good Place for "Tenderfeet to Steer Clear of"*）。

129. 鲁斯·艾伦，《得克萨斯有组织劳工》，第 38~39 页。

130.《养殖人报》（*Breeder's Gazette*）第 5 期（1884 年 4 月 17 日），第 592 页。

131. 鲁斯·艾伦，《得克萨斯有组织劳工》，第 33~42 页。

132. 对于小规模牧场而言，关键是呈现其传统、非资本主义等特征。也就是说，这些牧场主虽然也赚钱，但他们更重视比金钱更珍贵的价值（如地方主义、家庭和传统等价值观）。这使后来的牧场意识形态具有非资本主义的属性，但重要的是，并不是反资本主义属性，因为并没有听到更广泛的针对经济体系的批评声音。至于养牛工人，公众喜欢把牛仔想象成非资本主义者，因此当罢工至少揭露出某些牛仔持反资本主义态度时，公众开始感到不安。

133. 或许，最典型的一例便是《芝加哥每日论坛报》1883 年 4 月 19 日那篇题为《牛仔罢工》的报道。

134.《拉斯维加斯日报》1883 年 3 月 28 日刊登的《锅把地带；效率》（*Panhandle; Efficient*）。

135. 参见《芝加哥每日论坛报》《牛仔罢工》以及《底特律自由报》《劳工问题“新手”理当回避之处》。

136.《芝加哥每日论坛报》1883 年 4 月 25 日《未雨绸缪，应对牛仔罢工》（*Preparing for the Strike of the Cowboys*）。

137. 尼莫等,《牧场及牧场肉牛》（*Range and Ranch Cattle*），第 133 页。

138. 鲁斯·艾伦,《得克萨斯有组织劳工》，第 40~41 页。

139. 杰奎琳·摩尔（Jacqueline Moore）探索了牧场上不同阶级、不同性别之间的互动。这些冲突中的利害关系不仅涉及阶级问题，而且还涉及关于男子汉本质的相互冲突的信念。见 J. M. 摩尔（J. M. Moore）《奶牛男孩》（*Cow Boys*）。

140. 这一观察受到冈特·佩克（Gunter Peck）在其《劳工的本质》（*Nature of Labor*）中强调必须重视“劳工地理”这一个概念的影响，本分析的灵感来源正是出自于此。另可参见巴卡（Barca）《“修理”地球》（*Laboring the Earth*）。

141. 坎贝尔 1886 年 1 月 27 日致萨默维尔信函（Campbell to Sommerville, January 1，1886），邓迪档案，第 8 号文件柜第 1 格。

142. 萨默维尔 1888 年 4 月 30 日致麦凯信函（Sommerville to Mackay，April 30，1888），邓迪档案，第 2 号文件柜第 2 格。

143. 萨默维尔 1888 年 6 月 5 日致麦凯信函（Sommerville to Mackay，June 5, 1888），邓迪档案，第 2 号文件柜第 2 格。

144. 不过，糟糕的冬季远不止于此。1884—1885 年冬天，得克萨斯州经历了“很长一段时间以来不曾有过的最严重的损失，很可能以后很多年内也不会发生如此严重的损失”；尼莫等《牧场及牧场肉牛》，第 132 页。蒙大拿州 1881—1882 年冬季也遭受了重大损失（同上，附录 25）。

145. 厄普德格拉夫 1886 年 7 月 9 日家书。第 1 号文件柜。伟·哈姆林·厄普德格拉夫档案。

146. 惠勒,《1886 年暴风雪》(*Blizzard of 1886*)，第 422 页。有关接下来一年的情况，可参见米切尔与哈特所著《1886—1887 年冬天》。

147. 巴赫（Bahre）与谢尔顿（Shelton),《牧场破坏状况》(*Rangeland Destruction*)。

148. 惠勒,《1886 年暴风雪》，第 426 页。

149. 关于这几年冬天情况的详细描述，请参见米切尔与哈特《1886—1887 年冬天》。

150. 惠勒,《1886 年暴风雪》，第 426 页。

151. 继 1883 年严冬之后，斗牛士牧场的经理萨默维尔不得不向忧心忡忡的投资人做出解释。萨默维尔 1883 年 2 月 9 日致麦凯信函（Sommerville to Mackay, February 9，1883），邓迪档案，第 1 号文件柜第 1 格。

152.《美国肉牛牧场》，刊于《经济学人》。

153. 参见斯图尔特《四十年》，第 236 页。另，米切尔与哈特在其《1886—1887 年冬天》中也曾引用这段。

154. 参见奥斯古德的《养牛人的一天》及戴尔的《牧场养牛业》(*Range Cattle Industry*)。就过于简单化叙事思路问题而言，我在此处不是为了颂扬（或谴责）企业化牧场或小规模牧场。作为两种经营类型，两者都各自有好有坏，但它们完全不同（或者行业从成功中吸取了经验）的想法有助于缓解环境退化或劳动力剥削等持续存在的问题。此外，这一思路无意中还可能服务于肉类加工商的目的，他们在利用牧场主的同时，也通过宣扬小规模牧场经营的理念来推销自己的产品。这两个时期的真正区别在于牧场主相对于肉类加工商的市场潜力，而不在于地方主义、传统、独立等反对企业化的价值观。

155. 惠勒,《1886 年暴风雪》，第 416 页。

156. 麦克费林与威尔斯《谁说牧场存在过载问题？》。

157. 有关西南部情况，参见赛瑞（Sayre）与费尔南德斯 - 吉梅内斯（Fernandez-Gimenez)《牧场科学的起源》(*Genesis of Range Science*)。

158. 有关牧场经营管理科学起源的概述，请参见赛瑞和费尔南德斯 - 吉梅内斯《牧场科学的起源》。欲完整了解牧场科学的历史，请参阅赛瑞的《规模政治》(*Politics of Scale*)。

159. 关于“牧场主对牧场承载能力和平原气候几乎一无所知”这一说法的论据，请参见托德（Todd)《令人沮丧的话语》(*Discouraging Word*)。托德对有关暴风雪程度的说法深信不疑，但同时也认为，这场灾难的根源与其说是因为投资者的贪婪，不如说是因为无知。

160.《养殖人报》第10期（1886年7月29日）：第108页。

161. 萨尔蒙,《牛肉供应》（*Beef Supply*），第5页。

162. 尼莫等,《牧场与牧场肉牛》（*Range and Ranch Cattle*），第102页。毫不奇怪，洛文从未澄清自己是否在逃税牧场主名单之列。麦克费林和威尔斯（McFerrin and Wills）《谁说牧场存在过载问题？》也对逃税问题做了研究（尤见第17~18页）。

163.《养殖人报》第7期（1886年2月19日）：第274页。然而也有充分理由表明，这个人可能并未说实话。

164. 我所谓的"与自然讲理"指的是让自然变得可预见、可控制、不危险。因此，是否能够获利取决于自然在某种意义上是否具有"野性"。

165. 奥斯古德,《养牛人的一天》，第222页。

166. 乔治·泰恩1887年2月17日致P. 福斯德先生信函（George Tyng to Mr. F. de P. Foster，February 17，1887）。弗兰克林土地与肉牛公司档案（Francklyn Land and Cattle Company Records）第4文件柜。

167. 乔治·泰恩如此悲观的情绪自有其依据。虽然价格千差万别，而且每天、每车肉牛的价格都有显著差异，但一些总体统计数据依然非常有用。据某一衡量指标现实，1887年2月芝加哥的肉牛价格（每100磅）比前一年（3.85美元至3.24美元）下降了近16%，与两年前相比（5.03美元）则下降了近36%。根据芝加哥商品交易所的报告，这是一个持续的市场价格平均值。来自国家经济研究局（National Bureau of Economic Research）有关"肉牛批发价格"的数据。

168. 萨默维尔1887年9月1日收到的电报。邓迪档案，第10号文件柜第1格。

169. 乔治·泰恩1887年2月17日致P. 福斯德先生信函（George Tyng to Mr. F. de P. Foster，February 17，1887）。弗兰克林土地与肉牛公司档案（Francklyn Land and Cattle Company Records）第4文件柜。

170. 有关牧场历史的简述，可参见谢菲（Sheffy）《弗兰克林土地与肉牛公司简史》（*Francklyn Land & Cattle*）。

171. 乔治·泰恩1886年9月24日致P. 福斯德先生信函（George Tyng to Mr. F. de P. Foster，September 24，1886）。弗兰克林土地与肉牛公司档案，第4文件柜。

172. 泰恩1887年6月信函（Tyng, letter, June1887），弗兰克林土地与肉牛公司档案，第4号文件柜。

173. 萨默维尔1885年11月25日致麦凯信函（Sommerville to Mackay,

November 25，1885），邓迪档案，第 7 号文件柜第 1 格。

174.《1885 年美国肉牛公司状况》（*American Cattle companies in* 1885），刊于《经济学人》。

175. 关于“前所未有的低点”，参见大草原肉牛公司《第五届年度大会报告》（*Fifth Annual General Meeting*），第 6~7 页。关于价格，参见芝加哥商品交易所《第二十九届年度报告》（*Twenty-Ninth Annual Report*）第 31 页。

176. 米切尔与哈特《1886—1887 年冬天》，第 5 页注 9。

177. 萨默维尔 1888 年 5 月 4 日致麦凯信函（Sommerville to Mackay，May 4, 1888），邓迪档案，第 2 号文件柜第 2 格。

178. 芝加哥商品交易所《第三十四届年度报告》（*Thirty-Fourth Annual Report*），第 56 页。

179. 摘自未署名、无日期的信函草稿，估计作者可能是约翰·法维尔。《致董事长及董事会的信函》，第 4~5 页。《西特公司 1887 年度报告》（*XIT Annual Reports*—1887）。

180. 约翰·斯图尔特·史密斯 1889 年 8 月 17 日报告。邓迪档案，第 15 号文件柜第 26 格。

181. 奥斯古德,《养牛人的一天》，第 222~224 页。

182. 布雷耶尔,《英国资本的影响》（*Influence of British Capital*），第 98 页。

183. 格雷斯利《特舍马赫和德比里尔》中的结论也与此基本相似。

184. 据奥斯古德考证，19 世纪 80 年代灾难性冬季期间，大牧场主和小牧场主之间的竞争以及农场向牧场的扩展形成了一个至关重要的趋势。连续的寒冬极大地削弱了持有牲口数量最多的牧场主的实力，而后来者则因此受益。更多信息请参阅奥斯古德《养牛人的一天》及《灾难和过渡》。在其著作中有关大牧场衰落情况的结尾部分，奥斯古德总结道：“小牧场主将冬季饲养和夏季散牧方式相结合……形成了相对隔绝的牧场，成功取代了以往的大型牧场”；奥斯古德《养牛人的一天》，第 258 页。更多的证据来自彼得·辛普森（Peter Simpson）关于俄勒冈州牧场的社会历史。他提出了一个核心主张，即“现代养牛人起源可以追溯到农夫和小型牧场主，在小型牧场主和养牛大亨之间的传统宿怨中，前者获得了胜利”；辛普森《社会的一面》（*Social Side*）。爱德华·埃弗雷特·戴尔（Edward Everett Dale）观察到了由大牧场向小牧场发展的类似轨迹，不过他更强调定居点和土地价格的作用。我认为，大繁荣的失败（及其动力）有利于解释所有这些过程。有关戴尔的讨论，请参见《牧场养牛业》。

185. 关于太平洋西北地区的一个例子，参见辛普森《社会的一面》。

186. 正如奥斯古德所解释，“那些仍然留在这一行的人发现利润率非常小，以往只能算是冬季平均亏损值的数字，如今看来却几乎是毁灭性的打击”；《养牛人的一天》，第 224 页。辛普森《社会的一面》中也提出了类似说法。

187.《养殖人报》（*Breeder's Gazette*）9 期（1886 年 1 月 7 日）：第 3 页。

188. 赖斯与麦克斯威尼（Raish and McSweeney）《畜牧业》（*Livestock Ranching*）；J. 舒尔茨（J. Schultz）《社会文化因素》（*Sociocultural Factors*）；辛普森《社会的一面》。

189. H. H. 坎普贝尔 1886 年 11 月 1 日致约翰·法维尔信函（H. H. Campbell to John Farwell, November1, 1886），1886 年 11 月 18 日，《XIT 公司 1886 年度报告》（*XIT Annual Reports—1886*）。

190. 这则有关牧场的神话与另一种说法尴尬地共存着，后者认为，随着开放性牧场走向衰落，真实的边疆生活方式也随之走向消亡。见奥斯古德《养牛人的一天》，第 229 页。这个神话不仅为美国西部地区以外的人所深信不疑，而且对于走向 20 世纪的牧场主本身也至关重要。这也就解释了他们为什么不愿接受市场导向的做法。关于文化和传统习俗在行业发展过程中所发挥作用的论述，请参见辛普森《社会的一面》第 47~48 页。

191. 尽管繁荣期已经终结，但仍有少数企业化经营牧场从这段时期中存活下来（尽管通常都只是苟延残喘）。其中一个例子便是一直延续到 1893 年才解体的切诺基地带活畜协会（Cherokee Strip Live Stock Association）。该协会在繁荣阶段结束时曾元气大伤，但它之所以能够幸存下来，可能是因为它是一个由许多较小的当地牧场组成的集合体，而不是本章所重点探讨的跨国巨头。后面这一类型中，最著名的幸存者是斗牛士牧场，尽管这家公司在 19 世纪 80 年代末经历了重大挫折，但在苏格兰持有人的支持下，一直存活到 1951 年。随后，该公司被清算，但牧场的大部分最终被出售给了科赫工业公司（Koch Industries）的联合创始人之一弗雷德·科赫（Fred Koch）。至今，它仍然是该公司一个下属分支。虽然企业化牧场仍然存在，但与 19 世纪 80 年代相比，其规模（相对而言）早已今非昔比。此外，它们在牛肉供应链整体中的相对重要性也已大幅降低。

第三章

1. 芝加哥商品交易所（Chicago Board of Trade），《第三十五次年度报告》

（*Thirty-Fifth Annual Report*），第 26 页。

2. 尽管芝加哥是一个十分重要的牛肉贸易中心，但人们也只是在这里把牛肉倒手，这里并不是最终的牛肉消费市场。像纽约、伦敦这样的大城市，才是更大的本地市场，但正是因为芝加哥在将西部地区的牛肉分销到全美（和世界）之前是美国西部地区最大的牛肉集聚地和加工厂，芝加哥才成为如此重要的牛肉商品市场。

3. 这是一项关于牛肉营销体系的研究，强调空间、地点和规模问题。对于牛肉商品链和空间问题的相关研究，请参见霍甘森（Hoganson）的《中部地区的牛肉》（*Meat in the Middle*）。霍甘森观察到，“地方历史往往以地图开始，而不是以地图结束，不断在预先划好的区域中填充、发展，而不是顺着一条主线，向外探索更广阔的天地”。这一观点可以帮助我们更好地理解空间问题。我在本章主要为读者搭建了理解牛肉营销体系的一个框架。霍甘森最主要的建议是把一种特定商品与当地的历史发展相结合，通过两者的比对，对（经营）规模问题和区域间关系进行梳理。本章也是利用了这样的分析方法，重点来介绍美国一些特定历史时期的情况，例如肉牛小镇的兴衰。

4. 这其中并不包括金融，而金融是该行业的重要组成部分（其他行业也是如此）。我认为金融（在某种意义上）与整个营销系统中运输部分相配合。资本推动了整个体系的转动。见格雷斯利《银行家和养牛人》。

5. 虽然这一体系基本上是全国性的，但加州是一个重要的例外。该州有自己从活畜到餐桌供应链体系，且基本上与全国其他地区的这一产业处于分隔状态。它通常也是由一家企业化经营的牧场所主导（而且主导程度不同寻常）。见伊格勒（Igler）《产业牛仔》（*Industrial Cowboys*）。伊格勒在书中第 160~167 页绘声绘色地讲述了米勒 – 力士公司为了争夺对旧金山市场的控制权而与芝加哥肉类加工厂展开斗争的故事。最后，美国南部的整体情况也完全不同于其他地方。在南方，牛肉消费率要低得多，因此，一直到 20 世纪之前，这一体系都始终占据着一个无关紧要的位置。然而禽类生产在该地区占据非常重要的地位，而那一行业的发展故事，与本书观察始终所探讨的一些情况都有颇多相似之处。参见吉索尔菲（Gisolfi）所著《大收购》（*Takeover*）。

6. 催肥场是负责饲养牲畜的地方，在催肥场牛被圈养起来，在出售前用谷物将其催肥大约三到六个月。

7. 在美国，相当大一部分的肉牛都养在这些地区，但需要注意的是，催肥场经常购买并肥育西部（尤其是得克萨斯州）本土的牛种。参见霍甘森《中部地区的牛肉》。纽约和波士顿等其他大城市也有类似的高品质肉牛催肥业务。

8. 关于在城市养猪的情况，参见哈托格（Hartog）《猪与实证主义》（*Pigs and Positivism*）。中世纪时，养猪也是城市中惯见的现象；参见约根森（Jorgensen）《肥猪满街跑？》(*Running Amuck?*)。

9. 有关养牛普查工作的困难以及政府官员试图克服这些困难的一些具体方法，请参阅萨尔蒙（Salmon）《牛肉供应》（*Beef Supply*）。在美国内战期间，每千人拥有的肉牛数量确实急剧下降，从1860年的542头下降到1870年的386头。1889年，每千人人均拥有523头肉牛。详情同上，第6页。关于牛体体重的增加和质量普遍提升为市场提供了更多可食用牛肉的信息，同上，第7页。

10. 美国企业管理局（US Bureau of Corporations），《专员报告》（*Report of the Commissioner*），第3页。

11. 戴尔，《牧场养牛业》，第101页。

12. 同上，第109页。

13. 戴尔重点分析了西部地区养牛和玉米种植带肉牛催肥业之间的关系。同上，第8章。

14. 弗兰克·斯蒂尔曼（Frank Stillman）信函，收录于邓迪档案第16号文件柜第24格。奥斯古德基于本人从事养牛工作的经历也提出了类似的观点："从一开始，得克萨斯州就面向三个肉牛市场：第一，科罗拉多州、（南、北）达科他州、怀俄明州和蒙大拿州的北部牧场……第二，东部的畜牧中心，每年都会接收一批肉牛……第三，中西部的催肥场。"摘自奥斯古德《养牛人的一天》，第90页。

15. 关于得克萨斯州牧场主在催肥以及品种改良（区别于简单地赋予牛犊生命）过程中所面临的困难，参见大草原肉牛公司《第五届年度股东大会报告》（*Fifth Annual General Meeting*），第8页。

16. 弗兰克·斯蒂尔曼（Frank Stillman）信函，写于1886年9月8日，收录于邓迪档案第16号文件柜第24格。

17. 参见C. 洛夫（C.Love），《养牛业》（*Cattle Industry*）。

18. 伊格勒，《产业牛仔》。

19. C. 洛夫，《养牛业》（*Cattle Industry*），第382页。

20. 参见亨林（Henlein），《牧牛王国》（*Cattle Kingdom*）。俄亥俄河谷肉牛区大致位于伊利诺伊州、印第安纳州、肯塔基州和俄亥俄州的部分地区。亨林的书是有关肉牛养殖业早期发展历史和肉类加工行业的优秀作品之一。

21. 克莱曼，《赶牛大道》（*Cattle Trails*），第428页。

22. 克莱曼，《美国牲畜及肉类产业》，第72页。

23. 这些竞争相当于铁路沿线的一种“空间政治”，理查德·怀特对此做了详细探讨，他重点强调了政治角逐是如何影响了基础设施的发展，实实在在地改变了不同地域之间在距离和流动性方面的关系；见理查德·怀特《铁轨所到之处》。

24. 在 19 世纪 80 年代，10 美元的玉米就可以让一头牛增肥 300 至 400 磅。弗兰克·斯蒂尔曼（Frank Stillman）一封写于 1886 年 8 月 30 日的信函为了解当时的玉米价格提供了部分参考信息，该信函收录于邓迪档案第 16 号文件柜第 24 格。

25. 猪浪费的玉米相对较少，催肥效率更高，因此风险也相应较小；亨林《牧牛王国》，第 72~73 页。亨林对玉米种植农户所享有的灵活性曾做过一些生动的描述：“玉米是国王，却不一定就能让肉牛成为首相”。

26. 佩特（Pate），《美国历史悠久的牲畜围栏》（*America's Historic Stockyards*），第 94 页。

27. 萨默维尔 1890 年 8 月 15 日致公司各位经理的信函，收录于邓迪档案第 5 文件柜第 2 格。

28. 克莱曼在其《美国牲畜及肉类产业》第 2 章讨论了其中一些背景故事。

29. 同上，第 69~70 页。

30. 欲了解更多，同上，参见第 85 页。

31. 关于 19 世纪堪萨斯城作为牛肉市场的概况，见鲍威尔（Powell）《二十年》（*Twenty Years*）。

32. 有关阿默公司在堪萨斯城的市场参与情况，请参阅佩特《美国历史悠久的牲畜围栏》，第 85~89 页。

33. 同上，第 73 页。

34. 为了应对巨大的运输量，铁路需要配备昂贵的装卸设施。这产生了相当可观的规模经济效益。卡车配送设施的建造成本相对较低，因此配送点可以广泛分布。

35.《约翰·斯图尔特·史密斯先生所作的报告》（*Report by Mr. John Stuart Smith*），第 15 页。

36.《美国肉牛及冻肉产业》（*The American Cattle and Dead Meat Industry*），刊于 1885 年 2 月 21 日《经济学人》杂志。

37. 在芝加哥商品交易所《第 20 次年度报告》（*Twentieth Annual Report*）第 15 页中，这一怀疑态度被委婉地称为欧洲人的“偏见”。

38. 同上，第 16~17 页。欲了解更多有关肉牛运输的详细信息，请参阅 1885

年 9 月 12 日《经济学人》杂志所载《美国肉牛的利益链条》(*The Cattle Interest in the United States*)。

39. 1886 年 10 月 4 日弗兰克·斯蒂尔曼信函，信中引述了公司某位大股东、“来自维多利亚的沃克先生（Walker）”的话。该信函收录于邓迪档案第 16 号文件柜第 24 格，第 170 页。

40. 萨默维尔 1883 年 1 月 19 日致麦凯的信函，收录于邓迪档案第 1 号文件柜第 1 格。

41. “dogie” 指失去母亲的小牛犊，出于恐惧心理，再或是因为渴望回到母亲身边，因此总是远远落在牛群最后。即使在 19 世纪，“dogie” 这个词在牛仔圈之外也不怎么为人所知。西奥多·罗斯福（Teddy Roosevelt）在回忆起他的养牛人生涯时，曾将这一单词拼写为 “doughies”，并补充说道，“这个字我以前从来没有见过，可以用来表示处于迁徙旅途中的一切低龄小牛。”他给出的这个定义跟我们通常所见的定义不太一样，不过，可能是因为这个词的使用非常灵活多变。罗斯福（Roosevelt）《牧场生活》(*Ranch Life*)，第 89 页。此处引用的歌词摘自洛马克斯的《牛仔之歌》，第 87 页。实际上，洛马克斯还在这本书上写有“谨以此书献给西奥多·罗斯福”这样的话。

42. 麦考伊，《历史概述》，第 20 页。

43. 同上，第 29 页。

44. 贝利，《得克萨斯牛仔日志》(*Texas Cowboy's Journal*)，第 67 页。

45. “Jayhawker” 一词最初指的是在美国内战前与支持奴隶制的团体作战的自由州游击队。本文中，多尔蒂使用的这个词显然含有贬义，特指本质上属于反南方一派的土匪。

46. 亨特及普莱斯所著《得克萨斯赶牛人》(*Trail Drivers of Texas*)，第 699 页。很难明确界定这则故事的准确意思。正如本章后文所探讨，得克萨斯牛瘟的确是种严重传染病，因此，这群人可能也的的确确是因为对牛瘟的威胁感到不安。不过，与多尔蒂的叙述真实与否这一点相比，更重要的是这则故事充分反映了早期牲畜贸易所引发的紧张关系。

47. 麦考伊，《历史概述》，第 56 页。

48. 斯卡格斯，《赶牛行业》(*Cattle-Trailing Industry*) 第 3 页、沃瑟斯特《奇肖姆赶牛道》(*Chisholm Trail*) 第 137 页都提供了相同的估计。

49. 斯卡格斯，《赶牛行业》，第 88 页。

50. 沃瑟斯特，《奇肖姆赶牛道》，第 137 页。不过，沃瑟斯特也提出了一个非常重要的观点，那就是：牧场主如果保留牲口所有权并承担相应风险，那么，如果牲口实际出手时价格不错，就可以获得更大的收益。

51. 斯卡格斯将赶牛人称之为“口袋商人”。详见斯卡格斯《赶牛行业》，第10页。

52. 有关艾克・普赖尔公司的数据出自沃瑟斯特所著《奇肖姆赶牛道》第139页；而5.7万这一数字则出自亨特与普莱斯所著《得克萨斯赶牛人》（*Trail Drivers of Texas*）第510页。

53. 沃瑟斯特,《奇肖姆赶牛道》（*Chisholm Trail*），第138~139页。

54. 山姆・尼尔（Sam Neill），摘自亨特（Hunter）和普莱斯（Price）《得克萨斯赶牛人》（*Trail Drivers of Texas*），第256页。

55. G. W. 斯科特（G. W. Scott），同上，第116页。斯科特描述了一个“牧场干旱缺水，许多牛都筋疲力尽，死在小路上”的境况。

56. 约翰・詹姆斯・海恩斯（John James Haynes），同上，第246页。也有记录说，当地农民会要走那些生下的牛犊，因为赶牛队通常会把新生牛犊杀掉，第860页。

57. 当母亲在牛市与一岁的孩子分开时，也会存在这个问题。R. J. 雷宁斯（R. J. Rennings）说，试图让一个牛群离开最近刚卖出的一群一岁大的牛犊特别困难，因为母亲们经常试图回到自己的后代身边，从而逆转了牛群的行进方向。雷宁斯用了一个特别生动形象的比喻：“将一岁大的牛犊卖出后我们已经走了两三天了；我们整个牛队像蜗牛爬一根光滑的圆木似的，好不容易在白天爬了好远，结果晚上又滑回来了”；同上，第535页。

58. 约翰・詹姆斯・海恩斯，同上，第246页。

59. 约翰・M. 夏普（John M. Sharpe）关于D. H. 斯奈德（D. H. Snyder）的描述，同上，第724页。

60. 詹姆斯・马里恩 . 加纳（James Marion Garner），同上，第585页。

61. W.M. 香农（W. M. Shannon），同上，第607页。

62. 贝利,《得克萨斯牛仔日志》，第5页。

63. 约翰・雅各布斯，摘自亨特及普莱斯所著《得克萨斯赶牛人》（*Trail Drivers of Texas*），第663页。

64. 约翰・M. 夏普写道：“他们让两头‘训练有素的善泳牛’带领牛群过河”。同上，第724页。

65. 汤姆・韦尔特，引自同上，第293页。

66. 约翰・C. 雅各布斯，同上，第663页。

67. 关于“牛群拖油瓶”的情况，如欲了解更多，可详见斯图尔特所著

《四十年》，第 232 页。

68. 麦考伊,《历史概述》，第 82 页。

69. 艾克 · T. 普赖尔，转引自亨特和普莱斯所著《得克萨斯赶牛人》第 367 页。

70. W.T. 杰克曼（W. T. Jackman），摘自同上，第 859 页。

71. 吉姆 · 埃里森（Jim Ellison）解释说，1868 年他第一次赶牛的时候，他们只赶了 100 头牛，按照当时的标准，这基本上"也算得上是一大群牛"；同上，第 538 页。

72. 弗莱彻和加德所著《赶牛道上》(*Up the Trail*)，第 7 页。

73. 艾克 · T. 普赖尔，摘自亨特和普莱斯所著《得克萨斯赶牛人》(*Trail Drivers of Texas*)，第 367 页。

74. 麦考伊,《历史概述》，第 95 页。

75. 弗莱彻和加德所著《赶牛道上》，第 10 页。

76. 麦考伊,《历史概述》，第 81 页。

77. 几乎每一个故事都围绕着过河和寻找水源展开。其中讲述得比较精彩的一个例子就是亨特和普莱斯所著的《得克萨斯牛道赶牛人》中第 43 页上有关 G. H. 莫尔的一段描写，另外，同一作品中第 71~88 页有关萨姆 · 邓恩 · 休斯顿（Sam Dunn Houston）的叙述也很精彩。不过，几乎所有的记录大体上都沿袭了类似的思路和结构。

78. 斯图尔特,《四十年》，第 192 页。

79. 麦考伊,《历史概述》，第 160 页。

80. 弗莱彻在其《赶牛道上》第 4 页和其他地方也都有提及。

81. 肖（Shaw),《自得克萨斯州北上》，第 39~40 页。关于牛嗅到水的说法很奇怪，却相当普遍。因为水并没有气味，他们所说的情况，也许是指牛有某种特殊的能力，可以闻到水附近存在的其他东西（比如植被等）。

82. 理查德 · 威瑟斯（Richard Withers），转引自亨特和普莱斯《得克萨斯赶牛人》(*Trail Drivers of Texas*)，第 312 页。

83. 亚当斯,《牛仔日志》(*Log of a Cowboy*)，第 60 页。

84. 同上，第 62 页。

85. 据约瑟夫 · 斯帕夫（Joseph Spaugh ）认为，极度脱水的牛会失明是"众所周知"的事实；转引自亨特和普莱斯《得克萨斯赶牛人》(*Trail Drivers of Texas*)，第 945 页。

86. 山姆 · 加纳，同上，第 522 页。

87. 同上，第 523 页。

88. 弗莱彻和加德,《赶牛道上》，第 40 页。

89. 同上，第 41 页。

90. 布莱文（Blevins）,《字典》(*Dictionary*)，第 309 页。

91. A. 哈夫迈耶，转引自亨特及普莱斯所著《得克萨斯赶牛人》，第 263 页：“我们每个人都竭尽全力，最后才把它从流沙中拉了出来，流沙就在我们身后，我们不得不奋力往前赶，以尽力避开流沙。”另见肖《自得克萨斯州北上》，第 38 页。亚当斯（Adams）《牛仔日志》(*Log of a Cowboy*）第 11 章也有一段有关牛落入沼泽的虚构描述，“陷阱密布的泥沼（A Boggy Ford）”，详见第 158~176 页。除上述例子之外，英语中甚至还专门有一个短语“pull bog”，详见布莱文（Blevins）《字典》(*Dictionary*)，第 296 页。

92. G. H. 莫尔，转引自亨特和普莱斯《得克萨斯赶牛人》(*Trail Drivers of Texas*)，第 43 页。

93. 肖,《自得克萨斯州北上》，第 37 页。

94. 麦考伊,《历史概述》，第 97 页。

95. 关于野牛引发牛群受惊的情况，请参见肖《自得克萨斯州北上》，第 58 页。然而，踩踏事故也可能毫无征兆地突然发生。W. D. H. 桑德斯（W.D.H. Saunders）声称，牛群在田野里悠闲地吃着草，“突然，一堆干草惊着了它们，由此引发了一场踩踏事故”，转引自亨特和普莱斯《得克萨斯赶牛人》，第 267 页。

96. 麦考伊,《历史概述》，第 99~100 页：“在多雨、多风暴的季节，牛群一到多云或多风暴的夜晚就往往发生踩踏。”

97. 贝利,《得克萨斯牛仔日志》，第 11 页。

98. 同上，第 15 页。

99. 同上，第 16 页。

100. 肖,《自得克萨斯州北上》，第 47 页。

101. 乔治 · W. 布洛克转引自亨特和普莱斯《得克萨斯赶牛人》，第 221 页。

102. 弗莱彻和加德,《赶牛道上》，第 33 页。

103. 同上，第 16 页。

104. 同上，第 16~17 页。

105. 同上，第 48 页。

106. 所有这些赶牛大道都被广泛报道过，也许最负盛名的一条就是奇肖姆赶牛大道。韦恩 · 加德（Wayne Gard）的书中关于这一主题的参考书目有 300 多个。详见加德《奇肖姆赶牛大道》(*Chisholm Trail*)。即使在加德著作 1954 年首版之后的十余年里，人们对这个话题也依然兴趣不减。见贾格尔（Jager）《言语如山》（*Mountain of Words*）。

107. 亨特和普莱斯,《得克萨斯赶牛人》，第 470 页。

108. V. M. 卡瓦哈尔（V. M. Carvajal），引述于同上，第 549 页。

109. 同上，第 982 页。当时他正在汇报自己从约翰·祁苏姆以及手下人处得到的消息，并以此解释为什么自己的赶牛小队在穿过印第安地区时会特别警觉小心。

110. A. 哈夫迈耶，引自同上，第 265 页。

111. 托马斯·韦尔特，同上，第 294 页。

112.《西班牙热大恐慌》（*Spanish Fever Scare*），刊载于 1884 年 8 月 8 日《西部纪事报》（*Western Recorder*）。

113.《肉牛间传播的得克萨斯牛瘟》（*Texas Fever among Cattle*），刊于 1884 年 7 月 30 日《纽约时报》（*New York Times*）。另见 1873 年 7 月 29 日《纽约时报》所载《得克萨斯牛瘟蔓延》（*The Texas Cattle Fever*）一文。“丧”（droop）或“丧气沉沉”（droopy）是当时人们在描述得克萨斯牛瘟症状时最常使用的两个形容词。

114. 斯卡格斯,《赶牛行业》，第 106 页。

115. 全国肉牛养殖人协会（National Cattle Growers' Association）《会议记录》（*Proceedings*），第 108 页。

116. 有关动物产业局起源以及围绕疾病、国家权力和科学权威等问题所产生的种种冲突的概述，请参阅奥姆斯特德（Olmstead）与罗泽（Rohde）所著《阻断传染病蔓延之路》（*Arresting Contagion*）。

117. 萨尔蒙,《得克萨斯牛瘟》（Texas Fever），第 293 页。

118. 全国肉牛养殖人协会《会议记录》，第 105 页。

119. 同上，第 112 页。围绕如何科学地理解得克萨斯牛瘟这一问题上的这一分歧，也并不完全是得克萨斯州牧场经营行业利益集团纯粹机会主义的看法；双方都存在怀疑主义思想。当沃赞克拉夫特（Wozancraft）博士介绍他自己关于这一疾病的见解时（他认为隔离检疫立法受到了误导），那些支持隔离检疫的人将之称为“数量庞大的骗子们中的一员”;《养殖人报》第 9 期（1886 年 4 月 15 日）：第 532 页。

120. 麦考伊,《历史概述》，第 151 页。

121. 有关围绕得克萨斯牛瘟起源问题所引发的困惑更详尽的介绍，请参阅哈文斯（Havins）所著《得克萨斯牛瘟》（*Texas Fever*）。

122.《肉牛热瘟深度剖析》(*More of the Cattle Fever*)，刊于 1884 年 9 月 8 日《纽约时报》。

123. 加伦森（Galenson），《赶牛之旅》(*Cattle Trailing*)，第 461 页。

124. 麦考伊，《历史概述》，第 188 页。

125.《被激怒的得克萨斯州牧民》(*Texas Cattlemen Aroused*)，刊于 1885 年 11 月 29 日《纽约时报》。

126. 早在 1868 年，就曾针对得克萨斯牛瘟问题召开过一次大型集会，尽管参与者通过会议对该疾病有了一个基本的了解，但最终所得出的结论远谈不上属于常识范畴。参见斯诺（Snow）所著《肉牛委托商大会》(*Convention of Cattle Commissioners*)。

127. J. E. 哈雷（J. E. Haley），《得克萨斯牛瘟》(*Texas Fever*)。

128. 查尔斯・古德奈特致牧场信函，引文出处同上，第 42 页。当然，古德奈特所在地位于得克萨斯州北部（紧邻得克萨斯牛瘟的流行区），官方正式颁布的隔离措施并不真正构成一个政治问题，但他的态度则明显反映了一种普遍存在的情绪。

129. 奥斯古德在其《养牛人的一天》第 165~170 页侧重介绍了胸膜肺炎疫情在这一过程中所发挥的作用。

130. 全国肉牛养殖人协会《会议记录》，第 41 页。

131. 同上，第 45 页。

132. 同上，第 50 页。

133. 同上，第 84 页。

134. 除强力谴责反对就得克萨斯牛瘟实施限制措施的那些人之外，《养殖人报》还对由于隔离规章不规范、执行不力等原因所导致的乱象耿耿于怀。有关州一级解决方案"恼人且尴尬"的问题，请参见《养殖人报》第 5 期（1884 年 5 月 22 日）第 788 页《"规范"得克萨斯牛瘟疫情管理》("*Regulating*" *Texas Fever*）一文。

135. 49 Cong. Rec. 17, pt. 4, 3936 (1886 年 4 月 28 日).

136. 斯卡格斯，《赶牛行业》，第 120 页。

137. 加伦森，《赶牛之旅》，第 463 页。

138. 斯特罗姆（Strom），《得克萨斯牛瘟》(*Texas Fever*)，第 55 页。

139. 被剥夺了肉牛所有权这一论据是斯特罗姆在《得克萨斯牛瘟》一书中表达的核心观点。小农场主们对政府要求将肉牛赶进大锅浸泡消毒的强制性规定非常反感，往往频频对这些设施进行破坏，并威胁政府安排的兽医；同上，第 49~74 页。另也可参见斯特罗姆所著《等待鲶鱼上钩》(*Making Catfish Bait*)。

140. 有关约瑟夫·麦考伊及奇肖姆赶牛道(Chisholm trail)的研究,最权威的著作就是谢罗编写的《奇肖姆赶牛道》(*Chisholm Trail*)一书。

141. 近年来有关美国西部小镇商人的研究似乎略显欠缺。如欲了解早期的研究成果,可参见阿瑟顿(Atherton)所著《边疆商人》(*Frontier Merchant*)、《先驱商人》(*Pioneer Merchant*)等。如果希望了解这一方面研究相对近期内的发展状况(其中观点认为,围绕这一主题上还有很多东西有待挖掘和著述),可参阅林达·英格利希(Linda English)所著《得克萨斯及印第安人地区生活杂谈》(*By All Accounts*)。

142. 有关各商号的具体名称及主打风格,可参见戴克斯特拉(Dykstra)《肉牛小镇》(*Cattle Towns*),第 87 页。

143. 有关这一方面内容的概要介绍,请参见卡罗尔·伦纳德(Carol Leonard)与威廉(Walliman)所著《卖淫及道德观念的变迁》(*Prostitution and Changing Morality*)。

144. 欲了解早期关于埃尔斯沃斯镇情况的介绍,请参见斯特里特(Streeter)《埃尔斯沃斯镇》(*Ellsworth*)。我在《遥远的未来》(*Future in the Distance*)一文中对埃尔斯沃斯镇的故事也做了更为详尽的探讨。在这里也要特别感谢那篇文章的某位匿名读者,他就我在文中的某些说法提出了不同意见,并提供了有关该镇情况的一些极具价值的信息。

145. 戴克斯特拉,《肉牛小镇》,第 31~34 页。

146. 同上,第 34~35 页。

147. 威廉·希格森公司(William Sigerson & Company),《致牛主人及经销商的函》(*To Cattle Owners and Dealers*)(圣路易斯,1869 年),纽伯里图书馆埃弗里特·D. 格拉夫馆藏部(Everett D. Graff Collection)。

148. 加德,《奇肖姆赶牛道》,第 100 页。

149. 麦考伊,《历史概述》,第 57 页。

150. 戴克斯特拉,《肉牛小镇》,第 38 页。

151. 堪萨斯 – 太平洋铁路公司,《堪萨斯 – 太平洋铁路指南》(*Guide to the Kansas Pacific Railway*)(示意图)(1872 年),堪萨斯历史学会(Kansas Historical Society),查询号:K Port 385 Un3 W528,第 9 文件柜。

152. 同上,第 41 页。

153. 这则故事一开始很可能只是一个道听途说的轶事趣闻,经人口口相传之后广泛流传开来。比方说,可参见加德《奇肖姆赶牛道》,第 187 页。

154. 戴克斯特拉（Dykstra），《肉牛小镇》（*Cattle Towns*），第 41 页。

155. 关于人行专用道上的说法疑点很多，不过也挺有意思。它实际的意思很可能是说这是堪萨斯市西部城区唯一的一条人行专用道。1870 年的时候，丹佛市极有可能已经拥有了人行专用道，而在加利福尼亚，这一点更是绝对不容怀疑。

156. 同上，第 163~168 页。

157. 沃瑟斯特，《奇肖姆赶牛道》，第 127 页。

158. 麦考伊，《历史概述》，第 57 页。

159. 公平地说，这一欺诈行为的始作俑者很可能是堪萨斯 – 太平洋铁路公司负责推广的员工，而不大可能是埃尔斯沃斯镇的居民。

160. 有关肉牛运输技术及相关担忧的精彩概述，可参见 J. 怀特（J. White）《优雅时尚的旅程》（*Riding in Style*）一书中涉及肉牛伤害情况的介绍，第 266 页。

161. 同上，第 267 页。

162. 克莱曼，《美国牲畜及肉类产业》，第 197 页。

163. 同上，第 200 页。

164. J. 怀特在其《优雅时尚的旅程》第 269 页处提供了一段精彩的描述和一幅精美的图片。

165. 这是参议院畜牧业调查委员会所发现的一个问题。欲了解更多详情，请参阅克莱曼《美国牲畜及肉类产业》，第 200 页。

166. 19 世纪末期，一种设计相对简单、专供运输牲畜使用的车厢［俗称“运牲车”（stock cars）］倒是的确变得非常流行，不过，这种车厢看起来基本类同于标准车厢，只是中间增加了隔板，通风状况略有改进。至于上述那种设计相对更完善的车厢，从来就没有得到广泛使用。

167. 罗德岛铁路公司（Rhode Island Railroad）专员，《年度报告》（*Annual Report*），第 105 页。

168. 每头牛 25 美分这一费率是堪萨斯市相对普遍的收费标准。有关堪萨斯市牲口围栏整体情况的详细描述，可参阅堪萨斯市牲口围栏总监哈里 · P. 奇尔德（Harry P. Child）在韦斯特调查委员会（Vest Committee）所作证词。具体内容详见特别委员会（Select Committee）《运输及销售》（*Transportation and Sale*），第 376 页。

169. 有关刺杆及肉牛死亡情况的冗长、详尽描述，请参见克莱曼《美国牲畜及肉类产业》，第 195~197 页。

170. 萨默维尔 1883 年 1 月 19 日致麦凯信函，收录于邓迪档案第 1 号文件柜第 1 箱。

171. 有关“综合资讯情报处”的说法来自某委托商人，转引自斯卡格斯《赶牛行业》，第 76 页。这估计只是一种相对乐观的解读，或者说反映的只是一种理想情况下的情形。关于成本估算的详细内容，参见特别委员会《运输及销售》，第 497 页。有关 5%~10% 这一定价标准，可参见斯卡格斯《赶牛行业》，第 76 页。

172. 美国牲口委托公司 1889 年 7 月 18 日致萨默维尔信函，收录于斗牛士土地与肉牛公司档案总部卷，第 8 号文件柜第 13 箱。

173. 萨默维尔 1888 年 11 月 1 日致亨特 – 伊文斯公司信函，收录于斗牛士土地与肉牛公司档案总部卷“往来信函辑”（Letter Press Book）第 13 箱。

174. 亨特在政治上非常活跃，在众多养牛人联合会的会议纪要中都可以找到他的名字，他甚至还曾在韦斯特调查委员会作证：参见特别委员会《运输及销售》，第 178 页。关于亨特及其公司的详细情况，可参见斯卡格斯《赶牛行业》，第 78~84 页。

175. 萨默维尔 1883 年 1 月 19 日致麦凯信函，收录于邓迪档案第 1 号文件柜第 1 箱。

176. 1888 年 2 月 12 日致埃斯普埃拉土地与肉牛公司主席信函，收录于埃斯普埃拉土地与肉牛公司斯普尔牧场（Espuela Land and Cattle Company-Spur Ranch）档案，第 3 文件柜第 5 箱。

177. 相关详细信息，请参见哈兹利特（Hazlett）《混乱与阴谋》（*Chaos and Conspiracy*）及奥尔森（Olson）《监管》（*Regulation*）。

178. 哈兹利特,《混乱与阴谋》，第 134 页。

179. 同上，第 137 页。

180. 同上，第 140 页。

181. 同上，第 144 页。

182. 凯勒（Cuyler）1891 年 7 月 31 日致麦凯信函，收录于邓迪档案，第 7 文件柜第 2 箱。

183. 亚历山大 · 麦克纳布（Alexander Mcnab）1889 年 7 月 1 日信函，收录于埃斯普埃拉土地与肉牛公司斯普尔牧场档案，第 3 文件柜第 5 箱。

184. 1887 年 9 月 1 日致萨默维尔电报，收录于邓迪档案，第 10 文件柜第 1 箱。

185. 萨默维尔 1887 年 12 月 6 日致麦凯信函，收录于邓迪档案，第 11 文件柜第 1 箱。

186. 特别委员会,《运输及销售》，第 6 页。

187. 同上，第 183 页。

188. 同上，第 299 页。

189. 同上，第 376 页。

190. 同上，第 212 页。

191. 同上，第 4 页。

192. 同上，第 268 页。

193. 得克萨斯州养牛者协会（Texas Cattle Raiser's Association）所提供资料中的会议记录（文件日期可能早于该协会成立日期），收录于西南馆藏部得克萨斯州西北片区养牛者协会分部，第 1 号文件柜。

194. 斯科特,《透过执政者的眼睛看世界》(*Seeing like a State*)。

195. 辛（Tsing）,《供应链》(*Supply Chains*)。

196. 有关详细信息，请参见康德拉（Condra）及莱布（Leib）所著《农舍食品法》(*Cottage Food Laws*) 导言部分。这一观点并非旨在对政府有关食品行业监管问题的主张进行攻击（尽管为了达到攻击政府政策的目的，人们频繁引用的论据恰恰就是这一点）。相反，这一观点意在表明，围绕美国食品生产行业的整体样貌及规模展开讨论非常有必要。

第四章

1. 准确地说,“四大”被指控兼具“买方寡头、卖方寡头”双重性质。也就是说，在供应链的一端，他们充当相互勾连、串通的少数几家买主，操控了肉牛收购生意；而在另一端，他们同时又充当相互勾连、串通的少数几家卖主，操控了牛肉销售生意。

2. “绳子的两头”这一说法曾出现于多份证词之中；比如说，可参见，参议院特别委员会《运输和销售》(*Transportation and Sale*)，第 267 页。另一段引文出处同上，第 455 页。19 世纪末期，规模最大的几家肉类加工公司通常被称为“四大”。随后，在 20 世纪初，这一说法涵盖的内容曾有所扩展，相继出现过“五大”“六大”等不同表达。

3. 同上，第 477 页。

4. 这段引文出现在一份书面声明中，阿默曾以此为由，为他所谓的“不同规则”予以辩护，主张人们现在必须根据这些规则来评估他所在的行业。同上，第 434 页。

5. 克莱曼《美国牲畜及肉类产业》，第 6~7 页。

6. 同上，第 9 页。

7. 同上，第 243 页。

8. 关于肉类加工行业的文献存在于组织 – 技术叙事框架之中。参见玛丽·耶格尔（Mary Yeager）在这一方面极具开创性价值的作品《竞争与监管》（*Competition and Regulation*）。在她更早期时针对这一主题所著的文章中，核心主题也基本与此相同；参见耶格尔·库乔维奇（Yeager Kujovich）《冷冻车厢》（*Refrigerator Car*）。耶格尔对社会矛盾与冲突做了追踪研究，而得出的推论却只是冷冻车厢的出现加剧了这一冲突。虽然我基本上同意她的分析，但这里有一个侧重点的问题：她将肉类加工商得以战胜其竞争对手的原因归结于技术的使用；而我则倾向于将重点放在相反的一面：技术之所以能够提高效率，只是因为某些做法及法律改革获得了成功，而其他的则最终走向了失败。从阿尔弗雷德·钱德勒在其《看得见的手》（*Visible Hand*）第 12 章中对斯威夫特公司的分析中，也可以清楚看到这一侧重技术 – 组织因素的视角。有关相对更新的文献，请参阅佩伦（Perren）《口味、贸易和技术》（*Taste, Trade and Technology*）。佩伦在其导言中明确表示，有关肉类加工行业的文献都过于关注对商业实践、卫生等问题的批评，他的这一观点完全正确。不过，他把这些批评视为次要问题，而我则认为，要想全面了解肉类加工行业的最终形态，探讨这些辩论就是必不可少的步骤。尽管如此，佩伦在其书中提供了我们迫切需要的全球视角，并对口味偏好、阶层和市场细分等问题进行了非常深入、有力的分析。与此类似，罗杰·霍洛维茨（Roger Horowitz）《把肉摆上美国餐桌》（*Putting Meat*）一书将消费和生产联系起来，这一点做得非常有理有据，但他在书中低估了社会冲突在塑造食品生产体系的过程中起到的作用。不过，其作品涵盖了多种不同肉类的生产，为当前我们的故事提供了非常重要的背景。霍洛维茨在其《黑人和白人》（*Negro and White*）一书中对（屠宰场中）的各种矛盾和冲突也做了非常深入的探讨。

9. 有关本处所述这一事件的更详细介绍，请参阅伊利诺伊州最高法院《案例报告》（*Reports of Cases*）中关于“斯威夫特公司诉卢特考斯基案”（*Swift & Company v. Rutkowski*）（1897 年）的内容，第 156~161 页。

10. 童工现象在那段时期相当普遍，而且在大多数情况下都不会成为值得关注的问题。工人们更关心的是安全问题（诸如本文所述这类），而不是对童工福祉的整体关注。19 世纪末期是童工现象成为社会问题的一个关键时间节点，部分原因是［据詹姆斯·施密特（James Schmidt）认为］某些家庭针对工伤事故提出了索赔。参见施密特（Schmidt）《产业暴力》（*Industrial Violence*）。

11. 伊利诺伊州最高法院《案例报告》（*Reports of Cases*），第 157 页。

12. 同上，第 159~160 页。最高法院的裁决推翻了下级法院的决定，但并未裁定今后不再重新审理此案。受伤多年后，卢特考斯基只得到了一笔微不足道的赔偿金。有关本案最终进展的信息，请参阅伊利诺伊州上诉法院《案例报告》，第 108~116 页。

13. 查找有关文森茨·卢特考斯基档案记录的过程非常不容易。据资料判断，他可能出生于 1879 年左右，很小时候就从波兰移民来到美国，一生中大部分时间都生活在芝加哥。他大概于 1901 年去世，年仅 22 岁。无法判断他英年早逝是否与受伤经历有关。其中某些事实也可能不太准确，但这段描述主体基于一份 1901 年的死亡记录，当事人名为文森·卢特考斯基，1879 年出生于波兰，居住在芝加哥，1892 年时记录的年龄大致正确。

14. 杰登（Giedion），《机械化为王》（*Mechanization Takes Command*），第 93~94 页。

15. 福特与克劳瑟（Crowther），《我的生活和工作》（*My Life and Work*），第 81 页。

16. 阿默公司纪念手册。有关屠宰技术演变的详细信息，请参阅克莱曼《美国牲畜及肉类产业》。

17.《科学美国人》第 58 卷，第 24 期（1888 年 6 月），第 376 页，《牛肉、血液和骨头》（*Beef, Blood, and Bone*）；也可参见克莱曼《美国牲畜及肉类产业》、康蒙斯（Commons）《劳动条件》（*Labor Conditions*）。1880 年至 1920 年，这一过程的具体细节可能因具体情况不同而有所差异，但本段描述应该能大致反映其基本运作流程。随着时间的推移，最关键的变化就是速度不断提高，工序日益精细繁杂。

18. 卡达希加工公司，《从牧场而来》（*From the Ranch*）。

19. 这一称呼与“犹大山羊（Judas goat）”的典故有关，所谓“犹大山羊”，就是引领羊群走向屠宰场的那头山羊。

20. 选自阿默公司纪念手册。

21. 这并不完全令人惊讶，因为读者可以从屠宰场的创新中发现的新奇之处往往比可以从运作屠宰场的人身上发现的要更多。在某种程度上，即便偶有提及劳工之处，他们也往往被描述得如同机器人或昆虫。比如，《牛肉、血液和骨头》中就曾出现过“人类蜜蜂”（human bees）这一描述。

22. 巴雷特（Barrett）《工作与社区》（*Work and Community*），第 30 页。

23. 玛格丽特·沃尔什（Margaret Walsh）在《中西部肉类加工行业》（*Midwestern Meat Packing Industry*）中将“克服季节周期”作为其核心论点。这点没错，不过，就劳动力被边缘化问题而言，季节性波动依然是一个非常重要的因素。

24. 巴雷特《工作与社区》一书对肉类加工厂外拥挤的找工作人群做了进一步描述。另也可参见布什内尔（Bushnell）《社会问题》（*Social Problem*），第 26 页。有关牲畜饲养场周围社区之间的关系、屠宰场内部情形的两份有意思的研究，请参见帕奇加（Pacyga）《屠宰场》（*Slaughterhouse*）及韦德（Wade）《芝加哥的骄傲》（*Chicago's Pride*）。

25. 摘自《怀疑与恐惧》（*Doubts and Fears*），发表于 1886 年 11 月 15 日号《国际海洋日报》（*Daily Inter-Ocean*）。

26. 康蒙斯,《劳动条件》，第 14 页。

27. 巴雷特《工作与社区》，第 27 页。有关“十选一”的估计来自康蒙斯的《劳动条件》第 7 页。

28. 工头欧内斯特·普尔（Ernest Poole），转引自巴雷特《工作与社区》，第 28 页。

29. 康蒙斯在其《劳动条件》中对这些薪酬稍高的工头可能带来的好处做了详细讨论，尤见其中第 7 页：“假如公司将这少数几个特殊岗位弄得让工人们趋之若鹜，并且让这些人忠心耿耿地为公司效命，那么少数想搞破坏的人就会让自己站到好几百名工人的对立面，即便有人存心搞破坏，损失也将非常微小；而且，他们本就不高的平均工资还可以进一步降到 21 美分，而如果所有人都是全能屠夫，平均工资就要达到 35 美分。”

30. 劈畜工负责将动物劈成两半或四分之一，再由其他人分别加工。这一工作不仅非常费力，而且需要十分细致；因为如果劈不好，肉的价值也会相应受损。

31. 康蒙斯,《劳动条件》，第 7 页。

32. 韦德,《芝加哥的骄傲》，第 235 页。

33. 同上，第 241 页。有关“草市广场事件”的详细概述，请参阅格林（Green）《草市广场死亡事件》（*Death in the Haymarket*）。

34.“劳工骑士”组织代表大会《会议记录》，第 1479 页。

35. 有关这支执法力量隶属于国民警卫队的说法，参见韦德《芝加哥的骄傲》，第 235 页。

36.“做好准备，迎接战斗”（Ready for Conflict），发表于 1886 年 11 月 9 日

号《国际海洋日报》（*Daily Inter-Ocean*）。

37.“劳工骑士”代表大会《会议记录》，第 1481 页。

38.“牲畜围栏工人大罢工”（Stock Yards Strike），发表于 1886 年 10 月 15 日号《国际海洋日报》。

39.“牲畜围栏工人大罢工”，发表于 1886 年 10 月 14 日号《国际海洋日报》。这里所提到的“债券”指的是企业为了满足短期现金需求而推行的一种短期信贷体系。债券可以从专门负责发行贷款的企业购买，并约定在一定期限内予以偿还。有阴谋论称，阿默公司实质上相当于在向小型肉类加工公司提供一系列短期贷款，以确保后者按照其要求行事。

40.“做好准备，迎接战斗”（Ready for Conflict），发表于《国际海洋日报》（*Daily Inter-Ocean*）。

41. 韦德，《芝加哥的骄傲》，第 253~254 页。

42. 如欲更多了解有关“草市广场事件”与当时社会对劳工的看法两者间的关系，参见潘特（Painter）《站在世界末日》（*Standing at Armageddon*），尤见第 2 章。有关“草市广场事件”与肉类加工厂工人之间具体关系的信息，见韦德《芝加哥的骄傲》，第 257 页。

43. 亚当·斯密对流水线工作产生的影响曾有过担忧。不过，他的担忧更多关注的是这些问题的副作用：简单、重复性任务对工人而言不构成任何挑战，因而可能导致不快乐。为此，他曾提倡实行一种原始的福利型国家制度。有关亚当·斯密关于宏观社会保障观点的更多信息，请参阅罗斯柴尔德《社会保障》（*Social Security*）。然而，亚当·斯密并未强调“生产力的提高根植于采取更有效的方式加强对工人的压迫”这一事实。

44. 如欲了解当代有关这些问题的非常精彩的讨论，参见帕奇拉特（Pachirat）的《每 12 秒》（*Every Twelve Seconds*）。而如果想要了解有关这些问题最通俗、最流行的讨论，参见施洛瑟（Schlosser）的《快餐之国》（*Fast Food Nation*）。

45. 这一发现与理查德·怀特（Richard White）在《铁轨所到之处》（*Railroaded*）中所述观点基本吻合。与我本文观点相似，怀特认为，铁路存在过度建设问题，而且正是铁路线路大量存在，才使得白条牛肉的运输成为可能。

46. 苏瑟兰设计的冷冻车厢获得了专利，专利号为 #71423；美国专利专员《年报》，第 1386 页。据克莱曼《美国牲畜及肉类产业》第 218 页显示，苏瑟兰为美国第一个专利获得者。然而，随着冷冻车厢的发展，当时曾出现过各方一窝蜂涌入的情况。例如，1867 年 6 月 7 日的《纽约时报》就曾报道过“莱曼式白条牛肉运输专用通风车厢”。

47. 随着时间推移，改良版的冷冻车厢大大改善了通风条件，采用融化速度较慢的冰混合物制冷，隔热性能也大大提高。20 世纪出现了机械制冷技术，使得在冷冻车厢运输线路沿途设置冰站的做法不再必要。参见 J. 怀特（J. White）《大黄列车车队》（*Great Yellow Fleet*）及里斯（Rees）《冷冻之国》（*Refrigeration Nation*）第 4 章。

48. 冈索罗斯（Gunsaulus），《菲利普 · D. 阿默》（*Philip D. Armour*），第 172 页。

49. 耶格尔 · 库乔维奇（Yeager Kujovich），《冷冻车厢》（*Refrigerator Car*），第 465~469 页。

50. 芝加哥商品交易所，《第十八号年度报告》（*Eighteenth Annual Report*），第 19 页。

51. 干线行政委员会（Trunk Line Executive Committee），《相对成本》（*Relative Cost*），第 5 页。有关这场争端，另一部作品也作了很好的概述，参见耶格尔 · 库乔维奇《冷冻车厢》。

52. 干线行政委员会，《相对成本》，第 38 页。

53. 同上，第 30 页。

54. 会议结束时，与会者一致同意，活畜费率应为 40 美分，白条牛肉价格应介于 70 至 86 美分之间。会议任命了一个专家小组，最终确定了 40~70 美分这一价差。如欲更多了解相关详情，请参阅克莱曼《美国牲畜及肉类产业》（*American Livestock*），第 240~241 页。

55. 这组数据来自大干线铁路公司，1886 年 4 月 30 日“总裁讲话逐字实录”（Verbatim Report of the President's Speech），第 13333 卷，第 31 页。收录于加拿大图书馆和档案馆（Library and Archives Canada）“记录组别第 30 号”。

56. 同上。

57. 大干线铁路公司 1885 年“董事会第六号年度报告”，第 13331 卷，第 258 页，“记录组别第 30 号”。

58. 大干线铁路公司“总裁讲话逐字实录（Verbatim Report of the President's Speech）”，第 13332 卷，第 20 页，“记录组别第 30 号”。

59. 芝加哥及大干线铁路公司“董事会提交股东的第三次年度报告”，1883 年，载于《芝加哥及大干线铁路公司会议记录簿第 1 卷》，第 860 卷，第 170 页，“记录组别第 30 号”。有关 1885 年的相关评论，请参见 1885 年《董事报告草稿》第 231 页，出处同上。

60. 干线行政委员会（Trunk Line Executive Committee）《相对成本》（*Relative Cost*）全书，主要可参见第 22、24 页。

61. 大干线铁路公司“常规性半年期股东大会会议纪要逐字实录（1883 年 10 月 25 日于伦敦坎农街城市航站酒店举行）”，1883 年 10 月 25 日，第 13332 卷，第 12 页，“记录组别第 30 号”。

62. 大干线铁路公司 1887 年 10 月 13 日“总裁讲话逐字实录”，第 13333 卷，第 10 页，“记录组别第 30 号”。

63. 大干线铁路公司 1888 年 4 月 24 日“总裁讲话逐字实录”，第 13333 卷，第 16 页，“记录组别第 30 号”。

64. 同上，第 17 页

65. 大干线铁路公司 1888 年 6 月 7 日“会议记录报告”，第 13333 卷，第 29~30 页，“记录组别第 30 号”。

66. 芝加哥及大干线铁路公司“截至 1891 年 12 月的年度报告”（底特律，1892），第 13331 卷，第 11 页，“记录组别第 30 号”。

67. 大干线铁路公司“截至 1900 年 6 月 30 日的半年报告”，第 13332 卷，第 8 页，“记录组别第 30 号”。

68. 国会、参议院及肉制品运输与销售特别委员会《运输和销售》，第 75 页。

69. 同上，第 577 页。

70. 同上，第 598 页。

71. 同上，第 602 页。

72.《保护明尼苏达的屠户》（*To Protect Minnesota Butchers*），发表于 1889 年 3 月 10 日《纽约时报》。

73. 如欲更多了解巴伯案以及其他相关司法纷争的详细信息，请参阅麦柯迪（McCurdy）《美国法律》（*American Law*）。

74. 虽然这段引文的整体内容未必完全可信，而且“四大”短期内也的确发挥过零售屠户的作用，阿默在特别委员会面前所做的证词却有助于解释其公司与零售屠户之间的关系：“我的公司不从事零售业务，而且除一次特殊情况之外，从来都不曾与零售屠户构成竞争关系，此外，在某一座城市里，只有当不合理的抵制活动危及我们的利益时，在万不得已的情况下，这种情况才可能发生。”特别委员会《运输和销售》，第 445 页。

75. 同上，第 169 页。

76. 同上，第 171 页。

77. 同上，第 486 页。

78. 同上，第 6 页。这是韦斯特委员会所能找到的、可用于定罪的最有力的证明文件之一。

79. 这只是其中的几个例子。韦斯特委员会还发现了其他很多例子。比方说，还可参见 P. F. 莫里斯（P. F. Morrissey）的证词，出处同上，第 260 页。此外，在同一份资料中第 118 页，列维・塞缪尔斯（Levi Samuels）也就掠夺性定价进行了探讨。

80. 同上，第 446 页。

81. 同上，第 455 页。

82. 同上，第 446 页。

83. 同上，第 169 页。

84. 同上，第 170 页。

85. 同上，第 407 页。

86. 同上，第 444 页。

87. 同上，第 144~145 页。

88. 同上，第 152 页。有关阿克伦市的故事出现于克罗农《自然的大都市》（第 242~243 页），旨在说明消费者对廉价白条牛肉感觉是何等兴奋。

89. 特别委员会《运输和销售》，第 150 页。

90. "没有心肝的公司""猛兽一般的垄断机构"这两个引语取自联合会主席托马斯・阿默（Thomas Armour）在呼吁召开会议时所使用的文字，1886 年 3 月 9 日，《纽约时报》曾以《为了自保，传统屠户在行动》（*Butchers to Protect Themselves*）为题对此做过报道。

91. 特别委员会《运输和销售》，第 150~151 页。

92. 其中许多都发生在州一级层面，不幸几乎没有留下任何档案记录。有文献曾偶尔提及艾奥瓦州某屠户保护协会。在 19 世纪时的其他某些期刊中，零零星星偶尔也有内容提及，表明密歇根州、肯塔基州和其他州也有类似协会。此外，各地还成立了许多小型的地方性屠户委员会，以鼓动各地制定屠宰条例。例如，可参见 P. F. 莫里斯（P. F. Morrissey）在特别委员会《运输和销售》中的证词，第 260 页。

93.《屠户自护行动》（*Butchers Protecting Themselves*），发表于 1884 年 3 月 16 日号《纽约时报》。

94.《对某屠户同行的抵制》（*Boycotting a Fellow Butcher*），发表于 1884 年 7 月 7 日号《纽约时报》。

95. 除明尼苏达州之外，据麦柯迪所著《美国法律》（644 页）介绍，科罗拉多、印第安纳等州也通过了检验检疫法。

96. 特别委员会,《运输和销售》，第 134 页。

97. 耐人寻味的是，在这方面的先驱居然是“四大”以及辛格缝纫机公司（Singer Sewing Machine Company）。同样可参见麦柯迪所著《美国法律》。麦柯迪一文旨在为特定法律框架在大型企业崛起过程的中心地位进行辩护，而很少强调交通技术改进在创造一个横跨整个大陆的市场过程中所发挥的作用。我个人比较认同这一观点，因为它对过度强调组织与技术在全国性市场形成过程中所起到的作用这一做法进行了批判；相反，它更重视社会矛盾和冲突在全国性市场形成过程中所起到的作用，具体包括法庭、工厂、西部牧场、商店等所有场景中的矛盾和冲突。

98. 法院在巴伯一案中的裁决曾怀疑，实行当地检验检疫制度有助于确保公共安全这一观点是否真的“普遍受到欢迎”。巴伯案裁定，出处同上，第 647 页。

99. 同上。

100. 特别委员会,《运输和销售》，第 134 页。

101. 同上，第 503 页。

102. 同上，第 504~505 页。

103. 同上，第 511 页。

104. 同上，第 88 页。

105. 同上，第 212 页。

106. 同上，第 387~388 页。

107. 同上，第 131 页。

108. 同上，第 132~133 页。

109. 特别委员会举行听证会期间，法律纠纷仍在继续。事实上，有一些迹象表明，对于最高法院后来做出的取消当地检验检疫措施的裁决，多位调查人员感到非常意外。无论如何，与其说他们真正关心的是这些措施是否合乎宪法，不如说更关心这些措施推广之后在消费者中可能引发怎样的后果。

110. 同上，第 135 页。

111. 同上，第 140 页。

112.《谢尔曼反垄断法》是一项里程碑式的立法，允许政府调查、惩罚和阻止一切不利于商业竞争的行为。有关该法案的研究，最具开拓性意义的当属拉特文（Letwin）《法律与经济政策》（*Law and Economic Policy*）。如欲了解经济学家在反垄断法与肉类加工商关系问题方面的近期研究，请参阅利贝卡普（Libecap）《芝加哥肉类加工商》（*Chicago Packers*）。

113. 斯威夫特公司诉美国政府案，196 U.S.375（1905 年）。

114. 斯威夫特公司诉美国政府案，196 U.S. 400。

115. 作家杰克·伦敦（Jack London）在一篇评论中将之描述为“工薪奴隶的《汤姆叔叔的小屋》”。参见穆克吉（Mookerjee）《揭发丑闻和名声》（*Muckraking and Fame*），第 72 页。

116. 厄普顿·辛克莱《生命于我的意义》（*What Life Means to Me*），登载于 1906 年 10 月 31 日《大都会》（*Cosmopolitan*）第 41 卷，第 594 页。

117. 阿默在特别委员会的证词,《运输和销售》，第 434 页。

第五章

1.“华盛顿市场日景与夜景”，刊于 1874 年 7 月 27 日《纽约时报》。如欲更多了解当时有关华盛顿市场及 19 世纪东海岸广义食品市场早期历史的相关作品，请参阅德·沃（de Voe）《市场手册》（*Market Book*）、《市场助手》（*Market Assistant*）。如欲了解学术界近期在相关方面的研究视角和成果，请参阅巴尔克斯（Baics）所著《食在纽约》（*Feeding Gotham*）。

2.《华盛顿市场喜迎百年华诞》（*Centenary Blush on Washington Market*），刊于 1912 年 10 月 6 日《纽约时报》（*New York Times*）。

3.《主妇驾临华盛顿市场》（*Women Descend on Washington Market*），刊于 1912 年 4 月 4 日《纽约时报》。

4.《羊肉价格降至多年新低》,（*Lamb the Cheapest in Many Years*），刊于 1911 年 11 月 2 日《纽约时报》。

5.《硕大无朋的冻肉冷藏箱》（*A Huge Meat Refrigerator*），刊于 1911 年 10 月 10 日《纽约时报》。

6. 正是“半成品”这一特征，才使得食物成为帮助我们了解广义文化的一个重要着眼点。如欲更多了解同样将食品视作一种“半成品”商品的人类学视角，请参见 H. 帕克森（H. Paxson）,《奶酪的生命故事》（*Life of Cheese*）。

7. 我这里所说的“民主化进程”，指的是牛肉供应日益普及的现实。然而，供应日益普及并不意味着牛肉供应在任何场合下都同等普及，也不意味着它对每个人而言都代表着完全相同的意义。正如本章讨论所示，牛肉民主化进程既带来了全新的性别期望，同时也带来了全新的社会等级差异。

8. 迪纳（Diner）所著《如饥似渴望美国》（*Hungering for America*）可谓是这方面最优秀的参考资料。

9. 加巴基亚（Gabaccia）《我们的食物》（*What We Eat*）；罗杰斯（Rogers）《牛肉与自由》（*Beef and Liberty*）。

10. 假冒伪劣食品也是人们担忧的一个重要问题。如欲更全面了解这一时期食品污染及假冒伪劣事件的相关状况，请参阅威尔逊（Wilson）所著《欺诈》（*Swindled*）。

11. 本文刻意省略了与肥皂、蜡烛等牛肉生产副产品相关的文化史的讨论。肥皂及其他类型的牛脂产品构成了芝加哥大型肉类加工商利润的重要来源之一，同时也是某种广义文化的一个重要构成要素，其中，对优雅、精致生活的追求，对家庭的重视，均重塑了19世纪末期人们对家这一概念的理解。然而，消费者却很少将这些产品与肉牛屠宰、牛肉生产等联系起来。牛肉加工过程中这一居于核心地位的方面却遭到了忽视，这一事实清楚表明，在解释消费者运动、倡导改革等方面，牛肉的文化意义何以发挥着如此关键的作用。副产品对“肉牛－牛肉联合体”的成功（以及肉类加工厂的利润）而言均具有非常重要的作用，但如何监管“肉牛－牛肉联合体”？为什么要对它们实行监管？这些问题更多关乎的却是围绕牛肉而引发的消费者政治问题。

12. 本章的一个核心观点在于，牛肉是一种产品，它既导致了社会等级差异观念的产生，同时也催生了人们去追逐社会等级差异的心理。在研究文化在社会等级制度中的作用方面，本章讨论借鉴了布迪厄（Bourdieu）《社会区分》（*Distinction*）一书中的相关观点。

13.《牛肉价格居高不下的原因分析》（*The Cause of Dear Beef*），刊于1886年12月3日《纽约时报》。

14.《市场与杂货店》（*The Market and the Grocery Store*），刊载于《持家好手》（*Good Housekeeping*）第10期，第10页，1890年9月13日。

15. 同上。

16. 这些主要都是各种理家手册中所提供的建议。参见帕罗（Parloa）《帕罗小姐烹饪全新指南》，第9页。

17. 同上，第12~13页，第26~29页。

18.《市场与杂货店》（*The Market and the Grocery Store*），刊载于《持家好手》。

19. 同上。

20. E. 威尔科克斯（E. Wilcox），《巴克艾烹饪大全》（*Buckeye Cookery*），第421页。

21. 帕罗，《帕罗小姐烹饪全新指南》，第9页。

22. 贝歇尔（Beecher），《持家》（*Home*），第381页。也可参见《帕罗小姐烹饪全新指南》，第 9 页。

23.《市场与杂货店》(*The Market and the Grocery Store*)，刊载于《持家好手》(*Good Housekeeping*)。

24. 贝歇尔（Beecher),《成家与持家》，第 381 页。

25. 有关这一问题最经典（或许也相对悲观）的分析是塞勒斯（Sellers）所著《市场革命》(*Market Revolution*)。如欲了解相对近期、观点也相对不那么悲观的作品，请参见豪威（Howe)《上帝做了什么》(*What Hath God Wrought*)。

26. 肉的质量引起了广泛的怀疑。例如，某些德国官员声称，肉类加工商往往将质量最次的肉类装罐，由此生产出了一种可能并不健康的产品。对此，美国官员和肉类生产商均予以坚决否认。参见《美国牛肉罐头》(*American Canned Beef*)，刊于 1895 年 8 月 6 日《太阳报》(*Sun*)。

27. 有关该丑闻最全面、最详尽的概述，请参见韦德《地狱没有怒火》(*Hell Hath No Fury*)。

28. 罐装食品可能是产业化食品生产商赢得消费者信心之战的关键引爆点。有关这场斗争的详细信息，请参阅扎伊德（Zeide)《装罐保鲜》(*Canned*)。

29.《罐装毒牛肉》(*Canned Beef Poison*)，刊于 1897 年 6 月 9 日《奥林匹克晨报》(*Morning Olympian*)。

30. 利比 – 麦克尼尔 – 利比公司腌牛肉（广告卡），TC4121.0014，贝克尔图书馆。

31. 利比 – 麦克尼尔 – 利比公司腌牛肉（广告卡），TC4121.0043，贝克尔图书馆。

32. 利比 – 麦克尼尔 – 利比公司腌牛肉（广告卡），TC4121.0044，贝克尔图书馆。

33. 利比 – 麦克尼尔 – 利比公司腌牛肉（广告卡），TC4121.0030，贝克尔图书馆。这张广告卡同时也制作了法语版（制作量很可能还很大)：利比 – 麦克尼尔 – 利比公司腌牛肉（广告卡），TC4121.0031，贝克尔图书馆。

34. 利比 – 麦克尼尔 – 利比公司腌牛肉（广告卡），TC4121.0026，贝克尔图书馆。

35. 利比 – 麦克尼尔 – 利比公司腌牛肉（广告卡），TC4121.0019，贝克尔图书馆。

36. 利比 – 麦克尼尔 – 利比公司腌牛肉（广告卡），TC4121.0018，贝克尔图书馆。

37. 利比 – 麦克尼尔 – 利比公司腌牛肉（广告卡），TC4121.0015，贝克尔图书馆。

38. 有关罐装肉及英国相关背景的详细信息，请参阅科林汉姆（Collingham）《帝国机构》（*Imperial Bodies*）。

39.《肉类供应大额合同》（*Big Meat Contract*），刊于1885年12月11日《卡拉马祖公报》（*Kalamazoo Gazette*）；《供应英国的牛肉罐头》（*Canned Beef for the British*），刊于1885年3月25日《克利夫兰老实人报》（*Cleveland Plain Dealer*）。

40.《订单供不应求》（*Pressed with Orders*），刊于1885年3月27日《克利夫兰老实人报》。

41.《牛排功不可没》，1888年5月26日《评论家记录》（*Critic-Record*）。

42.《美国陆军牛肉丑闻》（*The Army Meat Scandal*），刊于1899年2月1日《纽约时报》。

43. 迈尔斯被认为是这桩污染指控事件的发起者，如果这一指控存在夸大或虚假成分，他可能因此蒙受耻辱。参见“牛肉丑闻调查启动（*Beef Inquiry Is Ordered*）”，刊于1899年2月10日《纽约时报》（*New York Times*）。

44. 参见《牛肉调查》（*The Beef Investigation*），刊于1899年3月30日《独立报》（*Independent*）。

45. 韦德《地狱没有怒火》，第179~181页。

46.《吃“马肉牛排”的危险》（*Danger of Eating Equine Beefsteak*），刊于1895年6月1日《费城问询报》（*Philadelphia Inquirer*）。

47.《牛肉萃取液》（*On the Extract of Meat*），刊载于1870年7月23日《利特尔的生活年代》（*Littell's Living Age*），转引自《自然》（*Nature*）杂志。

48. 即“浓缩牛肉”。

49. 美国陆军部（US War Department），《食品供应》（*Food Furnished*），第725页。

50.《肉汁浸膏》（*Extractum Carnis*），刊载于《医学时代》（*Medical Era*）第17卷第4期（1899年4月）：第90页。

51. 有关这些问题的更多信息，请参见杨（Young）《猪从天降》（*Pig that Fell*）。另也可参阅劳（Law）和里贝卡（Libecap）所著《进步时代的改革》（*Progressive Era Reform*）。

52. “论资排辈买牛排（*Buying Beefsteak by Rank*），刊于1894年10月13日《纽约时报》。

53.《红屋牛排的起源》（*Origin of the Porter-house Steak*）”，刊于1869年11

月 20 日《弗兰克 · 莱斯利画报》(*Frank Leslie's Illustrated Newspaper*)。

54. 有关红屋牛排及美国早期其他著名食物起源的概述，请参阅库兰斯基(Kurlansky)《食物》(*Food*)。有关其声誉，可参见 1883 年 3 月 28 日刊载于《纽约时报》的《如何选择牛肉》(*How to Selected Beef*) 一文："对于普通人来说，我认为红屋牛排是最上乘的选择。"

55. 自进入现代初期以来，这一传说曾被广泛附会在多位君主及历史人物身上。参见贝顿 (Beeton)《齐家宝典》(*Book of Household Management*)，第 169 页。

56.《男人的方式》(*The Masculine Way*)，刊于 1887 年 12 月 25 日《阿伯丁日报》。

57.《牛排与面包卷》(*Beefsteak and Rolls*)，刊于 1887 年 12 月 1 日《阿伯丁日报》。

58.《女人会烤牛排吗?》(*Can Women Broil Beefsteak?*)，刊于 1893 年 3 月 29 日《费城问询报》。

59.《牛排：毁家大元凶》，刊于 1900 年 2 月 21 日《费城问询报》。

60.《脑力劳动者的饮食》(*The Diet of Brain Workers*)，刊于 1869 年 9 月《居家时光》第 9 卷第 5 期。文章最初发表时未署名，但随后,《美国教育月刊》(*American Educational Monthly*) 于 1871 年重新发表此文时，却在作者栏署上了"彼尔德博士"这个名字。进一步调查显示，乔治 · 米勒 · 彼尔德是某"食品和餐饮通俗杂志"的作者之一，该杂志开设有一个关于脑力劳动者餐饮结构讨论的栏目。参见彼尔德《餐与饮》(*Eating and Drinking*)。后来结果发现，彼尔德在医学史上曾经占据着一个非常重要（尽管可行度存疑）的地位，是将"神经衰弱"视作一种心理病症的重要普及人。见罗森博格 (Rosenberg)《乔治 · 米勒 · 彼尔德》(*George M. Beard*)。

61.《脑力劳动者的饮食》，发表于《居家时光》。

62.《脑力劳动者的饮食》，1870 年 2 月 11 日《圣奥尔本信使报》(*St. Albans Messenger*)。

63.《脑力劳动者的饮食》，刊于 1869 年 8 月 26 日《生产者及农人杂志》(*Manufacturers' and Farmers' Journal*)。

64. 德纳 (Dana),《特殊的饮食结构》(*Special Diets*)。

65.《素食主张并不适合脑力劳动者》(*Vegetarianism No Diet for Brain Workers*)，刊载于 1915 年 7 月 18 日《盐湖电讯报》(*Salt Lake Telegram*)。

66. 凯瑟琳 · 维斯特 (Katharina Vester) 认为，这种对社会阶层、饮食习惯的偏执最初主要集中在男性身上，但最终也波及了女性饮食习惯方面，过程也大体相似，目的都是确立一种等级制度，自视比移民、穷人高一等。参见维斯特《制度变革》(*Regime Change*)。在其另一部作品《权力的味道》(*Taste of Power*)中，她还就与本章话题相关的内容作了探讨："美食作家们借助烹饪大全、饮食指南等类图书为社会等级制度站台的秘诀"。

67. 参见迪纳所著《如饥似渴望美国》，尤其参见第一章。迪纳引用了某位移民寄给远在意大利老家一位亲属的信："在这里，我一日三餐都有肉吃，不像以前一年也不过能吃上三次。"

68. 马萨诸塞州劳工统计局(Massachusetts Bureau of Statistics of Labor)《年度报告》(*Annual Report*)，第 319 页。

69. 冈珀斯(Gompers)与古特施塔特(Gutstadt),《肉食与米饭》。

70. 同上，第 8 页。

71. 同上，第 22 页。

72. 莱文斯坦(Levenstein)在其《餐桌上的革命》(*Revolution at the Table*)第二章中对此有过讨论。此外，他在书中同时也谈到了《肉食与米饭》。

73.《饮食问题》(*The Question of Diet*)，刊于 1875 年 2 月 7 日《纽约时报》。

74. 艾贝尔,《又干净又经济的烹饪方法》(*Sanitary and Economic Cooking*)，第四部分。

75. 同上，第七部分。

76. 说个很有意思的题外话，艾贝尔在文中含蓄的表示，营养科学起源于"一系列调查研究……旨在造福于肉牛饲养行业"。同上，第 2 页。

77. 同上，第 5 页。

78. 同上，第 10 页。

79. 生活成本的问题不仅事关工人福利，也与资本家降低工人薪酬的愿望密切相关。

80. 同上，第 13 页。

81. 同上，第 15 页。

82.《后腿肉丝毫不逊色于里脊肉》(*Round Steak as Good as Tenderloin*)，刊于 1909 年 7 月 1 日《卡拉马祖日报》。一些消息来源甚至声称，相对粗糙的肉营养其实更丰富。参见《华盛顿邮报》(*Washington Post*)1898 年 8 月 7 日号《手把手教你选肉》(*How to Select Meats*)、1910 年 3 月 4 日号《每日餐饮小贴士》(*Daily Diet Hints*)。

83. 参见帕罗 ,《致年轻的持家人》(*Young Housekeeper*)，第 345 页。艾贝尔在其《又干净又经济的烹饪方法》中也提出了类似观点。

84.《窃贼的选择》(*Burglar Makes Choice*)，刊于1907年12月8日《克利夫兰老实人报》。

85. 在农业、消费等问题上，莫顿曾提出过很多与众不同又饶有趣味的点子。如欲更多了解其观点，可参见莫顿《演讲录》(*Addresses*)。

86.《莫顿部长的观点》(*Secretary Morton's Idea*)，收录于1895年12月31日《爱达荷州政治家》(*Idaho Statesman*)。

87. W.O. 阿特沃特（W. O. Atwater),《穷人的餐食》(*The Food of the Poor*)，刊于1888年3月《制造商和建筑商》(*Manufacturer and Builder*)杂志［文中明确表示，该文原载于《世纪》(*Century*)杂志］。

88. 类似的现象在当今时代依然不乏其例，媒体以及精英往往对富人的节俭行为大加赞美，而对穷人的炫耀性消费极尽批评。

89. 外出就餐及社交活动的兴起也使人们对两性在公共空间里该有何行为举止有了不同的期待。参见弗里德曼（Freedman)《女人与餐馆》(*Women and Restaurants*)、雷姆斯（Remus)《微醺女郎》(*Tippling Ladies*)。

90. 引自麦克威廉姆斯（McWilliams),《炫耀性消费》(*Conspicuous Consumption*)，第35页。

91. A. 海莉（A. Haley),《翻台》(*Turning the Tables*)。

92.《居家提示：手抓着牛排尽管吃》(*Hints for the Household: Eating Beefsteaks with One's Fingers*)，刊于1881年3月27日《纽约时报》。

93. 同上。

94. 这反映了当时人们在观念上的一个普遍改变，不再主张男人以自我克制为美德，而更重视自信（和暴力）的阳刚之气。参见贝德曼（Bederman)《男子气概与文明》(*Manliness and Civilization*)。

95. 菲利皮尼,《餐桌美食》，第25页。

96. 更多相关论证可参阅科万（Cowan)《妈妈的额外负担》(*More Work for Mother*)。

97.《肉价飙升》(*Meat Prices Are Higher*)，刊于1902年3月29日《纽约时报》。肉价为什么会在这一个具体时间节点出现攀升，准确的原因不得而知。虽然肉类加工商在这一过程中似乎的确起了某种作用，但小到天气变化、大至整体经济状况，多种因素均可能构成导致价格波动的原因。

98. 批发业务，尤其是洁食牛肉的批发生意日益受控于芝加哥肉类加工商以及纽约市势力迅速扩张的史沃兹彻尔德与萨尔兹伯格公司（Schwarzchild and Sulzberger)。尽管缺乏十分明确的证据，而且该公司也矢口否认，但该公司确实由芝加哥肉类加工商的竞争对手摇身一变成了后者的盟友。其中一些细节以及更多有关该公司的信息，可参见森特洛夫（Santlofer）《美食之城》（*Food City*）第41章。有关抗议者一方观点的概述，请参见海曼（Hyman）《女性移民》（*Immigrant Women*）。

99.《下东区激烈的肉食暴乱》（*Fierce Meat Riot on Lower East Side*），刊于1902年5月16日《纽约时报》。

100.《警察棒打肉食暴乱者》（*Police Club Meat Rioters*）、《肉食暴乱致两人受伤》（*Two Hurt in a Meat Riot*）、《反牛肉托拉斯秘密会议》（*Anti-Beef Trust Conclave*），均刊于1902年5月25日《纽约时报》。

101. 大部分报道均带有本土主义、反犹太主义色彩，但同时也揭示了屠户们所面临的困难。据《纽约时报》报道，一位屠户在1906年的一次骚乱后如此解释这一问题："我进肉的价格是每磅10.5美分，一位女士来到店里，坚持要让我以每磅11美分的价格卖给她。"《东区妇女因肉价过高发生暴乱》（*East Side Women Riot over High Meat Rates*），刊于1906年11月30日《纽约时报》。

102.《激烈的肉食暴乱》（*Fierce Meat Riot*），刊于《纽约时报》。

103. 汤普森，《道德经济》（*Moral Economy*）。有关美国近期研究的例子，请参阅富利洛夫（Fullilove）《面包价格》（*Price of Bread*）。

104.《东区妇女因肉价过高发生暴乱》，《纽约时报》。

105. 法学、历史学和经济学领域的学者均对这两部法律（以及相关的《纯净食品和药品法》）的方方面面都进行了深入的研究，强调了消费者、生产者以及官僚分别以何种方式促进了各自的利益。有关进步时代所开展、广泛基于《纯净食品和药品法》的改革的跨学科研究，请参见劳和里贝卡《进步时代的改革》。

106. 即便是当今时代针对食品生产体系的批评，也依然隐约散发着有关红肉的老旧文化含义的气息。对自助屠宰的全新重视、对血淋淋的牛肉生产过程的赞扬，无一不沿袭了与当初拥抱"牛排"、颂扬"原始人类"回归的潮流相似的逻辑。有关回归原始饮食习俗这一新风尚的例子，可参阅沃尔夫（Wolf）《老食方》（*Paleo Solution*）。

第六章

1. 罗斯福，《牧场生活及狩猎之路》，第56页。

2. 罗斯福，“首年年度致辞”（First Annual Message）。

3. 罗斯福，《以史为文》，第5章。

4. 罗斯福，“第二年年度致辞”（Second Annual Message）。完整引文如下：“我们的目标不是废除（大）企业；恰恰相反，这些大集团是现代产业主义发展的必然趋势。除非甘愿让国家政治体制整体遭遇巨大不幸，否则，意图将它们摧毁的努力将注定徒劳无功。”

5. 罗斯福，“首年年度致辞”。

6. 有关这一问题最有说服力的阐述，参见佩因特（Painter）所著《站在世界末日》（*Standing at Armageddon*）。

7. 有关货运及其对20世纪美国经济影响的故事，请参见汉密尔顿（Hamilton）所著《货运王国》（*Trucking Country*）。

8. 巴西肉食品加工巨头JBS公司于2007年收购斯威夫特公司。阿默公司历经变迁，曾一度短暂并入灰狗公司（Greyhound），最终被收购成为康尼格拉集团（ConAgra）麾下一家分公司。“四大”其他几家之中，没有任何一家遭遇破产，只是几经拆分，最终分别卖给不同企业，整个行业的总体格局也都基本保持了原样。

9. 截至本文撰写之时，全球最大的肉类加工商依次为：泰森（Tyson）、JBS、嘉吉（Cargill）以及国家牛肉公司（National Beef）等。

10. 有关屠宰场情况的最新研究成果，请参阅帕奇拉特所著《每12秒》。帕奇拉特的研究包括了对屠宰场的实地走访调查，提供了有关该行业当前状况的大量一手资料（令人匪夷所思的是，情况与19世纪时的描述仍然惊人地相似）。另可参见安德烈亚斯（Andreas）的《肉类加工巨擘及牛肉大亨》（*Meatpackers and Beef Barons*）；芬克（Fink）的《肉类加工流水线》（*Meatpacking Line*）。

11. 关于马肉丑闻，英国议会的一份报告曾解释如下：“污染事件因食品行业某些不法分子的欺诈行为所致”，同时提出建议，“零售商本该加强警惕，防范掺假风险”。详见英国下议院《食品污染》（*Food Contamination*）。针对有关屠宰场非人道状况的披露，肉类加工商均采取了类似的态度，将虐待动物事件归咎于个别工人或监管人员，而对导致这些虐待事件的可能原因（如劳工剥削、用工习惯等）则统统淡而化之。例如，在一起涉及普度公司合作农户虐待动物的事件中，当事员工随即被解雇，公司也很快表达了愤怒。贾斯汀·莫耶（Justin Moyer），“卧底视频披露普度鸡肉供应商涉嫌虐待动物，当事男员工被捕”，《华盛顿邮报》，2015年12月11日。

12. 已有研究人员就产业化动物饲养问题做了初步研究，结果深受欢迎，比如，施洛泽（Schlosser）的《快餐国家》（*Fast Food Nation*）、波伦（Pollan）的《杂食者困境》（*Omnivore's Dilemma*）等，但即使是这些尝试，一旦付诸行动也面临很多问题。从消费者 / 监管行动的角度来看，很难想出一个全面的应对措施，因此人们多数都只关注某些特定的问题（劳工、动物权利、健康），宏观结构仍然具有极大的韧性和活力。

13. 钱德勒，《看得见的手》（*Visible Hand*）。

14. 参见克里斯托弗 · 伦纳德，《肉类加工行业的暴利》；豪特（Hauter），《食品生产行业的未来之战》（*Foodopoly*）；吉索尔菲，《大收购》。

15. 有关芝加哥联合畜牧场在 20 世纪走向衰落以及再度复兴可能性的讨论，请参阅帕奇加所著《屠宰场》，第 5~6 章。虽然毋庸置疑，芝加哥的确是这一生产体系中最重要的城市，但贯穿全书我始终保持的一个观点是，它绝不是唯一的一个市场，而且总体来看，“肉牛 – 牛肉联合体”中的其他部分也都同样重要，无论具体涉及的是遍布美国西部的牧场，还是纽约的豪华饭店，抑或是波士顿（或美国各地）的家庭厨房。

参考文献

到访的档案馆

Baker Library (Harvard Business School), Cambridge, MA

Advertising ephemera collection

Chicago History Museum, Chicago, IL

Kansas Historical Society, Topeka, KS

Library and Archives Canada, Ottawa, ON

Chicago and Grand Trunk Railway Company records

Grand Trunk Railway records

National Archives and Records Administration, Washington, DC

General Records of the Department of Justice

Records of the Bureau of Indian Affairs

Newberry Library, Chicago, IL

Ayer Manuscript Collection

Graff collection

Panhandle-Plains Historical Museum, Canyon, TX

Francklyn Land and Cattle Company Records

XIT Ranch collection

Southwest Collection (Texas Tech University), Lubbock, TX

Baker, Anne Watts, collection

Coggin Brothers and Associates Records

Comstock, Henry Griswold, papers

Espuela Land and Cattle Company (Spur Ranch) Records

Grierson, Benjamin H., papers

Mackay, Alexander, papers

Matador Land and Cattle Company Records

Mooar, John Wesley, papers

Mooar, Lydia Louisa, papers

Powell, I. R., papers

Shafter, William Rufus, papers

Sharps Rifle Company records

Slaughter, C. C., papers Stockraisers Association of Northwestern Texas records

Updegraff, Way Hamlin, papers

一手图书及出版资料

Abel, Mary Hinman. *Practical Sanitary and Economic Cooking Adapted to Persons of Moderate and Small Means*. Washington, DC: American Public Health Association, 1890.

Adams, Andy. *The Log of a Cowboy: A Narrative of the Old Trail Days*. New York: Houghton Mifflin, 1903.

Armour, J. Ogden. *The Packers, the Private Car Lines, and the People*. Philadelphia, PA: H. Altemus, 1906.

Armour & Company. "Armour's Food Source Map" (Chicago, 1922), David Rumsey Historical Map Collection, Stanford University, #9905.002, https://www.davidrumsey.com/luna/servlet/detail/RUMSEY~8~1~278701~90051810: Armour-s-food-source-map.

Armour&Company.Souvenirpamphlet.Chicago:Foster,1893.Chicago History Museum. Bailey, Jack. *A Texas Cowboy's Journal: Up the Trail to Kansas in 1868*. Norman, OK:

University of Oklahoma Press, 2006.

Beard, [George Miller]. "The Diet of Brain Workers." *American Educational Monthly* 7 (February 1870): 72–73.

[Beard, George Miller]. "The Diet of Brain Workers." *Phrenological Journal* 1 (April 1870): 245–246.

Beard, George Miller. *Eating and Drinking: A Popular Manual of Food and Diet in Health and Disease*. New York: G. P. Putnam and Sons, 1871.

Beecher, H. W. *The Home, How to Make and Keep It*. Minneapolis, MN: Buckeye, 1885. http://catalog.hathitrust.org/Record/100191584.

"Beef, Blood, and Bones," *Scientific American* 58, no. 24 (June 1888): 376.

Beeton, Isabella. *Mrs Beeton's Book of Household Management*. Edited by Nicola

Humble. Abridged ed. (Oxford World Classics). Oxford: Oxford University Press, 2008.

Brisbin, James Sanks. *The Beef Bonanza, Or, How to Get Rich on the Plains: Being a Description of Cattle-Growing, Sheep-Farming, Horse-Raising, and Dairying in the West*. Philadelphia, PA: J. B. Lippincott, 1881.

Chicago Board of Trade. *Eighteenth Annual Report of the Trade and Commerce of Chicago, for the Year Ending December 31, 1875*. Chicago: Knight and Leonard, 1876. Consulted at the Newberry Library.

——. *Twentieth Annual Report . . . Year Ending December 31, 1877*. Chicago: Knight and Leonard, 1878. Newberry Library.

——. *Twenty-Ninth Annual Report . . . Year Ended December 31, 1886*. Chicago: Knight and Leonard, 1887. Newberry Library.

——. *Thirty-Fourth Annual Report . . . Year Ended Dec 31, 1891*. Chicago: J.M.W. Jones Stationery and Print, 1892. Newberry Library.

——. *Thirty-Fifth Annual Report . . . Year Ended Dec 31, 1892*. Chicago: J.M.W. Jones Stationery and Print, 1893. Newberry Library.

"Concentrated Beef." *Scientific American* 14, no. 2 (January 1866): 23–24.

Cook, John R. *The Border and the Buffalo*. Topeka, KS: Crane, 1907. https://archive.org/details/borderbuffalount00cook.

Cudahy Packing Company. *From the Ranch to the Table*. Omaha, NE: Cudahy Packing, 1893. Chicago History Museum.

Dana, Charles. "The Special Diets in Various Nervous Diseases." *Scientific American Supplement* 25, no. 649 (June 1888): 10373–10374.

de Voe, Thomas. *The Market Assistant*. New York: Hurd and Houghton, 1867.

——. *The Market Book: Containing a Historical Account of the Public Markets in the Cities of New York, Boston, Philadelphia, and Brooklyn, with a Brief Description of Every Article of Human Food Sold Therein*. New York: author, 1862.

"Extractum Carnis." *Medical Era* 17, no. 4 (April 1899): 90.

Filippini, Alexander. *The Table: How to Buy Food, How to Cook It, and How to Serve It*. New York: Webster, 1890.

Fletcher, Baylis John, and Wayne Gard. *Up the Trail in '79*. Norman, OK: University of Oklahoma Press, 1968.

Gompers, Samuel, and Herman Gutstadt. *Meat vs. Rice: American Manhood against Asiatic Coolieism, Which Shall Survive?* San Francisco: American Federation of Labor, 1902.

Gunsaulus, Frank W. "Philip D. Armour: A Character Sketch." *American Monthly Review of Reviews* 23 (January–June 1901): 167–176.

Hunter, J. Marvin, and B. Byron Price. *The Trail Drivers of Texas*. Austin, TX: University of Texas Press, 1985.

Illinois Appellate Court. *Reports of Cases Decided in the Appellate Courts of the State of Illinois*, Volume 82. Chicago: Callaghan, 1899.

Illinois Supreme Court. *Reports of Cases at Law and in Chancery Argued and Determined in the Supreme Court of Illinois*, Volume 167. Chicago: Myers, 1897.

Kappler, Charles Joseph. *Indian Affairs: Laws and Treaties*, volume 2, *Treaties*.

Washington, DC: US Government Printing Office, 1904.

Keeler, B[ronson] C. *Where to Go to Become Rich: Farmers', Miners' and Tourists' Guide to Kansas, New Mexico, Arizona and Colorado*. Chicago: Belford, Clarke, 1880. http://archive.org/details/wheretogotobecom00keel.

Knights of Labor General Assembly, eds. *Proceedings of the General Assembly of the Knights of Labor of America, Eleventh Regular Session*. Minneapolis, MN: General Assembly, 1887.

Lomax, John Avery. *Songs of the Cattle Trail and Cow Camp*. New York: Macmillan, 1919.

——. *Cowboy Songs and Other Frontier Ballads*. New York: Sturgis and Walton, 1910. http://archive.org/details/cowboysongsother00loma.

Love, Nat. *Life and Adventures of Nat Love, Better Known in the Cattle Country as "Deadwood Dick," by Himself: A True History of Slavery Days, Life on the Great Cattle Ranges . . . Based on Facts, and Personal Experiences of the Author.* Los Angeles: author, 1907.

Massachusetts Bureau of Statistics of Labor. *Annual Report of the Bureau of Statistics of Labor*. Boston, MA: Wright and Potter, 1886.

McCoy, Joseph G. *Historic Sketches of the Cattle Trade of the West and Southwest.*

Kansas City, MO: Ramsey, Millett and Hudson, 1874.

Mercer, A. S. *The Banditti of the Plains; or, The Cattlemen's Invasion of Wyoming in 1892: The Crowning Infamy of the Ages*. Norman, OK: University of Oklahoma Press, 1975.

Morton, J. Sterling. *Addresses of J. Sterling Morton*. Baltimore, MD: Friedenwald, 1893.

National Cattle Growers' Association of America, ed. *Proceedings of the . . .*

National Convention of Cattle Growers of the United States. St. Louis, MO: R. P. Studley, 1884.

Nimmo, Joseph. *Report in Regard to Range and Ranch Cattle Business of U.S.* Treasury Department Document No. 690, Bureau of Statistics. Washington, DC: US Government Printing Office, 1885.

Parloa, Maria. *Miss Parloa's New Cook Book and Marketing Guide*. Boston, MA: Estes and Lauriat, 1880.

——. *Miss Parloa's Young Housekeeper.* Boston, MA: Estes and Lauriat, 1894.

Powell, Cuthbert. *Twenty Years of Kansas City's Live Stock Trade and Traders*. Kansas City, MO: Pearl, 1893.

"Report of Major General John Pope of the Condition of the Department of the Missouri, February 25, 1866." House Executive Document No. 39-76, Serial 1263 (n.d.). Rhode Island Railroad Commissioner. *Annual Report*. Providence, RI: Freeman, 1893.

Roosevelt, Theodore. "First Annual Message to Congress." December 3, 1901. Published online by Gerhard Peters and John T. Woolley, *The American Presidency Project*. http://www.presidency.ucsb.edu/ws/?pid=29542.

——. *History as Literature*. New York: Scriber' s Sons, 1913.

——. *Hunting Trips of a Ranchman: Hunting Trips on the Prairie and in the Mountains*. New York: Review of Reviews, 1885. http://archive.org/details/huntingtripsranch04roosrich.

——. *Ranch Life and the Hunting Trail*. Mineola, NY: Dover, 2009.

——. *Report of Hon. Theodore Roosevelt Made to the United States Civil Service Commission, upon a Visit to Certain Indian Reservations and Indian Schools in South Dakota, Nebraska, and Kansas*. Philadelphia: Indian Rights Association, 1893.

——. "Second Annual Message to Congress." December 2, 1902. Published online by Gerhard Peters and John T. Woolley, *The American Presidency Project*. http:// www.presidency.ucsb.edu/ws/?pid=29543.

——. *The Wilderness Hunter*. New York: Review of Reviews, 1893. http://archive.org/details/wilderneshunt02roosrich.

Russell, Charles Edward. *The Greatest Trust in the World,*. New York: Ridgway-Thayer, 1905.

Salmon, D. E. *Report on the Beef Supply of the United States and the Export Trade in Animal and Meat Products*. US Department of Agriculture, Bureau of Animal Industry, Special Bulletin (advance sheets from annual report, 1889). Washington, DC:

US Government Printing Office, 1890.

——. "Texas Fever a Matter of National Importance." *American Veterinary Review* 6 (1882): 293–296.

Senate Select Committee to Examine into the Conditions of the Sioux and Crow Indians. *Testimony Taken by a Select Committee of the Senate Concerning the Condition of the Indian Tribes in the Territories of Montana and Dakota under Resolution of the Senate of March 2, 1883.* Report No. 48-283. Washington, DC: US Government Printing Office, 1884.

Shaw, James C. *North from Texas*. College Station, TX: Texas A&M University Press, 1996.

Sinclair, Upton. *The Jungle*. Mineola, NY: Dover, 2001. First published New York: Doubleday, Page, 1906.

Snow, Edwin Miller. *Report uponthe Convention of Cattle Commissioners, Heldat Springfield, Illinois, December 1, 1868, and upon the Texas Cattle Disease*. Providence, RI: Providence Press, 1869. http://archive.org/details/reportuponconven00snow.

"Southern Ice Exchange." *Ice and Refrigeration* 13, no. 2 (August 1897): 117.

Stuart, Granville. *Forty Years on the Frontier as Seen in the Journals and Reminiscences of Granville Stuart, Gold-Miner, Trader, Merchant, Rancher and Politician*. Lincoln, NE: University of Nebraska Press, 2004.

Sturgis, Thomas. *Common Sense View of the Sioux War with True Method of Treatment, as Opposed to Both the Exterminative and the Sentimental Policy*. Cheyenne, WY: Leader Steam Book and Job Printing House, 1877.

——. *The Ute War of 1879: Why the Indian Bureau Should Be Transferred from the Department of the Interior to the Department of War*. Cheyenne, WY: Leader Steam Book and Job Printing House, 1879.

Taylor, Joe F., ed. "The Indian Campaign on the Staked Plains, 1874–1875: Military Correspondence from War Department, Adjutant General's Office, File 2815–1874." *Panhandle-Plains Historical Review* 34–35 (1961): 1–382.

Trunk Line Executive Committee. *Report upon the Relative Cost of Transporting Live Stock and Dressed Beef*. New York: Russell Brothers Printers, 1883.

UK House of Commons, Environment, Food, and Rural Affairs Committee. *Food Contamination*. London: Stationery Office, 2013.

US Bureau of Corporations. *Report of the Commissioner of Corporations on the Beef Industry*. Washington, DC: US Government Printing Office, 1905.

US Commissioner of Patents. *Annual Report of the Commissioner of Patents*. Vol. 2.

Washington, DC: US Government Printing Office, 1868.

US Congress and Senate Committee on Indian Affairs. *Testimony Taken by the Committee on Indian Affairs of the Senate in Relation to Leases of Lands in the Indian Territory and Other Reservations under Resolutions of the Senate of December 3, 1884*. Washington, DC: US Government Printing Office, 1885. http://catalog.hathitrust.org/api/volumes/oclc/13530731.html.

US Congress, Senate, and Select Committee on the Transportation and Sale of Meat Products. *Testimony Taken by the Select Committee of the United States Senate on the Transportation and Sale of Meat Products.* Washington, DC: US Government Printing Office, 1890.

US War Department. *Food Furnished by Subsistence Department to Troops in the Field.* Volume 1. Document No. 56-270. Washington, DC: Government Printing Office, 1900.

Von Richthofen, Walter. *Cattle-Raising on the Plains of North America*. New York: D. Appleton, 1885. http://archive.org/details/GR_3499.

Walker, Francis Amasa. *The Indian Question*. Boston, MA: J. R. Osgood, 1874.

Wilcox, Estelle Woods. *Buckeye Cookery and Practical Housekeeping*. Minneapolis: Buckeye, 1877.

报纸及期刊

Aberdeen Daily News (1887–1889)

Aberdeen Weekly News (1885)

Bismarck Daily Tribune (1888)

Breeder's Gazette (1883–1886)

Chicago Daily Tribune (1883)

Cleveland Plain Dealer (1885)

Columbus Daily Inquirer (1886)

Cosmopolitan (1906)

Critic-Record (1888)

Daily Inter-Ocean (1886)

Detroit Free Press (1883)

Economist (1883–1888)

Frank Leslie's Illustrated Newspaper (1869)
Good Housekeeping (1890)
Grand Forks Daily Herald (1885)
Hours at Home (1869)
Idaho Statesman (1895)
Independent (1899)
Kalamazoo Gazette (1885–1909)
Las Vegas Daily Gazette (1883)
Littell's Living Age (1870)
Manufacturer and Builder (1888)
Manufacturers' and Farmers' Journal (1869)
Morning Olympian (1897)
New York Herald (1883)
New York Times (1873–1927)
Philadelphia Inquirer (1893–1900)
Refrigerating Engineering (1933)
Salt Lake Telegram (1915)
St. Albans Messenger (1870)
Sun (1895)
Washington Post (1898–2015)
Western Recorder (1884)

二手文献资料

Ahmad, Diana L. *Success Depends on the Animals: Emigrants, Livestock, and Wild Animals on the Overland Trails, 1840–1869*. Reno, NV: University of Nevada Press, 2016.

Ajmone-Marsan, Paolo, José Fernando Garcia, and Johannes A. Lenstra. "On the Origin of Cattle: How Aurochs Became Cattle and Colonized the World." *Evolutionary Anthropology: Issues, News, and Reviews* 19, no. 4 (2010): 148–157.

Allen, Ruth Alice. *Chapters in the History of Organized Labor in Texas*. Austin, TX: University of Texas Press, 1941.

Allred, Jeff. "The Needle and the Damage Done: John Avery Lomax and the

Guises of Collecting." *Arizona Quarterly* 58, no. 3 (2002): 83–107.

Anderson, Gary Clayton. *The Conquest of Texas: Ethnic Cleansing in the Promised Land, 1820–1875*. Norman, OK: University of Oklahoma Press, 2005.

——. *Ethnic Cleansing and the Indian: The Crime that Should Haunt America*. Norman, OK: University of Oklahoma Press, 2014.

Anderson, Virginia DeJohn. *Creatures of Empire: How Domestic Animals Transformed Early America*. Oxford: Oxford University Press, 2004.

Andreas, Carol. *Meatpackers and Beef Barons: Company Town in a Global Economy*.

Niwot, CO: University Press of Colorado, 1994.

Andrews, Thomas G. *Killing for Coal: America's Deadliest Labor War*. Cambridge, MA: Harvard University Press, 2010.

Athearn, Robert G. "General Sherman and the Western Railroads." *Pacific Historical Review* 24, no. 1 (1955): 39–48.

Atherton, Lewis Eldon. *The Pioneer Merchant in Mid-America*. New York: Da Capo, 1969.

——. "The Services of the Frontier Merchant." *Mississippi Valley Historical Review* 24, no. 2 (1937): 153–170.

Bahre, Conrad J., and Marlyn L. Shelton. "Rangeland Destruction: Cattle and Drought in Southeastern Arizona at the Turn of the Century." *Journal of the Southwest* 38, no. 1 (1996): 1–22.

Baics, Gergely. *Feeding Gotham: The Political Economy and Geography of Food in New York, 1790–1860*. Princeton, NJ: Princeton University Press, 2016.

Barca, Stefania. "Laboring the Earth: Transnational Reflections on the Environmental History of Work." *Environmental History* 19, no. 1 (2014): 3–27.

Barnes, Will Croft. *The Story of the Range*. Washington, DC: US Government Printing Office, 1926.

Barrett, James R. *Work and Community in the Jungle: Chicago's Packinghouse Workers, 1894–1922*. Urbana, IL: University of Illinois Press, 1987.

Beckert, Sven. *Empire of Cotton: A Global History*. New York: Knopf, 2014.

Bederman, Gail. *Manliness and Civilization: A Cultural History of Gender and Race in the United States, 1880–1917*. Chicago: University of Chicago Press, 1995.

Beja-Pereira, Albano, David Caramelli, Carles Lalueza-Fox, Cristiano Vernesi, Nuno Ferrand, Antonella Casoli, Felix Goyache, Luis J. Royo, Serena Conti, and Martina Lari. "The Origin of European Cattle: Evidence from Modern and Ancient

DNA." *Proceedings of the National Academy of Sciences of the USA* 103, no. 21 (2006): 8113–8118.

Belgrad, Daniel. "'Power's Larger Meaning' : The Johnson County War as Political Violence in an Environmental Context." *Western Historical Quarterly* 33, no. 2 (2002): 159–177.

Blackhawk, Ned. *Violence over the Land: Indians and Empires in the Early American West*. Cambridge, MA: Harvard University Press, 2006.

Blake, Kevin S. "Zane Grey and Images of the American West." *Geographical Review* 85, no. 2 (1995): 202–216.

Blevins, Winfred. *Dictionary of the American West*. New York: Facts on File, 1992. Bourdieu, Pierre. *Distinction: A Social Critique of the Judgement of Taste*. Cambridge, MA: Harvard University Press, 1984.

Bowden, Martyn J. "The Great American Desert in the American Mind: The Historiography of a Geographical Notion." In *Geographies of the Mind: Essays in Historical Geosophy*, edited by David Lowenthal and Martyn Bowden, 119–147. New York: Oxford University Press, 1976.

Boyd, William. "Making Meat: Science, Technology, and American Poultry Production." *Technology and Culture* 42, no. 4 (2001): 631–664.

Brayer, Herbert O. "The Influence of British Capital on the Western Range-Cattle Industry." *Journal of Economic History* 9, no. S1 (1949): 85–98.

Brown, Kate, and Thomas Klubock. "Environment and Labor: Introduction." *International Labor and Working-Class History* 85 (2014): 4–9.

Bushnell, Charles Joseph. "The Social Problem at the Chicago Stock Yards." PhD dissertation, University of Chicago, 1902.

Carter, Nancy Carol. "U.S. Federal Indian Policy: An Essay and Annotated Bibliography." *Legal Reference Services Quarterly* 30, no. 3 (2011): 210–230.

Chalfant, William Y. *Hancock's War: Conflict on the Southern Plains*. Norman, OK: University of Oklahoma Press, 2014.

Chandler, Alfred D. *The Visible Hand: The Managerial Revolution in American Business*.

Cambridge, MA: Belknap, 1977.

Chavez, Ernesto. *The U.S. War with Mexico: A Brief History with Documents*. New York: Bedford/St. Martin's, 2007.

Clark, Christopher. "The Agrarian Context." In *Capitalism Takes Command: The Social Transformation of Nineteenth-Century America*, edited by Michael Zakim and

Gary J. Kornblith, 13–37. Chicago: University of Chicago Press, 2012.

Clayton, Lawrence, Jim Hoy, and Jerald Underwood. *Vaqueros, Cowboys, and Buckaroos*. Austin, TX: University of Texas Press, 2001.

Clemen, Rudolf Alexander. *The American Livestock and Meat Industry*. New York: Ronald, 1923.

——. "Cattle Trails as a Factor in the Development of Livestock Marketing." *Journal of Farm Economics* 8, no. 4 (1926): 427–442.

Coclanis, Peter A. "Urbs in Horto." *Reviews in American History* 20, no. 1 (1992): 14–20.

Collingham, E. M. *Imperial Bodies: The Physical Experience of the Raj, c. 1800–1947*. New York: Polity, 2001.

Commons, John R. "Labor Conditions in Meat Packing and the Recent Strike." *Quarterly Journal of Economics* 19, no. 1 (1904): 1–32.

Condra, Alli, and Emily Broad Leib. *Cottage Food Laws in the United States*. Boston, MA: Harvard Food Law and Policy Clinic, Harvard Law School, 2013.

Conger, Roger N. "Fencing in McLennan County, Texas." *Southwestern Historical Quarterly* 59, no. 2 (1955): 215–221.

Cothran, Boyd. *Remembering the Modoc War: Redemptive Violence and the Making of American Innocence*. Chapel Hill, NC: University of North Carolina Press, 2014.

Cowan, Ruth. *More Work for Mother: The Ironies of Household Technology from the Open Hearth to the Microwave*. New York: Basic Books, 1983.

Cronon, William. *Changes in the Land*. New York: Hill and Wang, 1983.

——. *Nature's Metropolis: Chicago and the Great West*. New York: W. W. Norton, 1992.

Cruse, J. Brett. *Battles of the Red River War: Archeological Perspectives on the Indian Campaign of 1874*. College Station, TX: Texas A&M University Press, 2008.

Cushman, Gregory T. *Guano and the Opening of the Pacific World: A Global Ecological History*. New York: Cambridge University Press, 2013.

Dale, Edward Everett. *The Range Cattle Industry*. Norman, OK: University of Oklahoma Press, 1930.

Dary, David. *Cowboy Culture: A Saga of Five Centuries*. Lawrence, KS: University Press of Kansas, 1989.

DeLay, Brian. *War of a Thousand Deserts: Indian Raids and the U.S.-Mexican War*. New Haven, CT: Yale University Press, 2009.

Diner, Hasia R. *Hungering for America: Italian, Irish, and Jewish Foodways in the Age of Migration*. Cambridge, MA: Harvard University Press, 2001.

Dobak, William A. “Killing the Canadian Buffalo, 1821–1881.” *Western Historical Quarterly* 27, no. 1 (1996): 33–52.

Dykstra, Robert R. *The Cattle Towns*. New York: Knopf, 1968.

——. “Overdosing on Dodge City.” *Western Historical Quarterly* 27, no. 4 (1996): 505–514.

——. “Quantifying the Wild West: The Problematic Statistics of Frontier Violence.” *Western Historical Quarterly* 40, no. 3 (2009): 321–347.

English, Linda. *By All Accounts: General Stores and Community Life in Texas and Indian Territory*. Vol. 6. Norman, OK: University of Oklahoma Press, 2013.

Filene, Benjamin. “ ‘Our Singing Country’ : John and Alan Lomax, Leadbelly, and the Construction of an American Past.” *American Quarterly* 43, no. 4 (1991): 602–24. Fink, Deborah. *Cutting into the Meatpacking Line: Workers and Change in the Rural Midwest*. Chapel Hill, NC: University of North Carolina Press, 1998.

Flores, Dan. “Bison Ecology and Bison Diplomacy: The Southern Plains from 1800 to 1850.” *Journal of American History* 78, no. 2 (1991): 465–485.

Ford, Henry, with Samuel Crowther. *My Life and Work*. Garden City, NY: Doubleday, Page, 1922.

Freedman, Paul. “Women and Restaurants in the Nineteenth-Century United States.” *Journal of Social History* 48, no. 1 (2014): 1–19.

Fullilove, Courtney. “The Price of Bread: The New York City Flour Riot and the Paradox of Capitalist Food Systems.” *Radical History Review* 2014, no. 118 (2014): 15–41.

Gabaccia, Donna R. *We Are What We Eat: Ethnic Food and the Making of Americans*.

Cambridge, MA: Harvard University Press, 2000.

Galenson, David. “Cattle Trailing in the Nineteenth Century: A Reply.” *Journal of Economic History* 35, no. 2 (1975): 461–466.

Gard, Wayne. *The Chisholm Trail*. Norman, OK: University of Oklahoma Press, 1979.

——. “The Fence-Cutters.” *Southwestern Historical Quarterly* 51, no.1 (1947): 1–15. Giedion, Sigfried. *Mechanization Takes Command: A Contribution to Anonymous His-tory*. New York: Norton, 1969.

Giesen, James C. *Boll Weevil Blues: Cotton, Myth, and Power in the American*

South. Chicago: University of Chicago Press, 2011.

Gisolfi, Monica. *The Takeover: Chicken Farming and the Roots of American Agribusiness*. Athens, GA: University of Georgia Press, 2017.

Glasrud, Bruce A., and Michael N. Searles. *Black Cowboys in the American West: On the Range, on the Stage, behind the Badge*. Norman, OK: University of Oklahoma Press, 2016.

Govindrajan, Radhika. *Animal Intimacies*. Chicago: University of Chicago Press, 2018.

Green, James. *Death in the Haymarket*. New York: Pantheon, 2006.

Greene, Jerome A. *Battles and Skirmishes of the Great Sioux War, 1876–1877: The Military View*. Norman, OK: University of Oklahoma Press, 1996.

——. *Lakota and Cheyenne: Indian Views of the Great Sioux War, 1876–1877*. Norman, OK: University of Oklahoma Press, 2000.

Gressley, Gene M. *Bankers and Cattlemen*. New York: Knopf, 1966.

——. "Teschemacher and deBillier Cattle Company: A Study of Eastern Capital on the Frontier." *Business History Review* 33, no. 2 (1959): 121–137.

Grua, David W. *Surviving Wounded Knee: The Lakotas and the Politics of Memory*. Oxford: Oxford University Press, 2016.

Hagan, William T. "Kiowas, Comanches, and Cattlemen, 1867–1906: A Case Study of the Failure of U.S. Reservation Policy." *Pacific Historical Review* 40, no. 3 (1971): 333–355.

——. "Private Property, the Indian's Door to Civilization." *Ethnohistory* 3, no. 2 (1956): 126–137.

Haley, Andrew P. *Turning the Tables: Restaurants and the Rise of the American Middle Class, 1880–1920*. Chapel Hill, NC: University of North Carolina Press, 2011.

Haley, James Evetts. "Texas Fever and the Winchester Quarantine." *Panhandle-Plains Historical Review* 8 (1935): 37–53.

Haley, James L. *The Buffalo War: The History of the Red River Indians Uprising of 1874*.

Norman, OK: University of Oklahoma Press, 1976.

Hämäläinen, Pekka. *The Comanche Empire*. New Haven, CT: Yale University Press, 2009.

——. "The Western Comanche Trade Center: Rethinking the Plains Indian Trade System." *Western Historical Quarterly* 29, no. 4 (1998): 485–513.

Hamilton, Shane. "Agribusiness, the Family Farm, and the Politics of

Technological Determinism in the Post–World War II United States." *Technology and Culture* 55, no. 3 (2014): 560–590.

——. *Trucking Country: The Road to America's Wal-Mart Economy*. Princeton, NJ: Princeton University Press, 2008.

Hanner, John. "Government Response to the Buffalo Hide Trade, 1871–1883." *Journal of Law and Economics* 24, no. 2 (1981): 239–271.

Hanson, Simon Gabriel. *Argentine Meat and the British Market: Chapters in the History of the Argentine Meat Industry*. Stanford, CA: Stanford University Press, 1938. Hartog, Hendrik. "Pigs and Positivism." *Wisconsin Law Review* 1985, no. 4 (1985): 899–935.

Hauter, Wenonah. *Foodopoly: The Battle over the Future of Food and Farming in America*. New York: New Press, 2012.

Havins, T. R. "Texas Fever." *Southwestern Historical Quarterly* 52, no. 2 (1948): 147–162. Hazlett, O. James. "Chaos and Conspiracy: The Kansas City Livestock Trade." *Kansas History* 15, no. 2 (1992): 126–144.

Henlein, Paul Charles. *Cattle Kingdom in the Ohio Valley, 1783–1860.* Lexington, KY: University of Kentucky Press, 1959.

Hoganson, Kristin. "Meat in the Middle: Converging Borderlands in the U.S. Midwest, 1865–1900." *Journal of American History* 98, no. 4 (2012): 1025–1051.

Hornbeck, Richard. "Barbed Wire: Property Rights and Agricultural Development." *Quarterly Journal of Economics* 125, no. 2 (2010): 767–810.

Horowitz, Roger. *Negro and White, Unite and Fight!: A Social History of Industrial Unionism in Meatpacking, 1930–1990*. Champaign, IL: University of Illinois Press, 1997.

——. *Putting Meat on the American Table: Taste, Technology, Transformation*. Baltimore, MD: Johns Hopkins University Press, 2005.

Howe, Daniel Walker. *What Hath God Wrought: The Transformation of America, 1815– 1848*. Oxford History of the United States. Oxford: Oxford University Press, 2008. Hyman, Paula E. "Immigrant Women and Consumer Protest: The New York City Kosher Meat Boycott of 1902," *American Jewish History* 70, no. 1 (1980): 91–105. Igler, David. *Industrial Cowboys Miller and Lux and the Transformation of the Far West, 1850–1920*. Berkeley, CA: University of California Press, 2001.

Isenberg, Andrew C. *The Destruction of the Bison: An Environmental History, 1750– 1920*. Cambridge, UK: Cambridge University Press, 2001.

Iverson, Peter. *When Indians Became Cowboys: Native Peoples and Cattle*

Ranching in the American West. Norman, OK: University of Oklahoma Press, 1997.

Jablow, Joseph. *The Cheyenne in Plains Indian Trade Relations, 1795–1840*. Lincoln, NE: University of Nebraska Press, 1950.

Jacoby, Karl. *Crimes against Nature: Squatters, Poachers, Thieves, and the Hidden History of American Conservation*. Berkeley, CA: University of California Press, 2001.

Jager, Ronald B. "The Chisholm Trail's Mountain of Words." *Southwestern Historical Quarterly* 71, no. 1 (1967): 61–68.

Johnson, Walter. *River of Dark Dreams: Slavery and Empire in the Cotton Kingdom*. Cambridge, MA: Belknap, 2013.

Jordan, Terry G. *North American Cattle-Ranching Frontiers: Origins, Diffusion, and Differentiation*. Albuquerque: University of New Mexico Press, 2000.

Jørgensen, Dolly. "Running Amuck? Urban Swine Management in Late Medieval England." *Agricultural History* 87, no. 4 (2013): 429–451.

Kahneman, Daniel. *Thinking, Fast and Slow*. London: Penguin, 2012.

Kelman, Ari. *A Misplaced Massacre: Struggling over the Memory of Sand Creek*. Cambridge, MA: Harvard University Press, 2015.

Kurlansky, Mark. *The Food of a Younger Land: A Portrait of American Food—before the National Highway System, before Chain Restaurants, and before Frozen Food, When the Nation's Food Was Seasonal, Regional, and Traditional—from the Lost WPA Files*. New York: Riverhead Books, 2009.

Lause, Mark. *The Great Cowboy Strike: Bullets, Ballots and Class Conflicts in the American West*. London: Verso, 2018.

Law, Marc T., and Gary D. Libecap. "The Determinants of Progressive Era Reform: The Pure Food and Drugs Act of 1906." NBER no. 1094. Cambridge, MA: National Bureau of Economic Research, 2004.

LeCain, Timothy. *The Matter of History: How Things Create the Past*. New York: Cambridge University Press, 2017.

Lecompte, Janet. *Pueblo, Hardscrabble, Greenhorn: Society on the High Plains, 1832– 1856*. Norman, OK: University of Oklahoma Press, 1978.

Leonard, Carol, and Isidore Walliman. "Prostitution and Changing Morality in the Frontier Cattle Towns of Kansas." *Kansas History* 2, no. 1 (1979): 34–53.

Leonard, Christopher. *The Meat Racket: The Secret Takeover of America's Food Business*. New York: Simon and Schuster, 2015.

Letwin, William. *Law and Economic Policy in America: The Evolution of the*

Sherman Antitrust Act. Chicago: University of Chicago Press, 1956.

Levenstein, Harvey. *Revolution at the Table: The Transformation of the American Diet*. Berkeley, CA: University of California Press, 2003.

Libecap, Gary D. "The Rise of the Chicago Packers and the Origins of Meat Inspection and Antitrust." Working paper. National Bureau of Economic Research, September 1991. doi:10.3386/h0029.

Loftus, R. T., D. E. MacHugh, D. G. Bradley, P. M. Sharp, and P. Cunningham. "Evidence for Two Independent Domestications of Cattle." *Proceedings of the National Academy of Sciences of the USA* 91, no. 7 (1994): 2757–2761.

Lomax, John A. "Half-Million Dollar Song: Origin of 'Home on the Range.' " *Southwest Review* 31, no. 1 (1945): 1–8.

Love, Clara M. "History of the Cattle Industry in the Southwest." *Southwestern Historical Quarterly* 19, no. 4 (1916): 370–399.

Lynn-Sherow, Bonnie. *Red Earth: Race and Agriculture in Oklahoma Territory* Lawrence, KS: University Press of Kansas, 2004.

Madley, Benjamin. *An American Genocide: The United States and the California Indian Catastrophe, 1846–1873*. New Haven, CT: Yale University Press, 2017.

——. "California's Yuki Indians: Defining Genocide in Native American History." *Western Historical Quarterly* 39, no. 3 (2008): 303–332.

Maret, Elizabeth. *Women of the Range: Women's Roles in the Texas Beef Cattle Industry*. College Station, TX: Texas A&M University Press, 1993.

Massey, Sara R. *Black Cowboys of Texas*. College Station, TX: Texas A&M University Press, 2000.

McCurdy, Charles W. "American Law and the Marketing Structure of the Large Corporation, 1875–1890." *Journal of Economic History* 38, no. 3 (1978): 631–649.

McFerrin, Randy, and Douglas Wills. "High Noon on the Western Range: A Property Rights Analysis of the Johnson County War." *Journal of Economic History* 67, no. 1 (2007): 69–92.

——. "Searching for the Big Die-off: An Event Study of 19th Century Cattle Markets." *Essays in Economic and Business History* 31 (2013): 33–52.

——. "Who Said the Ranges Were Overstocked?" Working paper, 2006.
McTavish, Emily Jane, Jared E. Decker, Robert D. Schnabel, Jeremy F. Taylor, and David M. Hillis. "New World Cattle Show Ancestry from Multiple Independent Domestication Events." *Proceedings of the National Academy of Sciences of the USA* 110, no. 15 (2013): E1398–406.

McWilliams, Mark. "Conspicuous Consumption: Howells, James, and the Gilded Age Restaurant." In *Culinary Aesthetics and Practices in Nineteenth-Century American Literature*, edited by Monika Elbert and Marie Drews, 35–52. New York: Palgrave Macmillan US, 2009.

Mechem, Kirke. "Home on the Range." *Kansas Historical Quarterly* 17, no. 4 (1949): 11–40.

Mellars, Paul. "Fire Ecology, Animal Populations and Man: A Study of Some Ecological Relationships in Prehistory." *Proceedings of the Prehistoric Society* 42 (1976): 15–45.

Miller, Darlis A. "Civilians and Military Supply in the Southwest." *Journal of Arizona History* 23, no. 2 (1982): 115–138.

Mitchell, John E., and Richard H. Hart. "Winter of 1886–1887: The Death Knell of Open Range." *Rangelands* 9, no. 1 (1987): 3–8.

Mookerjee, R. N. "Muckraking and Fame: *The Jungle*," in *Modern Critical Interpretations: Upton Sinclair's "The Jungle,"* ed. Harold Bloom, 69–88. New York: Chelsea House, 2001.

Moore, Jacqueline M. *Cow Boys and Cattle Men: Class and Masculinities on the Texas Frontier, 1865–1900*. New York: New York University Press, 2010.

Moore, Jason W. *Capitalism in the Web of Life: Ecology and the Accumulation of Capital*. New York: Verso, 2015.

———. "The Modern World-System as Environmental History? Ecology and the Rise of Capitalism." *Theory and Society* 32, no. 3 (2003): 307–377.

Morris, Ralph C. "The Notion of a Great American Desert East of the Rockies." *Mississippi Valley Historical Review* 13, no. 2 (1926): 190–200.

Mullen, Patrick B. "The Dilemma of Representation in Folklore Studies: The Case of Henry Truvillion and John Lomax." *Journal of Folklore Research* 37, no. 2/3 (2000): 155–174.

National Bureau of Economic Research. "Wholesale Price of Cattle for Chicago, IL." *FRED*, Federal Reserve Bank of St. Louis, Economic Data. Updated August 16, 2012. https://fred.stlouisfed.org/series/M04007US16980M287NNBR.

Nibert, David A. *Animal Oppression and Human Violence: Domesecration, Capitalism, and Global Conflict*. New York: Columbia University Press, 2013.

Olmstead, Alan L., and Paul W. Rohde. *Arresting Contagion: Science, Policy, and Conflicts over Animal Disease Control*. Cambridge, MA: Harvard University Press, 2015. Olson, K. C. "Regulation of the Livestock Trade." *Rangelands* 23, no. 5

(2001): 17–21. Osgood, Ernest Staples. *The Day of the Cattleman*. Minneapolis, MN: University of Minnesota Press, 1929.

Ostler, Jeffrey. *The Plains Sioux and U.S. Colonialism from Lewis and Clark to Wounded Knee*. Cambridge, UK: Cambridge University Press, 2004.

Pachirat, Timothy. *Every Twelve Seconds: Industrialized Slaughter and the Politics of Sight.* New Haven, CT: Yale University Press, 2013.

Pacyga, Dominic A. *Slaughterhouse: Chicago's Union Stock Yard and the World It Made*. Chicago: University of Chicago Press, 2015.

Painter, Nell Irvin. *Standing at Armageddon: The United States, 1877–1919*. New York: W. W. Norton, 1987.

Pate, J' Nell L. *America's Historic Stockyards: Livestock Hotels*. Fort Worth, TX: Texas Christian University Press, 2005.

Paxson, Frederic L. "Review of *The American Livestock and Meat Industry* by Rudolf Alexander Clemen." *American Historical Review* 29, no. 2 (1924): 359–361.

Paxson, Heather. *The Life of Cheese: Crafting Food and Value in America*. Berkeley, CA: University of California Press, 2012.

Peck, Gunther. "The Nature of Labor: Fault Lines and Common Ground in Environmental and Labor History." *Environmental History* 11, no. 2 (2006): 212–238.

Perren, Richard. *Taste, Trade and Technology: The Development of the International Meat Industry since 1840*. Aldershot, UK: Ashgate, 2006.

Pollan, Michael. *The Omnivore's Dilemma: A Natural History of Four Meals*. New York: Penguin, 2006.

Porterfield, Nolan. *Last Cavalier: The Life and Times of John A. Lomax, 1867–1948*. Urbana, IL: University of Illinois Press, 2001.

Prucha, Francis Paul. *The Great Father: The United States Government and the American Indians*. Lincoln, NE: University of Nebraska Press, 1984.

Pyne, Stephen. *Fire: A Brief History*. Seattle: University of Washington Press, 2001.

——. *Fire in America: A Cultural History of Wildland and Rural Fire*. Seattle: University of Washington Press, 1997.

Raish, Carol, and Alice M. McSweeney. *Economic, Social, and Cultural Aspects of Livestock Ranching on Española and Canjilon Ranger Districts of the Santa Fe and Carson National Forests: A Pilot Study*. Fort Collins, CO: US Department of Agriculture Publications Division, 2003.

Rand, Jacki Thompson. *Kiowa Humanity and the Invasion of the State*. Lincoln,

NE: University of Nebraska Press, 2008.

Rees, Jonathan. *Refrigeration Nation: A History of Ice, Appliances, and Enterprise in America*. Baltimore, MD: Johns Hopkins University Press, 2013.

Reilly, Nancy Hopkins. *Georgia O'Keeffe, A Private Friendship, Part 1: "Walking the Sun Prairie Land."* Santa Fe NM: Sunstone, 2007.

Remus, Emily A. "Tippling Ladies and the Making of Consumer Culture: Gender and Public Space in Fin-de-Siècle Chicago." *Journal of American History* 101, no. 3 (2014): 751–777.

Richardson, Heather Cox. *West from Appomattox: The Reconstruction of America after the Civil War*. New Haven, CT: Yale University Press, 2008.

Rippy, J. Fred. "British Investments in Texas Lands and Livestock." *Southwestern Historical Quarterly* 58, no. 3 (1955): 331–341.

Rogers, Ben. *Beef and Liberty*. New York: Vintage, 2004.

Rosenberg, Charles E. "The Place of George M. Beard in Nineteenth-Century Psychiatry." *Bulletin of the History of Medicine* 36, no. 3 (1962): 245–259.

Rosenberg, Gabriel N. "A Race Suicide among the Hogs: The Biopolitics of Pork in the United States, 1865–1930." American Quarterly 68, no. 1 (2016): 49–73.

Rothschild, Emma. "Social Security and Laissez Faire in Eighteenth-Century Political Economy." *Population and Development Review* 21, no. 4 (1995): 711–44.

Sabol, Steven. "Comparing American and Russian Internal Colonization: The 'Touch of Civilisation' on the Sioux and Kazakhs." *Western Historical Quarterly* 43, no. 1 (2012): 29–51.

Sanderson, Nathan B. " 'We Were All Trespassers' : George Edward Lemmon, Anglo American Cattle Ranching, and the Great Sioux Reservation." *Agricultural History* 85, no. 1 (2011): 50–71.

Santlofer, Joy. *Food City: Four Centuries of Food-Making in New York*. New York: W. W. Norton, 2016.

Savage, William W. *The Cherokee Strip Live Stock Association: Federal Regulation and the Cattleman's Last Frontier*. Norman, OK: University of Oklahoma Press, 1990.

Sayre, Nathan F. *The Politics of Scale: A History of Rangeland Science*. Chicago: University of Chicago Press, 2017.

Sayre, Nathan F., and M. Fernandez-Gimenez. "The Genesis of Range Science, with Implications for Current Development Policies." *Rangelands in the New Millennium: Proceedings of the VIIth International Rangeland Congress, Durban,*

South Africa 26 (2003): 1976–1985.

Schlosser, Eric. *Fast Food Nation: The Dark Side of the All-American Meal*. Boston, MA: Mariner Books/Houghton Mifflin Harcourt, 2012.

Schmidt, James D. *Industrial Violence and the Legal Origins of Child Labor*. New York: Cambridge University Press, 2010.

Schultz, J. L. *Sociocultural Factors in Financial Management Strategies of Western Livestock Producers*. Washington, DC: US Department of Agriculture, 1970.

Schultz, Marvin. "Anatomy of a Buffalo Hunt: Hide Crews on the Conchos in Texas, 1874–1879." *Arizona and the West* 28, no. 2 (1986): 141–154.

Scott, James C. *Seeing like a State: How Certain Schemes to Improve the Human Condition Have Failed*. New Haven, CT: Yale University Press, 1999.

Sellers, Charles. *The Market Revolution: Jacksonian America 1815–1846*. Oxford: Oxford University Press, 1994.

Sheffy, Lester Fields. *The Francklyn Land & Cattle Company: A Panhandle Enterprise, 1882–1957.* Austin, TX: University of Texas Press, 1963.

Sherow, James Earl. *The Chisholm Trail: Joseph McCoy's Great Gamble*. Norman, OK: University of Oklahoma Press, 2018.

——. *The Grasslands of the United States: An Environmental History*. Santa Barbara, CA: ABC-CLIO, 2007.

——. "Workings of the Geodialectic: High Plains Indians and Their Horses in the Region of the Arkansas River Valley, 1800–1870." *Environmental History Review* 16, no. 2 (1992): 61–84.

Sim, David. "The Peace Policy of Ulysses S. Grant." *American Nineteenth Century History* 9, no. 3 (2008): 241–268.

Simpson, Peter K. "The Social Side of the Cattle Industry." *Agricultural History* 49, no. 1 (1975): 39–50.

Skaggs, Jimmy M. *The Cattle-Trailing Industry: Between Supply and Demand, 1866– 1890*. Norman, OK: University of Oklahoma Press, 1991.

———. *Prime Cut: Livestock Raising and Meatpacking in the United States, 1607–1983*. College Station, TX: Texas A&M University Press, 1986.

Skogen, Larry C. *Indian Depredation Claims, 1796–1920*. Norman, OK: University of Oklahoma Press, 1996.

Slotkin, Richard. *The Fatal Environment: The Myth of the Frontier in the Age of Industrialization, 1800–1890*. Norman, OK: University of Oklahoma Press, 1998.

——. *Regeneration through Violence: The Mythology of the American Frontier,*

1600– 1860. Norman, OK: University of Oklahoma Press, 2000.

Slowik, Michael. "Capturing the American Past: The Cowboy Song and the Archive." *Journal of American Culture* 35, no. 3 (2012): 207–218.

Sluyter, Andrew. *Black Ranching Frontiers: African Cattle Herders of the Atlantic World, 1500–1900*. New Haven, CT: Yale University Press, 2012.

Smalley, Andrea L. *Wildby Nature*. Baltimore, MD: Johns Hopkins University Press, 2017. Smith, Adam. *The Wealth of Nations*. Edited by Edwin Cannan. New York: Modern Library, 1994.

Smits, David D. "The Frontier Army and the Destruction of the Buffalo: 1865–1883." *Western Historical Quarterly* 25, no. 3 (1994): 313–338.

Soluri, John. *Banana Cultures: Agriculture, Consumption, and Environmental Change in Honduras and the United States*. Austin, TX: University of Texas Press, 2005.

Specht, Joshua. " 'For the Future in the Distance' : Cattle Trailing, Social Conflict, and the Development of Ellsworth, Kansas." *Kansas History: A Journal of the Southern Plains* 40, no. 2 (2017): 104–119.

——. "The Rise, Fall, and Rebirth of the Texas Longhorn: An Evolutionary History." *Environmental History* 21, no. 2 (2016): 343–363.

Streeter, F. B. "Ellsworth as a Texas Cattle Market." *Kansas Historical Quarterly* 4, no. 4 (1935): 388–398.

Strom, Claire. *Making Catfish Bait out of Government Boys: The Fight against Cattle Ticks and the Transformation of the Yeoman South*. Athens, GA: University of Georgia Press, 2010.

——. "Texas Fever and the Dispossession of the Southern Yeoman Farmer." *Journal of Southern History* 66, no. 1 (2000): 49–74.

Taylor, M. Scott. "Buffalo Hunt: International Trade and the Virtual Extinction of the North American Bison." *American Economic Review* 101, no. 7 (2011): 3162–3195.

Thompson, E. P. "The Moral Economy of the English Crowd in the Eighteenth Century." *Past and Present* 50 (1971): 76–136.

Todd, Matthew Ryan. "Now May Be Heard a Discouraging Word." MA thesis, University of Saskatchewan, 2009.

Tsing, Anna. "Supply Chains and the Human Condition." *Rethinking Marxism* 21, no. 2 (2009): 148–176.

Unrau, William E. *White Man's Wicked Water: The Alcohol Trade and Prohibition in Indian Country, 1802–1892*. Lawrence, KS: University Press of Kansas, 1996.

Vester, Katharina. "Regime Change: Gender, Class, and the Invention of Dieting in Post-Bellum America." *Journal of Social History* 44, no. 1 (2010): 39–70.

——. *A Taste of Power: Food and American Identities*. Oakland, CA: University of California Press, 2015.

Vitebsky, Piers. *The Reindeer People: Living with Animals and Spirits in Siberia*. Boston, MA: Houghton Mifflin Harcourt, 2005.

Wade, Louise Carroll. *Chicago's Pride: The Stockyards, Packingtown, and Environs in the Nineteenth Century*. Urbana, IL: University of Illinois Press, 1987.

——. "Hell Hath No Fury like a General Scorned: Nelson A. Miles, the Pullman Strike, and the Beef Scandal of 1898." *Illinois Historical Journal* 79, no. 3 (1986): 162–184.

Walker, Don D. *Clio's Cowboys: Studies in the Historiography of the Cattle Trade*. Lincoln, NE: University of Nebraska Press, 1981.

Walsh, Margaret. *The Rise of the Midwestern Meat Packing Industry*. Lexington, KY: University Press of Kentucky, 1982.

Warren, Wilson J. *Tied to the Great Packing Machine: The Midwest and Meatpacking*. Iowa City: University of Iowa Press, 2006.

Webb, Walter Prescott. *The Great Plains*. Lincoln, NE: University of Nebraska Press, 1981.

West, Elliott. *The Contested Plains: Indians, Goldseekers, and the Rush to Colorado*. Lawrence, KS: University Press of Kansas, 1998.

——. *The Waytothe West: Essays on the Central Plains*. Albuquerque NM: University of New Mexico Press, 1995.

West, G. Derek. "The Battle of Adobe Walls (1874)." *Panhandle-Plains Historical Review* 36 (1963): 1–36.

Wheeler, David L. "The Blizzard of 1886 and Its Effect on the Range Cattle Industry in the Southern Plains." *Southwestern Historical Quarterly* 94, no. 3 (1991): 415–434.

White, John H. Jr. *The Great Yellow Fleet : A History of American Railroad Refrigerator Cars*. San Marino, CA: Golden West Books, 1986.

——. "Riding in Style: Palace Cars for the Cattle Trade." *Technology and Culture* 31, no. 2 (1990): 265–270.

White, Richard. "Information, Markets, and Corruption: Transcontinental Railroads in the Gilded Age." *Journal of American History* 90, no. 1 (2003): 19–43.

——. *"It's Your Misfortune and None of My Own": A New History of the American West*. Norman, OK: University of Oklahoma Press, 1991.

——. *Railroaded: The Transcontinentals and the Making of Modern America*. New York: W. W. Norton, 2011.

——. *The Roots of Dependency: Subsistence, Environment, and Social Change among the Choctaws, Pawnees, and Navajos*. Lincoln, NE: University of Nebraska Press, 1988.

Wilcox, Robert W. *Cattle in the Backlands: Mato Grosso and the Evolution of Ranching in the Brazilian Tropics*. Austin, TX: University of Texas Press, 2017.

Wilson, Bee. *Swindled: The Dark History of Food Fraud, from Poisoned Candy to Counterfeit Coffee*. Princeton, NJ: Princeton University Press, 2008.

Wise, Michael D. *Producing Predators: Wolves, Work, and Conquest in the Northern Rockies*. Lincoln, NE: University of Nebraska Press, 2016.

Wolf, Robb. *The Paleo Solution: The Original Human Diet*. Las Vegas NV: Victory Belt, 2010.

Woods, Rebecca J. H. *The Herds Shot Round the World: Native Breeds and the British Empire, 1800–1900*. Chapel Hill, NC: University of North Carolina Press, 2017.

Wooster, Robert. *Frontier Crossroads: Fort Davis and the West*. College Station, TX: Texas A&M University Press, 2005.

Worcester, Donald E. *The Chisholm Trail: High Road of the Cattle Kingdom*. Lincoln, NE: University of Nebraska Press, 1980.

Yeager, Mary. *Competition and Regulation: The Development of Oligopoly in the Meat Packing Industry*. Greenwich, CT: JAI Press, 1981.

Yeager Kujovich, Mary. "The Refrigerator Car and the Growth of the American Dressed Beef Industry." *Business History Review* 44, no. 4 (1970): 460–482.

Young, James Harvey. "The Pig that Fell into the Privy: Upton Sinclair's *The Jungle* and the Meat Inspection Amendments of 1906." *Bulletin of the History of Medicine* 59, no. 4 (1985): 467–480.

Zeide, Anna. *Canned: The Rise and Fall of Consumer Confidence in the American Food Industry*. Oakland, CA: University of California Press, 2018.